li

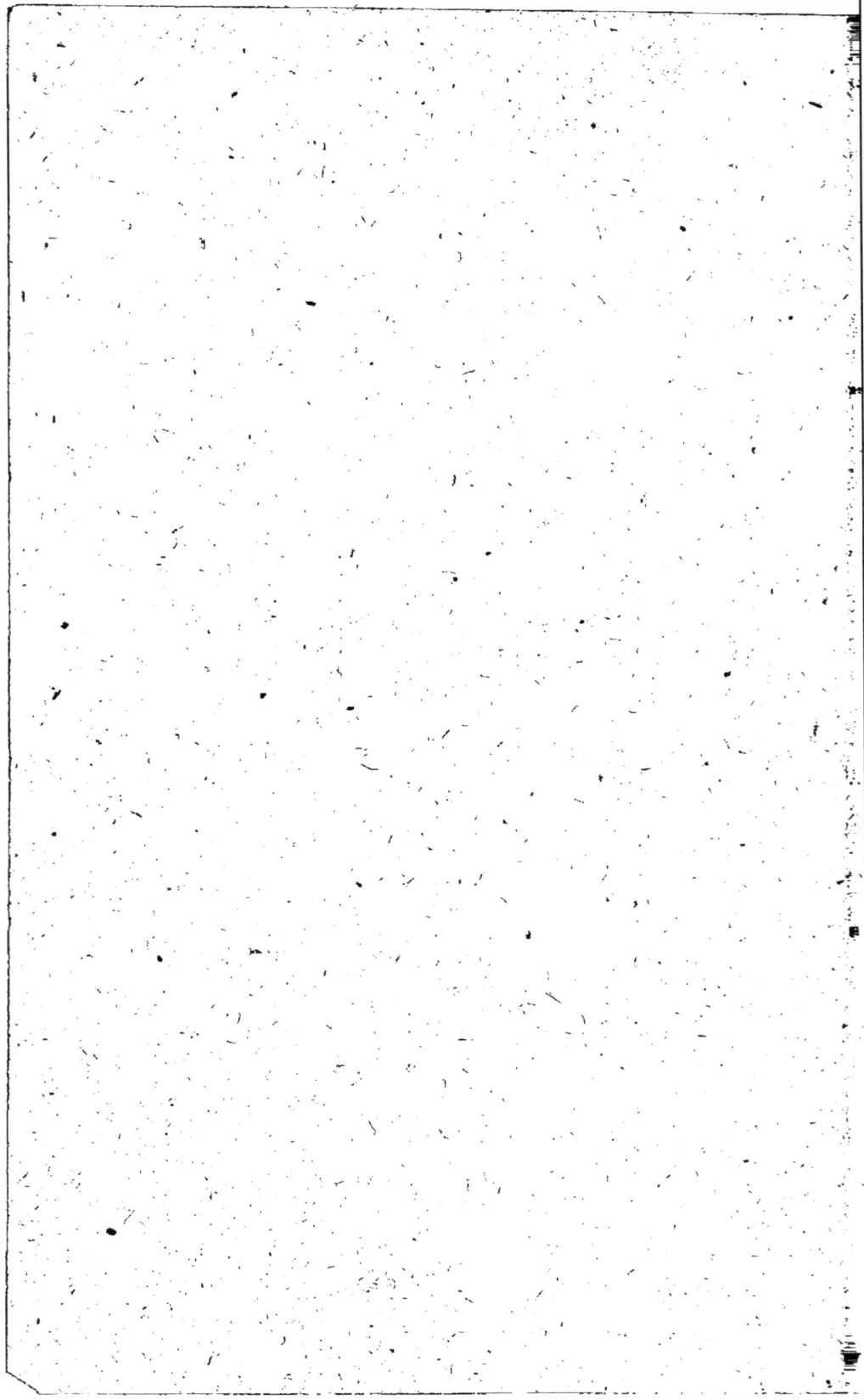

TRAITÉ

DES

OISEAUX DE BASSE-COUR

S.

2777 A

PARIS. TYPOGRAPHIE E. PLON ET Cⁱᵉ, 8, RUE GARANCIÈRE.

TRAITÉ

DES

OISEAUX DE BASSE-COUR

D'AGRÉMENT ET DE PRODUIT

RACES — CHOIX — ÉLEVAGE — PONTE — ENGRAISSEMENT
COMMERCE — PIGEONNIERS ET COLOMBIERS
VOLIÈRES ET BASSES-COURS — CHAPONS ET POULARDES
ŒUFS ET VIANDE — PLUMES
ACCLIMATATION

Par A. GOBIN

Professeur de zootechnie et de zoologie à l'École d'agriculture de Montpellier

85 GRAVURES INTERCALÉES DANS LE TEXTE, DESSINÉES PAR H. GOBIN

Gravées par BISSON et JACQUET

PARIS

LIBRAIRIE AUDOT

NICLAUS ET Cie, SUCCCESSEURS

8, RUE GARANCIÈRE

—

1874

Fig. 1. Pigeon ramier.

CHAPITRE PREMIER

LE PIGEON.

§ 1er. — CARACTÈRES ZOOLOGIQUES.

Le pigeon appartient zoologiquement à la classe des Oiseaux, à l'ordre des Gallinacés, à la famille des Pigeons, au genre des Colombes, ou pigeons ordinaires. Brehm, dans sa nouvelle classification, les place dans son ordre des Coureurs, famille des Gyrateurs, tribu des Colombidés, genre Colombe.

Les colombes se distinguent par leur bec court et mince, les pattes de hauteur moyenne, les tarses (ou os de la jambe) lisses ou emplumés, les ailes assez longues, la queue courte, carrée, étagée ou

1

en coin. Les colombes ont quatre doigts, dont un postérieur, comme tous les gallinacés, mais les trois antérieurs sont libres, tandis qu'ils sont, dans les gallinacés proprement dits, réunis par une courte palmure ; de ceux-ci ils diffèrent encore par leur bec comprimé, plus ou moins courbé à sa pointe, et recouvert, à la base de la mandibule supérieure, d'une peau nue, molle et verruqueuse, dans laquelle sont percées les narines, que recouvre une écaille cartilagineuse et renflée (fig. 2).

Leurs mœurs sont en général douces et familières ; ils sont la plupart monogames, et les couples se montrent constants et fidèles ; les deux époux prennent part ensemble à la confection du nid et à l'incubation ; la ponte ne se compose d'ordinaire que de deux œufs donnant presque toujours naissance à un mâle et à une femelle, mais il y a plusieurs pontes dans l'année. Les petits, au moment de leur éclosion, sont presque nus, recouverts seulement d'un léger et rare duvet, aveugles et très-faibles. Les parents, pour les nourrir, viennent leur dégorger dans le bec des aliments à moitié digérés, sous forme d'un liquide lactescent ; plus tard, leur régime se compose de grains, graines, baies, fruits pulpeux, d'insectes et parfois de limaçons. Ils boivent tout d'un trait, en plongeant leur bec dans l'eau, et non comme les autres gallinacés, en relevant la tête à chaque gorgée. Ils se tiennent de préférence sur la lisière des forêts, dans le voisinage des eaux, et ne se rassemblent guère en troupes que pour accomplir leurs migrations.

Enfin leur vol, un peu lourd et bruyant, est rapide néanmoins, et peut être soutenu longtemps.

§ 2. — RACES ZOOLOGIQUES.

On ne connaît que trois espèces de pigeons ou colombes vivant à l'état sauvage ; ce sont :

Le *ramier* (fig. 1), palombe, pigeon ramier ou

Fig. 2. Plumage des ailes du pigeon.

S. Plumes scapulaires ;
T. Tactrices ou couverture de l'aile ;
RS. Rémiges secondaires ou pennes de l'avant-bras ;
RP. Rémiges primaires ou pennes de la main ;
CQ. Rectrices caudales ou couverture de la queue ;
R. Rectrices ou pennes de la queue.

palombe à collier (*Columba Palumbus, ou Palumbus Torquatus*). On le trouve dans toute l'Europe, de la Suède à l'Espagne, l'Italie et la Grèce ; en Asie, depuis le centre de la Sibérie jusqu'à l'Himalaya. Sédentaire dans le Sud, il émigre en partie vers le Nord pour y passer la belle saison et revient régu-

lièrement hiverner dans les pays chauds. Il habite
de préférence les forêts, celles d'arbres résineux
surtout ; cependant il se familiarise parfois au point
d'habiter les promenades, les jardins de nos grandes
villes : il y a des ramiers qui nichent sur les arbres
des jardins publics de Paris (Champs-Élysées,
Luxembourg, Muséum), de Dresde, de Leipzig,
d'Iéna, etc., y habitent pendant neuf mois de
l'année, s'y reproduisent, et descendent au milieu
des promeneurs ramasser les friandises qu'on leur
prodigue. Ils perchent sur les arbres les plus élevés,
y nichent, ou à défaut dans les trous de rochers, de
vieux murs ou de tours très-élevées. Ils ne font qu'une
ou au plus deux pontes par an.

Le ramier, même lorsqu'on le prend jeune, ne
s'apprivoise qu'imparfaitement, et ne se reproduit
pas en captivité. Il se nourrit surtout de graines de
conifères, qu'il sait très-bien arracher aux cônes
mûris.

Le plus grand et le plus gros des pigeons sauvages, il a la tête, la nuque et la gorge d'un bleu
foncé ; le haut du dos et des ailes d'un gris bleu
foncé ; le bas du dos et le croupion d'un bleu clair ;
la tête et la poitrine gris vineux ; le bas du ventre
blanc, le reste de la partie inférieure du corps bleu
clair ; la partie inférieure du cou ornée de chaque
côté d'une tache blanche brillante ; le derrière et
les côtés du cou d'un vert doré, à reflets bleus et
cuivre-rosette ; les rémiges gris ardoisé, avec les
primaires bordées de blanc ; les rectrices d'un
cendré foncé en dessus, passant au noir vers l'extré-

mité, avec une large bande transversale d'un gris
bleuâtre en dessous ; l'œil jaune soufre clair ; le bec
jaune pâle à la pointe, rouge à la racine ; les pattes
d'un rouge bleuâtre. Sa longueur est d'environ
0^{m}45, son envergure de 0^{m}80, la longueur de son
aile de 0^{m}25, celle de sa queue, 0^{m}20. La femelle
est un peu plus petite que le mâle ; le plumage des
jeunes comporte des teintes plus mates.

2° Le *colombin* ou petit ramier, ou pigeon bleu
(*Columba Ænas*), habite à peu près les mêmes
pays que le ramier, mais il est moins nombreux. On
le rencontre dans les forêts, parfois même sur les
arbres isolés, où il trouve un trou pour se nicher,
même auprès des habitations. Il émigre comme le
ramier, mais isolément à l'arrivée dans le Nord, en
troupes au départ de l'automne pour aller hiverner
dans les pays chauds. Plus facile encore à apprivoiser que le ramier, il a les mouvements plus vifs,
la marche plus allègre, le vol plus rapide. Il niche
dans les trous d'arbres, fait trois pontes par an,
mais chacune dans un nid différent ; il se nourrit de
toutes sortes de graines des bois, des champs, des
prés ; à part cela, ses mœurs sont à peu près les
mêmes que celles du ramier.

Le colombin a la tête, le cou, les sus-alaires, le
bas du dos et le croupion bleus ; le haut du dos,
gris bleu foncé ; le jabot d'un rouge vineux ; le
ventre et la poitrine d'un bleu terne ; les rémiges et
les extrémités des rectrices bleu ardoise ; l'aile traversée par une bande foncée, peu distincte ; la
gorge couleur gorge de pigeon ; l'œil brun foncé ;

le bec jaune pâle, avec la base d'un rouge couleur
de chair nuancé de blanc; les pattes d'un rouge
foncé terne. Les jeunes ont des couleurs moins
nettes; il a environ 0ᵐ33 de longueur, 0ᵐ70 d'envergure, 0ᵐ23 de longueur d'aile, et 0ᵐ14 de
longueur de queue (Brehm).

3° Le *biset* (fig. 3), colombe biset, pigeon de roche,
pigeon des champs (*Columba Livia*), se rencontre
dans toute l'Europe, en Asie et en Afrique. Il habite
de préférence le voisinage de la mer ou des rivières,
niche sur les rochers, les vieux murs, jamais sur
les arbres, soit dans les plaines du Nord (*Columba
Livia*), soit sur les montagnes du Sud (*Columba
Glauconotos* ou *Intermedia*). Dans le Sud, le pigeon
de montagne est sédentaire; dans le Nord, les bisets
émigrent par troupes du sud au nord au printemps
et inversement à l'automne.

Le biset est plus agile, plus rapide que le pigeon
domestique; son caractère est farouche, et il craint
l'homme. Il ne se perche qu'exceptionnellement sur
les arbres, se nourrit de graines de céréales, de
colza, de lin, de pois, de vesces. Il niche deux ou
trois fois par an.

Il porte le dos bleu cendré clair; le ventre
bleuâtre; la tête d'un bleu d'ardoise clair; le cou
d'un bleu d'ardoise foncé, à reflets vert bleu clair
dans sa partie supérieure, pourpre dans sa partie
inférieure; le bas du dos blanc; l'aile traversée par
deux bandes noires; les rémiges d'un gris cendré;
les rectrices d'un bleu foncé, avec la pointe noire;
les barbes externes des latérales blanches; l'œil

jaune soufre ; le bec noir à la pointe, bleu clair à la base ; les pattes d'un rouge violet foncé. Les couleurs varient peu suivant les sexes ; elles sont plus foncées çhez les jeunes. La longueur du corps est d'environ 0ᵐ36, l'envergure de 0ᵐ63, la longueur de l'aile de 0ᵐ22, et celle de la queue de 0ᵐ12

Fig. 3. Biset.

(Brehm). Le biset, pris jeune, s'accoutume assez bien à la captivité, et se reproduit, dans le colombier, à l'égal des pigeons fuyards ou marrons.

§ 3. — ORIGINE DES PIGEONS DOMESTIQUES.

Des trois espèces sauvages que nous venons de décrire succinctement, quelle est celle qui a donné naissance à nos races de pigeons domestiques ? C'est là une question importante, non-seulement au point de vue historique et zoologique, mais aussi à l'endroit du croisement des espèces et même des races entre elles.

Établissons d'abord que la domestication du pigeon est extrêmement ancienne. « La première mention du pigeon domestique, dit Darwin, comme me l'a indiqué le professeur Lepsius, remonte à la cinquième dynastie égyptienne (soit environ trois mille ans avant Jésus-Christ); mais M. Birch, du British Museum, m'informe qu'il est déjà question du pigeon dans un menu de repas datant de la dynastie précédente. Les pigeons domestiques sont mentionnés dans la Genèse, le Lévitique, et dans Isaïe. Nous apprenons par Pline qu'au temps des Romains on offrait des prix énormes (400 deniers ou 360 fr. la paire) pour les pigeons, et qu'on en était arrivé à tenir compte de leur généalogie et de leur race. Les pigeons étaient fort estimés dans l'Inde, en 1600, du temps d'Akber-Khan; la cour transportait avec elle vingt mille de ces oiseaux, et les marchands en apportaient des collections de grande valeur. Les monarques d'Iran et de Turan lui envoyèrent des races fort rares, et l'historien de la cour ajoute qu'en croisant les races, chose qui ne s'était jamais faite auparavant, Sa Majesté les avait améliorées d'une manière étonnante. » (*De la variation*, etc., p. 216, 217.) M. Isidore Geoffroy Saint-Hilaire nous fournira d'autres preuves encore : « En des temps reculés, dit-il, nous voyons déjà le pigeon domestique dans les trois mêmes parties du monde où il vit sauvage; et l'Europe est la seule pour laquelle sa domestication ne se perde pas dans la nuit des temps. Ce pigeon paraît n'avoir été possédé par les Grecs qu'un peu après l'époque d'Homère, et ils n'avaient pas vu d'individus à plumage blanc jusqu'au cinquième siècle avant notre ère : ces individus blancs venaient vraisemblablement de Perse. Le même pays paraît avoir aussi donné le pigeon à l'Égypte, mais à une époque plus reculée ; car, dès le temps d'Aristote, le pigeon était devenu un des oiseaux le plus communément et le plus habilement cultivés en Égypte. » (*Acclimatation et domestication*, p. 197, 198.)

Quant au type originaire de nos races domestiques, nous rencontrons parmi les naturalistes une unanimité presque complète en faveur du biset ou pigeon de roche (*Columba Livia*). Isidore Geoffroy Saint-Hilaire n'admet pourtant cette opinion qu'avec une certaine timidité et en faisant ses réserves : « Le biset sauvage est-il la souche unique ou une des souches multiples de nos nombreuses races et de nos innombrables variétés, soit de colombier, soit de volière ? Tout ce que nous pouvons dire, c'est qu'on retrouve parfois, jusque dans les races les plus modifiées, une partie des caractères du biset sauvage, et jamais ceux d'une autre espèce. Loin que la diversité d'origine puisse être prouvée, il y a donc une présomption en faveur de la communauté, sans qu'il soit cependant permis de l'affirmer. »

Darwin, lui, pense que toutes nos races domestiques proviennent du biset (comprenant sous cette dénomination cinq ou six variétés ou sous-espèces sauvages, les *Columba Affinis, Intermedia, Turricola, Rupestris, Schimperi*); il se fonde surtout sur l'apparition occasionnelle dans toutes les races, soit lorsqu'elles se reproduisent pures et sans mélanges, soit surtout lorsqu'on les croise, de produits bleus, quelquefois tachetés, avec deux barres sur les ailes, le

1.

croupion blanc ou bleu, une barre à l'extrémité de la queue, et les rectrices externes bordées de blanc. Il tire d'autres arguments encore de la fécondité continue de nos races domestiques dans leurs croisements ou par leur mélange avec le *Columba Livia,* tandis qu'on connaît à peine un seul cas bien constaté de métis (hybride), de deux vraies espèces de pigeons, qui se soient trouvées fertiles *inter se,* ou même seulement croisées avec leurs parents de race pure ; ces métis (ou plutôt hybrides) ne pondaient point, les œufs n'éclosaient pas, ou les petits mouraient peu après leur naissance. Tel est le cas du croisement des pigeons domestiques avec les *Columba Ænas, Palumbus,* avec les *Turtur vulgaris, Risoria,* etc.

En résumé, le *Columba Livia* paraît être la souche principale, sinon unique, de nos pigeons actuels, parmi lesquels la race de colombier, dite biset ou fuyard, est celle qui s'en rapproche le plus, le cravaté et le paon celles qui s'en écartent davantage.

§ 4. — RACES DOMESTIQUES.

Nous décrirons brièvement ici quinze races principales, qui nous paraissent les races pures, c'est-à-dire desquelles toutes les autres sont présumablement dérivées par croisement. Ce sont :

1° Le *biset* (fig. 4), biset de colombier, pigeon de roche, rocherai, fuyard ou pigeon de fuie ; c'est le *Columba Livia* domestiqué, ou plutôt rallié, car il a conservé une partie de son indépendance d'allures et de

caractère ; aussi va-t-il chercher au loin sa nourriture,
et n'aime-t-il point à être inquiété dans son colombier, qu'il abandonne facilement alors. Il a pris,
avec les soins, de la taille et du poids ; son plumage
a acquis des teintes plus vives ; l'œil est devenu noir

Fig. 4. Biset ou fuyard.

ou brun : telles sont à peu près les seules modifications qu'il ait subies.

C'est le biset qui peuplait autrefois, en grande
partie, les colombiers de nos fermes ; l'abolition des
droits seigneuriaux, dans la nuit du 4 août 1789,
lui a porté un coup presque mortel, et depuis la
suppression des fuies il est devenu assez rare. Il
fait de deux à quatre pontes par an, suivant les soins
et la nourriture qu'on lui donne, et suivant son
âge ; aussi doit-on le réformer dès qu'il a atteint

quatre ou cinq ans, bien qu'il puisse vivre jusqu'à
huit ou dix. Il est quelquefois employé comme cour-
rier ou messager. C'est le *rockdove* anglais.

2° Le *mondain* (*Columba Admista*) est peut-être
la race la plus complétement domestiquée ; au contact direct de la vie civilisée il a perdu l'instinct de
la liberté, l'indépendance de caractère, la fidélité
proverbiale et primitive de sa race ; il accepte toute
nourriture et tout logement, il est devenu incapable
même de se nourrir seul. En revanche, il est devenu
très-familier, porte le trouble dans tous les ménages de ses commensaux, et rend impossible, à côté
de lui, la conservation d'autres races pures. Il s'éloigne peu du pigeonnier, et donne de trois à huit couvées par an. Il est caractérisé par un filet rouge autour des yeux ; sa taille varie de la grosseur d'une
petite poule à celle d'un merle ; son plumage offre
toutes les nuances possible. Il paraît être, du reste,
le produit, non-seulement de la domestication, mais
aussi de croisements multiples. On distingue :

Le *gros mondain,* le plus gros, le plus lourd de
tous, bien que son plumage le fasse paraître plus
gros encore qu'il ne l'est réellement ; il ne fait guère
que trois ou quatre pontes par an, casse souvent ses
œufs et couve assez mal.

Le *moyen mondain* (fig. 5), plus petit, mais presque
aussi lourd que le précédent, plus répandu et plus
estimé comme produit. Il peut donner jusqu'à une
couvée par mois (ce qui lui a valu le nom de pigeon
de mois) pendant les huit mois de la bonne saison ;
il couve bien et casse assez rarement ses œufs. Il

est souvent pattu, huppé, coquillé, ce qui indique
suffisamment son origine bigarrée.

Le *petit mondain* ne diffère des précédents que
par sa taille, qui descend parfois jusqu'à celle du
merle; même inconstance dans les caractères; moins

Fig. 5. Mondain moyen.

productif que le moyen mondain, il couve assidûment et surtout plus adroitement.

Le *mondain de Berlin* à plumage noir cailleté de
blanc est très-fécond et très-estimé en Italie et dans
le midi de la France; c'est un moyen mondain.

Le *mondain espagnol* est un gros mondain à bec
droit; mêmes qualités et mêmes défauts.

3° Le *romain* (*Columba Romana* ou *Hispanica*),
très-répandu en Italie, descend, croit-on, des anciens pigeons de la Campanie. Il a le bec noir ou

gris plombé, recouvert à la base d'une épaisse membrane, les yeux cerclés d'un ruban rouge; il porte
sur les narines deux fèves formant morilles; son iris
est blanc et ses paupières sont rouges. Sa taille et
son poids sont encore plus élevés que ceux du gros
mondain; c'est le géant de l'espèce. Ses formes et
son plumage sont variables; il est tantôt huppé ou
coquillé, tantôt blanc, crème de lait, gris piqueté,

Fig. 6. Pigeon bagadais.

argenté, caillouté, etc. La variété appelée *romain
coupé* paraît être le produit d'un croisement du romain ordinaire avec le bagadais batave. Le plumage
le plus fréquent du romain ordinaire est noir.

Cette race existe depuis fort longtemps en France :
elle mange beaucoup, s'éloigne peu, donne de quatre à six couvées par an, produit des pigeonneaux
de fort poids, et fournit une chair très-délicate.
C'est un *runt* ou *scanderroon* anglais.

4° Le *bagadais* (*Columba Tuberculosa*) (fig. 6),
se distingue par le développement remarquable de la
membrane caronculeuse qui recouvre les narines, et
des rubans nus et verruqueux qui entourent ses yeux,

au point que bec et œil sont à peine visibles : il a le
bec long et crochu ; sa taille est presque celle du
moyen mondain ; il a le corps plus svelte , les pattes
et le cou plus longs, la queue plus courte que le romain. Son plumage est tantôt blanc, tantôt sombre ;
il porte parfois la huppe: Il est en général farouche,

Fig. 7. Turc ordinaire.

bat les commensaux plus petits que lui , a une démarche lourde ; médiocrement fécond , couvant assez
mal, il est encore maladroit et irritable. Il y en a
des variétés, pierrés, morillés, etc.

Le *bagadais batave,* importé de Batavia en Europe , est de grande taille , à longues jambes , à
plumage bleu cendré ou noirâtre; ses plumes sont
peu fournies ; il y en a des variétés, soyeuse, à tête

grise, têtard, petite, etc. Son croisement avec le mondain a fourni les sous-races : *turque, bagadais mondain à gros tubercules* (paupières retombantes, bec crochu, œil noir, corps large et court); *bagadais mondain caillouté* (caroncules du bec extrêmement développées); *bagadais mondain à œil* ou *pigeon-cygne* (plumage bleu ou caillouté, caroncules très-petites, corps moyen.)

La *sous-race turque* (fig. 7), provient d'un croise-

Fig. 8. Polonais.

ment bagadais mondain, avons-nous dit; du premier elle a retenu le développement des caroncules du bec, le cercle verruqueux de l'œil, la longueur du corps; du second elle a pris les ailes allongées, la brièveté des membres, le développement de la cuisse et la brièveté du cou. Le pigeon turc est presque toujours huppé; sa taille et son caractère sont ceux des bagadais; il est beaucoup moins répandu en France aujourd'hui qu'il y a trente ans.

5° Le *polonais* (*Columba Polonica*) (fig. 8), ou pigeon barbe, de taille très-moyenne, se distingue par son bec large, très-court et profond, par la forme carrée de sa tête, dite crapautée, par le cercle verruqueux de l'œil, si développé que tous deux se touchent souvent sur le front, enfin par les très-grosses caroncules du bec. Il a les jambes assez courtes et le vol lourd. Il nous paraît provenir d'un croisement du volant avec le bagadais. Cette race peu féconde varie en plumage du blanc au noir, en passant par

Fig. 9. Grosse gorge maurin à bavette.

le gris, le roux et le chamois. On connaît les variétés dites polonais bleu, polonais huppé, polonais noir, polonais rouge, polonais bénin, provenant du polonais ordinaire et du pigeon à cravate, bénin huppé, etc. C'est une race exclusivement de volière, peu gracieuse et peu répandue.

6° Le *boulant* ou *grosse gorge* (*Columba Gutturosa*) (fig. 9), est facile à distinguer par la remarquable fa-

culté dont il est doué de pouvoir à volonté gonfler
d'air son jabot très-dilatable, au point de lui faire
acquérir ainsi un volume presque égal à celui du
reste du corps. Sa taille est grande, parce qu'il se
tient très-droit; mais son poids le range, sous ce
rapport, dans les races moyennes. Son plumage est
extrêmement variable, il présente le plus ordinairement les couleurs blanc, noir, gris, cailleté, panaché, bleu, soupe au vin, marron, maillé jacin-
the, maillé feu, etc. Il est en général très-fécond,
mais il est exposé à de fréquentes ruptures du jabot;
enfin il est un peu tardif dans son développement.
On connaît les sous-races ou plutôt variétés dites:
boulant lillois ou boulant de Lille, caractérisé par
une gorge ovale et moins grosse que celle du boulant ordinaire; *boulant à bavette,* qui porte au-de-
vant du cou un rudiment de cravate, dû sans doute
à un croisement; *boulant maillé,* plus petit que le
lillois, plus court de membres, et dont le plumage
de diverses nuances est disposé par réseaux.

Le *cavalier* (*Columba Eques*) paraît descendre
d'un croisement du romain avec le boulant; il a,
comme le premier, l'œil entouré d'un filet rouge, les
narines épaisses, membraneuses et charnues; et
comme le second, la faculté d'enfler son jabot. On
en connaît deux variétés: le *cavalier faraud* a la
tête petite, très-rejetée en arrière, les jambes longues, le corps allongé, l'envergure assez large; il
vole bien et est assez friand; son plumage, ordinairement blanc, est quelquefois maillé. Le *cavalier*
espagnol est de plus grande taille et doué d'une fé-

condité un peu plus grande ; c'est un bagadais dont
les caroncules et les morilles sont moins développées
que dans la race pure.

    7° Le *nonnain* (*Columba Cucullata*) ou jacobin est
caractérisé par la longueur des ailes et de la queue,
la divergence des plumes de la partie supérieure du
cou, qui forment un ample capuchon derrière et

Fig. 10. Nonnain capucin.

au-dessus de la tête, laquelle se trouve enveloppée
presque complétement par cette capuce, se rejoi-
gnant devant le cou ; il est de petite taille, a le bec
très-court, le corps grêle, les ailes incurvées pour
rejoindre la queue ; l'œil est sablé avec un liséré
rouge ; il est doux, familier, très-fécond, et s'éloigne
peu du pigeonnier. Son plumage affecte différentes
couleurs qui se conservent pures, et dont, pour cette
raison, on a fait des variétés : on connaît le **nonnain**

capucin (fig. 10), qui a le corps blanc, chamois ou rouge purs dans la femelle, souvent panachés dans le mâle, les ailes et la queue blanches ; il est de taille moyenne, avec les membres courts ; il se familiarise facilement. Le *nonnain capé* n'offre qu'un moindre développement du capuchon, qui forme seulement capuce ou au plus cape ; on croit qu'il descend de l'union du nonnain capucin avec le mondain. Le *nonnain maurin* a la tête et le bout des ailes blancs,

Fig. 11. Coquille hollandais.

le reste du corps noir ; il provient, pense-t-on, d'un croisement du nonnain capucin avec le boulant.

Le *pigeon coquille* ou coquillé (*Columba Galeata*) est un nonnain qui, au lieu d'une cape complète, ne porte qu'une simple coiffure de plumes redressées, formant casque sur la tête. Sa taille est petite, son corps long et grêle ; l'épiderme des doigts et celui des tarses sont noirs chez les jeunes et pâlissent avec l'âge. En général, l'extrémité des grandes pennes de l'aile et les plumes de la queue sont de la même couleur, tandis que le reste du corps est d'une autre nuance, tantôt blanc, avec la tête et la queue

noires, tantôt jaune ou chamois, rouge sombre,
soupe au vin, jaune fauve, chamois, etc., avec le
bout des ailes et de la queue d'une couleur plus foncée. Le *coquille hollandais* (fig. 11), est blanc, avec
la tête et la queue de couleur bleue, noire, rouge ou
jaune. Le *coquille étourneau* est noir, avec deux
barres grises sur les ailes, le dessous de la gorge gris et

Fig. 12. Cravaté français

l'œil jaune. Le *coquille russe* a l'œil noir, le plumage
de couleur bleue, noire ou rouge, avec le dessus
des ailes barré et le dessus de la tête blanc. Le *coquille allemand* ou souabe a aussi l'œil noir, le plumage ordinairement blanc tiqueté de noir ou parfois
noir tiqueté de blanc, ou encore jaune rougeâtre
argenté, comme le faisan. Le *coquille barbu* est
blanc, avec la tête et la queue rouges. Le *coquille*

tête de mort est complétement blanc, hormis la tête,
qui est noire.

Le *pigeon carme* est un nonnain pattu, de petite
taille, avec le bec extrêmement court, les membres
brefs, et portant une simple huppe derrière la tête.
Le *carme commun* a le dessus du corps blanc, les
ailes, la tête et la queue gris, chamois ou fauve ; il
est assez productif. Le *carme de Siam* n'en diffère
que par la couleur toujours jaune du manteau.

8° Le *cravaté* (*Columba Turbita*) est une race
bien caractérisée par les plumes de la gorge, qui
sont redressées et frisées au jabot. Il est de très-petite
taille, a la tête carrée, le bec très-petit et court, les
yeux saillants ; son jabot est un peu grand, mais
moins dilatable que chez le boulant. On lui donne
parfois le nom de pigeon-hibou. Ses formes sont à
la fois gracieuses et bizarres ; il porte parfois aussi
une huppe ; ses ailes sont longues et fournies, son
vol rapide et assez soutenu. Il s'allie facilement avec
toutes les autres races, et donne des hybrides même
avec la tourterelle. Il est souvent employé comme
messager.

Le *cravaté français* (fig. 12), est toujours blanc de
corps, avec le manteau varié bleu, noir ou chamois. Le
cravaté anglais est entièrement bleu, avec des barres noires sur les ailes. Le *cravaté blanc,* une des
variétés les plus recherchées de cette race, est complétement blanc. Le *cravaté maurin* a le corps
blanc et le manteau noir. Le *cravaté huppé* ressemble au cravaté français, et n'en diffère que par
la huppe à la tête. Enfin, le *cravaté bleu* est d'un

beau bleu améthyste et voisin du cravaté anglais.
Les cravatés sont en général très-fidèles, bons incu-
bateurs, mais de fécondité médiocre.

9° Le *volant* (*Columba Tabellaria*), pigeon messager, pigeon voyageur (*the carrier-pigeon* des Anglais), est de petite taille comme le biset sauvage,
et svelte de formes comme lui ; il porte un mince
filet rouge autour des yeux, dont l'iris est blanchâtre ; ses pieds sont nus et sans écailles ; les tubercules des narines sont nuls ou très-petits ; ses ailes
sont longues et pointues. C'est la plus féconde des

Fig. 13. Culbutant.

races de colombier ; il est moins farouche que le biset, plus fidèle encore à sa femelle, à ses petits et
à son domicile habituel. Son vol est rapide et prolongé. Les couleurs de son plumage sont très-va-
riables.

Sa fidélité au retour, la vitesse, la continuité et la
sûreté de son vol, le font employer souvent comme
messager par le commerce, la finance ou l'armée [1].

[1] Il ne faut cependant pas le confondre, à cet égard, avec
l'Ectopiste migrateur (*Ectopistes migratorius*), messager amé-
ricain, pigeon voyageur, pigeon de passage, tourterelle du

Il peut parcourir aisément cent kilomètres à l'heure.
Il fut employé par l'armée aux sièges de Haarlem
(1574), de Leyde (1575), de Paris (1870-1871). Les
Romains l'employèrent au même usage (Brutus
assiégé dans Modène par Antoine). Les Hollandais
et les Belges ont organisé depuis longtemps une
poste aux pigeons en services réguliers, imitant ainsi
ce que les Perses avaient fait de haute antiquité.

On connaît les sous-races ou variétés : *Pigeon
volant anglais*, à bec très-allongé et mince, à pieds
grands, à plumage de couleur foncée. *Pigeon volant
persan* ou dragon, plus petit de taille, à caroncules
encore moins développées. *Volant indien de Basso-
rah*, d'origine persane, se rapprochant assez du
biset par la taille et le bec. *Volant indien de
Kalapar*, à plumage noir, à bec un peu allongé, à
caroncules moyennes. *Volant allemand* ou bagadot-
tentauben, de Neumeister, voisine des romains bagadais coupés, à bec long, crochu et recourbé en dessous, les caroncules petites, mais une large bande
verruqueuse autour de l'œil, et les jambes très-longues. Puis les variétés à cou rouge, huppée, soyeuse,
pattue, pattue et huppée, à barbe blanche, blanche
à queue noire, noire à queue blanche, etc.

10° Le *culbutant* (*Columbia Gyratrix*) (fig. 13), est
de très-petite taille ; il doit son nom à son vol rapide,

Canada, propre à l'Amérique septentrionale, appartenant à la
famille des Macropygidés et au genre Ectopiste. Celui-là voyage
ou plutôt émigre en bandes innombrables que les Américains
déciment à l'envi, pour en saler les cadavres ou en engraisser
des porcs.

élevé, mais très-irrégulier, et à ses mouvements précipités, dans lesquels il tourne sur lui-même quatre ou cinq fois, renversant la tête en arrière et accomplissant ainsi des culbutes complètes. Il porte un mince filet rouge autour des yeux, qui sont perlés et sablés de rouge; ses pieds sont nus et dénués d'écailles; il a le bec très-court et conique; ses ailes sont très-longues; enfin son plumage varie à l'infini. On rapporte son origine à une race indienne, dite de Lotan, ou à une race persane.

On en connaît un assez grand nombre de variétés : Le *culbutant anglais,* l'un des plus petits pigeons connus. Le *culbutant pantomime,* qui, outre ses culbutes, exécute encore les contorsions les plus grotesques, et qu'on emploie parfois pour attirer les pigeons sauvages ou échappés. Le *culbutant à courte face,* très-recherché en Angleterre, ne diffère du culbutant ordinaire que par son bec aigu, conique, très-court; par le peu de développement de la membrane nasale, sa tête globuleuse à front redressé, sa poitrine saillante, ses pieds très-petits, ses ailes pendantes, son corps extrêmement grêle.

11° Le *tournant* (*Columba Percussor*) ou pigeon batteur, est un culbutant incomplet; au lieu de culbutes, il exécute des cercles continuels comme un oiseau blessé à l'aile, ce qui est souvent pour lui, soit dans le colombier ou la volière, soit dans les champs, une cause d'accident; en même temps, il fait fréquemment et fortement claquer ses ailes; dans son vol, il s'élève d'abord, puis décrit des cercles alternativement à droite et à gauche, à l'imitation des oiseaux de proie, mais dans des rayons plus restreints. Le tournant est de taille un peu plus forte que le culbutant, il a l'œil du coq avec l'iris noir; médiocrement fécond, il est en outre querelleur et jaloux, et met souvent le désordre dans la volière ou le colombier. Le *tournant ordinaire* est tantôt gris avec des taches noires sur les ailes, tantôt blanc ou rouge avec un fer à cheval blanc sur le dos. *Le tournant frappeur* et le *tournant batteur* sont deux autres variétés, qui ne diffèrent que par de légères particularités de leur vol.

12° Le *trembleur* (*Columba Tremula*) est une très-petite race, qui présente cette particularité que l'oiseau est agité d'un tremblement convulsif de la tête, du cou et des ailes, surtout à l'époque des amours. Le trembleur a le bec fin et court, les ailes pendantes, la queue relevée, l'iris jaune et l'œil privé de filet circulaire. Son plumage et ses formes sont très-variés. On connaît un assez grand nombre de variétés, parmi lesquelles : le *trembleur de la Guyane*, blanc, avec les ailes bleues tachetées et rayées de noir; le *trembleur de Java*, à bec très-court, à queue moins étalée et moins fournie; le *trembleur soyeux;* le *trembleur à queue étroite*, etc. Tous les trembleurs sont assez féconds et couvent bien, mais ils sont de très-petit poids et difficiles à élever.

13° Le *pigeon-paon* (*Columba Laticauda*) ou à queue de paon (fig. 14), a une large queue, composée de vingt-huit à quarante-deux plumes, qui s'étale, se dresse, et dans cet état d'érection, vient toucher le derrière de la tête ; au repos, cette queue est dressée en forme de toit. De très-petite taille, comme le trembleur, il s'éloigne peu ainsi que lui, parce qu'il vole encore plus mal. Il est agité, comme lui encore, de tremblements convulsifs à la saison des amours. Les paons présentent un grand nombre de variétés de plumage ; les blancs purs sont cependant les plus

Fig. 14. Pigeon-paon.

recherchés des amateurs. Le *paon de soie* a le plumage très-fin, soyeux, peu garni, analogue à celui de la poule de soie, et se laissant également pénétrer par la pluie. Une autre variété, récemment importée de la Guyane, a les ailes bleu nuancé, porte une cravate, et a les yeux plus clairs. Les paons sont très-familiers, très-doux et très-féconds, comme les trembleurs, avec lesquels ils offrent de grandes similitudes.

14° Le *pigeon-hirondelle* (*Columba Hirundinina*)

tire son nom de sa ressemblance éloignée avec l'hirondelle de mer. Il a le plus ordinairement, mais non toujours, les tarses et les doigts emplumés, des formes sveltes, les ailes très-longues et venant se croiser en se relevant sur la queue; la tête fine, plate, allongée; le bec mince et assez long; l'œil jaune; la tête est quelquefois huppée. Son plumage est le plus souvent blanc sur la partie inférieure de la tête et le reste du corps; le sommet de la tête, le man-

Fig. 15. Hirondelle ordinaire,

teau, les ailes et les plumes des membres, lorsqu'il y en a, sont noirs, gris, bleus, jaunes ou rouges, dans l'*hirondelle ordinaire* (fig. 15), jaunes dans l'*hirondelle de Siam*, fauves dans l'*hirondelle fauve*, etc. La démarche de ces pigeons est toujours lourde et embarrassée; les climats humides, les contrées à terre forte leur conviennent peu; ils sont assez féconds, mais très-délicats à élever.

15° Le *pigeon tambour* (*Columba Tympanizans*) ou *glou-glou*, est toujours très-pattu, tantôt huppé, coquillé ou même couronné. Il doit son nom à son roucoulement sourd, qui rappelle le bruit lointain du

tambour. Il est de taille moyenne, doué d'une grande
fécondité, puisqu'il fournit de huit à dix couvées par
an, mais il couve sans grande assiduité, maladroi-
tement, et casse souvent ses œufs. La mue est, pour
les pigeonneaux, une crise difficile, qui en emporte
beaucoup et rend chanceux l'élevage de cette race.

Le *tambour glou-glou ordinaire* (fig. 16), porte une
couronne sur le front et une coquille derrière la tête ;
son plumage est blanc ou caillouté de noir sur blanc ;
l'œil est blanc avec les paupières rouges, mais sans
cercle autour. Le *tambour de Dresde* est rouge avec
le manteau blanc ; enfin il y a des variétés blanches,
noires, bleues, jaunes, à tête grise, barré d'orangé

Fig. 16. Glouglou tambour.

sur les ailes bleues, tandis que la tête et la queue
sont blanches, etc.

Nous ajouterons que les tambours, plus encore
que les pigeons pattus dans toutes les races, puisqu'ils sont non-seulement pattus mais culottés, se
salissent facilement et couvent avec assez d'assiduité,
mais avec une grande maladresse.

Telles sont les principales races domestiques, que
nous réduirions à dix (biset, romain, bagadais, bou-

2.

lant, nonnain, volant, culbutant, paon, hirondelle
et tambour), si nous éliminions celles qui paraissent
issues du mélange des précédentes (mondain, polonais, cravaté, tournant, trembleur).

On a décrit et même classé parmi les races de pigeons une foule de variétés descendues de mélanges
indéfinis, et seulement caractérisées par des particularités ou des colorations diverses de plumage ;
nous les indiquerons sommairement et rien que pour
mémoire.

Le *pigeon pattu* ne forme pas, de l'aveu même de
Brehm, qui lui donne le nom de *Columba Dasypes,*
une race proprement dite, puisque beaucoup d'autres
(hirondelle, tambour, volant pattu) présentent la
même particularité. Les plumes aux tarses, pas plus
que la huppe, la coquille, la cravate, etc., ne suffisent
seules pour caractériser une race pure. Néanmoins, les
amateurs distinguent : le *pattu de Norvège,* à plumage
blanc, huppé, et aussi gros que le bagadais ; le *pattu
ordinaire,* sans huppe, de taille moyenne, à plumage
variable, très-fécond, s'accommodant de toute espèce
de nourriture et de logement; le *petit pattu huppé,*
qui porte tous les plumages, est très-fécond, donne
une couvée par mois pendant toute la belle saison, et
qu'à cause de cela on appelle, dans le midi de la France,
où il est très-estimé, pigeon de mois; le *pattu du Limousin* (fig. 17), très-gros, très-long, très-haut sur
pattes, à plumage de toutes couleurs, très-fécond, mais
peu productif ; le *pattu crapaud,* à corps trapu, à tête
carrée, de tout plumage ; le *pattu frisé,* entièrement
blanc, avec les plumes décomposées et frisées comme

chez la poule de soie, et les doigts rouges. Le pattu
de Norvége et le pattu du Limousin nous paraissent
descendre du gros mondain ; le pattu ordinaire, du
moyen mondain ; le pattu crapaud, du polonais ; le
pattu frisé du trembleur soyeux et du petit mondain.

Les *pigeons heurtés* ont la mandibule inférieure

Fig. 17. Pattu limousin.

du bec blanche, un masque bleu, noir, rouge ou
jaune ; le corps blanc et la queue de la même couleur que le masque. Le pigeon carme de Siam, à
masque et à queue jaune, serait un pigeon heurté.

Les *pigeons maillés* sont une particularité de plumage dont les couleurs sont disposées en réseaux
ou réticulées ; on la rencontre dans les boulants, les
cavaliers farauds, etc.

Les *pigeons papillotés* ont des plumes de diverses

nuances, mêlées, chaque plume étant en entier de
la même couleur. Les *pigeons étincelés* présentent,
au contraire, des mouchetures régulières de différentes couleurs, les taches étant formées par la diversité de nuances de la même plume.

Le *pigeon bouvreuil* est une variété d'amateur
dont les nuances brunes et rouges sont disposées
comme dans l'oiseau dont ils ont reçu le nom. C'est
presque toujours un barbe ou polonais. Le *pigeon
suisse* est encore une variété d'amateur, à plumage
panaché de rouge ou d'une autre couleur vive formant plastron. Le *pigeon frisé* à plumes décomposées, frisées et redressées, est une bizarrerie anor-
male et accidentelle que l'on a reproduite par la
génération, et que l'on rencontre dans les bagadais,
les trembleurs, les paons, etc. (dos frisés indiens
et anglais.)

On aura, du reste, une idée assez exacte de la
manière dont les amateurs ont pu et peuvent obtenir chaque jour des variétés nouvelles que leur plumage ou les particularités de ce plumage distinguent
presque seules, en employant le croisement d'abord,
puis une sélection austère, afin de fixer dans la famille la bizarrerie cherchée, d'après le tableau suivant que nous fournit Brehm dans la *Vie des animaux illustrée*. (Traduction française, commentée
par M. Gerbe, *Oiseaux*, t. II, p. 248.)

Nota. Les astérisques indiquent les résultats dou-
teux. Les races ou variétés comprises dans l'accolade sont celles que l'on a croisées, et celles qui
correspondent à l'accolade, les produits obtenus.

RACES OU VARIÉTÉS CROISÉES.	PRODUITS.
Grosse gorge ou boulant. . . .	
*Mondain.	Maillés noyer, feu, jacinthe.
Grosse gorge ou boulant. . . .	
Romain.	Cavalier.
*Grosse gorge ou boulant. . . .	
Nonnain.	Nonnain maurin.
Grosse gorge chamois.	Chamois panaché ou la variété
Grosse gorge maurin.	couleur de nuit.
Grosse gorge.	
Mondain.	Cavalier.
Maillé jacinthe.	
Maillé feu..	Maillé noyer.
Maillé jacinthe.	
Maillé noyer.	Maillé pêcher.
Grosse gorge bleu.	
Grosse gorge maurin.	Grosse gorge gris panaché.
Grosse gorge gris de fer. . .	
Grosse gorge maurin.	Grosse gorge gris piqueté.
Grosse gorge chamois.	
Grosse gorge bleu.	Grosse gorge ardoisé.
Grosse gorge maurin.	
*Grosse gorge bleu.	Grosse gorge rouge.
Lillois (Boulant).	Pattu plongeur et Lillois cla-
Pattu.	quart.
Tambour.	
*Paon.	Trembleur paon à queue étroite.
Tambour.	
Volant.	Pattu crapaud volant.
Bagadais batave.	
Mondain à œil.	Bagadais batave tétard.
Bagadais à grandes morilles,	
blanc.	Bagadais pierré.
Bagadais batave noir.	
Bagadais mondain à œil.. . .	
Cavalier ordinaire.	Cavalier faraud.
Romain ordinaire.	
Bagadais batave..	Romain coupé.

Romain noir.	Romain gris piqueté.
Romain gris.	
Trembleur soie.	Des pigeons soie de toutes formes
Avec d'autres races.	et de toutes couleurs.
Nonnain maurin femelle . . .	Nonnain rouge panaché.
Nonnain rouge mâle.	
Nonnain rouge panaché. . . .	Nonnain chamois panaché.
Nonnain chamois.	
Nonnain capucin.	Nonnain capé.
Mondain.	
*Culbutant anglais.	Suisse collier doré.
Petits mondains.	
*Volant ordinaire.	Volant noir à queue blanche.
Paon.	
Polonais ordinaire..	Polonais bénin.
Cravate.	

« Lors donc, ajoute l'auteur ou son commentateur, lors donc qu'on veut créer une variété, il ne faut pas prendre au hasard un mâle et une femelle qui auront des rapports avec l'individu qu'on veut obtenir, mais bien calculer quel peut être le résultat de la combinaison de telle ou telle couleur, et agir en conséquence.

« Le mélange des couleurs est soumis à des variations fort souvent inattendues : ce qu'il y a d'à peu près probable, c'est que d'un mâle bleu et d'une femelle rouge résultent des pigeons à plumage comme doré, jaunâtre ou noir; un pigeon rouge et un pigeon noir produisent des oiseaux d'un rouge foncé, mais souvent plombé; un rouge et un minime engendrent souvent un très-beau rouge; un bleu et un fauve reproduisent quelquefois des individus tout bleus ou tout fauves, ou mélangés de

l'une et de l'autre couleur; un jaune et un noir
donnent des couleurs de nuit et des jaunes panachés, etc. La production des couleurs par la combinaison de telle ou telle autre couleur, est beaucoup
plus variable que la production des variétés. » Nous
aurons occasion de revenir, plus loin, sur l'opportu-
nité et la pratique de ces croisements.

§ 5. — Historique.

Nous avons dit déjà que le pigeon avait été domestiqué dès une très-haute antiquité en Égypte, en
Perse, en Grèce, en Italie; mais les historiens nous
ont laissé peu de renseignements sur cet oiseau. Ce
que nous savons, c'est que les Grecs l'avaient consacré à Vénus, qu'il est mentionné dans les Livres
saints du peuple juif, qu'il fut tenu en haute estime
chez les Romains. « Bien des gens, nous dit Pline,
se passionnent même pour ces oiseaux; ils leur bâ-
tissent des tours au-dessus de leurs maisons; ils ra-
content la généalogie et la noblesse de chacun d'eux.
On en cite un exemple déjà bien ancien : Varron
écrit qu'avant la guerre civile de Pompée, Axius,
chevalier romain, vendait ses pigeons quatre cents
deniers la paire (360 francs). La Campanie s'honore
même du renom qu'elle a de produire les pigeons
de la plus grande espèce. » Il est vrai que c'était
une passion d'amateurs riches, analogue à celle des
Belges et Hollandais actuels; les éleveurs romains
paraissaient préférer à l'élevage du pigeon celui de
la tourterelle, de la grive et de la caille.

Les Perses ou plutôt les Persans s'occupèrent beaucoup des pigeons et possédèrent de bonne heure le messager volant (khandési), les culbutants, etc. L'Inde reçut sans doute le pigeon de la Perse, et se livra à son élevage et à son perfectionnement dès le quinzième siècle au moins ; cette contrée possède un culbutant terrien, blanc, pattu, coquillé, plus petit que le biset, à bec plus court et plus mince, qui culbute en marchant, race qui existait dès 1600, qui porte le nom de Lotan et de Kalmi-Lotan, et qui pourrait bien être la souche de nos culbutants ordinaires ; la race des frisés indiens, à bec extrêmement court, avec les plumes de tout le corps renversées ou frisées en arrière ; enfin, plusieurs variétés de messagers. La Belgique s'est adonnée avec passion, depuis le commencement de ce siècle, à l'élevage du pigeon messager, emprunté aux diverses races de biset ou fuyard, de volant, de cravaté, etc.

Darwin affirme, d'après divers auteurs, que le pigeon tambour était déjà connu dans l'Inde en 1735, le pigeon heurté en 1676, le pigeon coquille et le culbutant avant 1600 ; il en est de même du boulant ou grosse gorge, connu et décrit par Aldrovande (1527-1605) ; du pigeon paon, mentionné dans un auteur indien du seizième siècle ; du pigeon nonnain, figuré par Aldrovande ; du cravaté, décrit en 1677 par Willoughby, ainsi que le messager anglais. Mais la sélection et le caprice des éleveurs ont sensiblement modifié quelques-uns des caractères de ces races (bec, coloration, etc.).

§ 6. — Pigeons de volière.

On appelle *volière* la petite habitation consacrée
aux pigeons et où ils sont retenus en captivité complète ou partielle : c'est le petit colombier de l'amateur, plus soucieux de la rareté et de la beauté de
ses oiseaux que de leur produit net. L'amateur ne
calcule pas avec sa bourse, il achète très-cher parfois des couples de reproducteurs, soit pour élever
les races pures, soit pour chercher à obtenir, par le
croisement, des variétés nouvelles.

Mais toutes les races ne s'accommodent pas également de cet esclavage plus ou moins complet ; elles
peuvent néanmoins s'y soumettre, les unes ou les
autres, selon l'espace et le degré de liberté qui leur
sont accordés. Le biset ou fuyard, le volant ou
messager, le culbutant ou tournant, réclament une
liberté complète, du moins pendant le jour ; ce sont
des races de colombier ou de volière libre, mais non
de volière fermée. Le pigeon mondain, le moyen
mondain surtout, et ce que l'on appelle le pigeon
pattu ordinaire, sont ceux qui supportent le mieux
une étroite captivité, au point de se multiplier dans
une boîte, même peu spacieuse, avec faculté de se
promener dans une petite cour, fût-elle pavée ; ce
sont ceux préférés, à cause de cela, par les petits
éleveurs des grandes villes. Toutes les autres races,
sous-races et variétés peuvent s'accommoder de la
volière si elle est spacieuse, entretenue avec propreté, et surtout ouverte une partie de la journée.

3

Des amateurs, les uns s'adonnent à la production des pigeons pouvant servir de messagers ; les autres recherchent un plaisir le moins coûteux possible, et préfèrent conséquemment les races productives ; ceux-ci, plus riches, ne s'attachent qu'à la beauté ou à la bizarrerie du plumage ; ceux-là enfin poursuivent, soit la multiplication des races pures les plus rares, soit l'obtention de variétés nouvelles pour la vente.

Les amateurs de messagers choisissent d'ordinaire les races dites biset ou fuyard, volant ou messager, coquille, nonnain ou cavalier, c'est-à-dire des races à vol rapide et soutenu, fidèles à leur colombier, à leur compagne, à leur progéniture. Il existe en Belgique, en Hollande, en Angleterre, en France (Flandre, Paris, etc.), un grand nombre de sociétés colombophiles qui distribuent des primes aux pigeons les plus rapides et les plus sûrs, à l'usage du transport de dépêches politiques, commerciales, financières, médicales ou militaires. La plus grande vitesse obtenue, sur un long parcours, quatre cents kilomètres en ligne directe, par exemple, paraît être de soixante-cinq kilomètres à l'heure, y compris le temps nécessaire pour se reposer et manger, et de soixante-quinze kilomètres à l'heure pour les parcours, d'une traite, de cent vingt-cinq kilomètres seulement.

Lorsqu'on veut préparer l'expédition d'un message de B en A par exemple, il faut choisir en A un pigeon mâle adulte ayant une compagne, ou une femelle adulte ayant des petits, ayant l'un ou l'autre accompli

déjà, par l'air, le trajet de A en B et réciproquement ;
on l'enferme dans un panier couvert et on le trans-
porte, n'importe par quelle voie, en B. Le moment
venu, la dépêche préparée, c'est-à-dire écrite à
l'encre grasse sur un petit morceau de papier fin et
gommé, ou mieux encore photographiée en réduc-
tion si elle est longue, on l'applique sous une des
plumes de la queue, et on lâche le pigeon le matin
ou dans le milieu du jour, selon la distance qu'il a
à parcourir, mais jamais le soir. Sollicité par l'a-
mour conjugal ou filial, par l'esprit de retour à son
domicile habituel, il est rare que l'oiseau se laisse
détourner de sa route, séduire par d'autres pigeons,
arrêter par une nourriture abondante et délicate,
avant d'être arrivé sous son toit. Mais il n'évite pas
toujours les chasseurs, les braconniers et les oiseaux
de proie ; il est retardé, contrarié, égaré parfois
par la tempête, l'orage, le brouillard, la neige ou
les pluies torrentielles. Il n'en reste pas moins inex-
plicable que des pigeons emportés de Paris à Bor-
deaux, en ballon, et sans avoir encore accompli ce
trajet autrement qu'enfermés dans le panier qui les
contenait, ainsi qu'il est arrivé plusieurs fois pendant le dernier siége de Paris (1870-71), aient pu,
pour la plupart, revenir fidèlement et sûrement à
leur colombier. Est-ce intelligence, instinct, développement merveilleux du sens de la vue ? est-ce
sensibilité extrême du froid, de l'humidité, du sec
et du chaud répondant à l'orientation ? On l'ignore,
mais le fait est constant.

L'amateur qui désire se livrer avec le moins de

dépense et le plus de satisfaction possible à l'élevage des pigeons, choisira des races à la fois
gracieuses de formes et de plumage, accoutumées à
vivre en captivité, fécondes, bonnes couveuses,
bonnes éleveuses et d'un prompt développement : à
celui-là, nous recommanderons les mondains, les
boulants, les nonnains, les tambours, de diverses variétés ; leur produit sera toujours en rapport avec les
soins et la nourriture qu'il leur donnera. Il doit bien
savoir, dans tous les cas, que les grosses races sont
moins fécondes que les moyennes et surtout que les
petites ; que les races pattues sont malpropres, souvent attaquées par la vermine, maladroites à couver, et rejettent fréquemment les œufs de leur nid.

Aux personnes qui ne s'attachent qu'à la beauté
ou à la bizarrerie des couleurs, sans s'inquiéter de
la dépense et du produit, nous n'avons rien à dire ;
à celles qui font de l'élevage du pigeon une spécula-
tion, nous n'avons rien à apprendre. Pour toutes
deux, le caprice et la mode font loi, toutes les races
sont bonnes si elles sont belles, rares ou atteignant
de hauts prix.

La volière. — Nous avons vu qu'on appelait ainsi
l'habitation des pigeons retenus en captivité complète ou partielle, car la volière peut être ouverte ou
fermée : ouverte pendant le jour ou à certaines
heures pendant les saisons favorables, mais fermée
le soir, par le mauvais temps, durant les époques rurales de semaille ou de récolte, elle permet aux pigeons de s'éloigner de leur habitation, de prendre
de l'exercice, de trouver, en la variant, une partie

de leur nourriture ; ils réussissent mieux ainsi et
coûtent moins à entretenir, mais ils peuvent être
tués par les chasseurs et les braconniers, mangés
par les oiseaux de proie. La volière fermée astreint
l'éleveur à faire les frais de la nourriture complète,
les couvées sont moins nombreuses et réussissent
moins bien ; mais on est à l'abri des vols et des accidents. Le choix des races doit varier suivant le
système de volière libre ou fermée, et dans le pre-

Fig. 18. Pigeonnier caisse.

Fig. 19. Petit pigeonnier construit
au pignon d'un poulailler.

mier cas encore, suivant l'espace accordé à chaque
couple, en superficie et en cube. La réussite dépendra ensuite de la régularité, de la variété et de
l'abondance de la nourriture accordée, des soins
hygiéniques qu'on aura pris dans la construction et
que l'on continuera dans l'élevage, la solitude, la
température, l'aération, la lumière, les nids, et surtout la propreté.

Nombre de volières, dans les villes ou même dans

les habitations rurales, sont établies dans un grenier,
une soupente, ou même plus simplement une boîte
de bois fixée contre un mur; ce sont des volières
libres, bien qu'on les puisse fermer le soir par une
trappe à coulisse. Les habitants de ces demeures
primitives y sont exposés aux déprédations des rats,
des fouines, belettes, chats, etc. ; il est très-difficile
de les entretenir dans la propreté qu'ils réclament.
Le moyen mondain et le pattu ordinaire peuvent, à
peu près seuls, résister à ce régime. (Voir fig. 18.)

Ailleurs, dans les fermes ou dans les maisons de
campagne, le pigeonnier occupe une des extrémités
du poulailler (fig. 19). Dans ce cas, les petites
portes à trappe destinées aux pigeons sont disposées dans le pignon par étages divers et alternant les unes avec les autres dans le sens vertical ;
une porte placée sur l'une des façades donne accès
à la personne chargée de soigner les captifs. Nous
citerons encore un autre pigeonnier d'amateur que
nous avons remarqué à Paris-Asnières pour son
bas prix de revient et son intelligente disposition
(fig. 20).

Adossez à un mur de clôture votre pigeonnier,
dont la grandeur sera en proportion du nombre de
paires de pigeons à élever, ainsi que nous l'indi-
quons plus loin; placez votre deuxième plancher à
0m80 du sol, ce qui laissera en dessous trois ou
quatre cabines pour mettre des pigeons dépareillés,
le troisième plancher à 0m35 au-dessus, et ainsi de
suite pour les étages supérieurs, en ayant soin que
les ouvertures des nids se contrarient d'étage en

étage; la largeur de chaque case est de 0ᵐ 30 de
largeur sur 0ᵐ 50 de profondeur.

Chaque ménage a deux cases séparées par une
cloison dans toute la hauteur. Ces deux cases sont
munies d'une tablette circulaire reposant sur un

Fig. 20. Pigeonnier-volière.

tasseau et servant d'entrée à chaque ménage.

Cette construction peut être établie en maçonnerie ou en bois. Dans les deux cas, elle doit être ba-
digeonnée intérieurement au lait de chaux; le pigeonnier établi sera entouré d'un treillage en bois
ou en fil de fer d'une grandeur convenable, pourvu

à son milieu d'une tablette circulaire intérieure et
extérieure montée sur tasseau : la partie intérieure
est immobile ; la partie extérieure est mobile et
se ferme à volonté, étant montée sur charnière.
(Voir fig. 21.)

Cette tablette extérieure évite la nécessité de rentrer
par la porte de service, placée sur un des côtés, et
permet de donner la liberté aux pigeons sans entrer

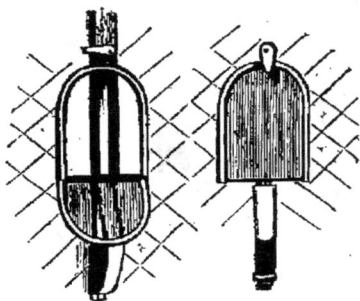

Fig. 21.

dans la volière. La supériorité de ce système est dans
les deux cases, car aussitôt que les petits ont atteint
quinze jours, la femelle pond dans la deuxième case,
et le père finit d'élever les premiers-nés, et cela
presque sans interruption.

Enfin, pour les riches amateurs, on peut construire de charmants pigeonniers-volières ; placés
dans les parcs, dans les villas, non loin de l'habitation, ils y jouent le rôle de gracieuses fabriques et
peuvent devenir un objet constant d'études ou de
distraction. Le plan et l'élévation des fig. 22 et 23
permettront aisément de comprendre leur disposition,

sur laquelle d'ailleurs nous allons avoir à revenir en détail.

Pour établir de la clarté dans les mots et dans les idées, nous appellerons *pigeonnier* l'abri provisoire

Fig. 22. Pigeonnier-volière.

fourni aux pigeons par une construction économique en bois ou autres matériaux, extérieurement adossée à des bâtiments (fig. 18 et 19); la *volière* sera le logement fourni aux mêmes oiseaux à l'intérieur des bâtiments et permettant de les y renfermer

3.

quand on le désire, ou de leur laisser la liberté
pendant le jour ; enfin le pigeonnier-volière
(fig. 20 et 22) sera le logement dans lequel les pigeons trouveront abri dans un bâtiment, mais ne
jouiront que d'une liberté relative, limitée par des
treillages en bois ou fil de fer. L'amateur, suivant
sa fortune, pourra adopter l'une ou l'autre de ces
dispositions, mais il ne doit pas ignorer que les unes
et les autres ont leurs avantages et leurs inconvénients.

Le pigeonnier et la volière supposent liberté entière pour les pigeons durant la journée; le soir, les
trappes doivent être fermées jusqu'au lendemain
matin, afin de préserver les prisonniers des bêtes
puantes qui leur pourraient venir rendre de funestes
visites. Les pigeons trouvent ainsi, durant toute la
belle saison, la plus grande partie de leur nourriture au dehors ; mais par contre ils sont exposés à
être tués par les chasseurs ou enlevés par les oiseaux
de proie; en outre, durant la saison des semailles
de printemps et d'automne, aux approches de la
maturité des divers grains (blé, seigle, orge,
avoine, etc.) et graines (colza, vesces, etc.), on est
contraint de les tenir complétement renfermés.
Toutes les races, nous l'avons dit, ne sauraient se
plaire ni réussir dans d'étroits pigeonniers, et il faudra les choisir en raison de l'espace qu'on leur y
accorde et du degré de liberté qu'on peut leur donner. Dans tous les cas, nous recommanderons de ne
choisir, pour peupler les pigeonniers et volières ou-
verts, que des races fidèles, peu coureuses, ne vo-

lant que médiocrement, peu disposées à se laisser
séduire par des pigeons d'autres colombiers, parce
qu'elles exposent moins à des chances de pertes.

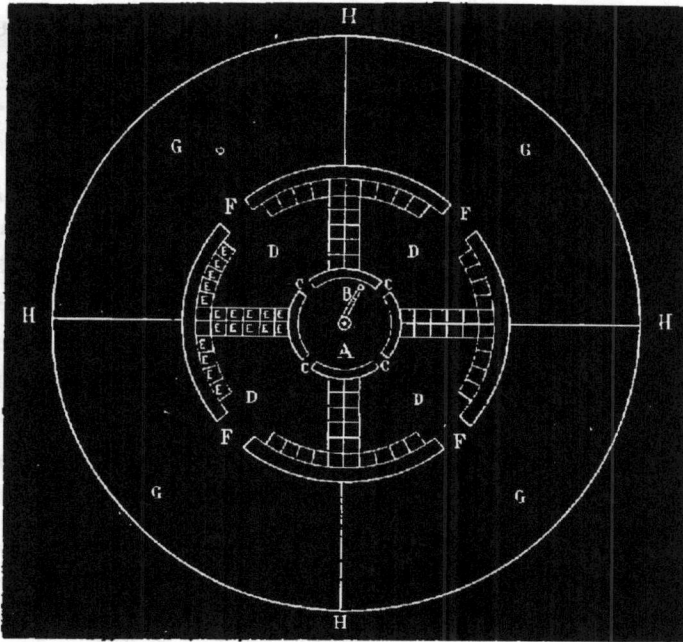

Fig. 23.

A. Entrée centrale;
B. Échelle tournante;
C. Portes d'entrée de service;
D. Compartiments isolés;
EEE. Nids et pondoirs;
F. Portes d'entrée extérieure;
G. Compartiments isolés;
H. Clôture en treillage, fil de fer.

Le pigeonnier-volière nécessite des constructions
plus dispendieuses comme installation et matériel;
la nourriture devant être en entier fournie aux cap-

tifs, s'élève aussi beaucoup plus haut. Mais par contre les chances de perte par les chasseurs, les oiseaux, les bêtes puantes, les désertions enfin, sont à peu près annulées. Nous ajouterons enfin que certaines races n'y peuvent réussir, exigeant impérieusement une liberté complète.

Dans tous les cas, la réussite de nos oiseaux dépendra en grande partie des précautions prises pour leur installation, de l'espace qui leur sera accordé, des soins de propreté qu'on leur prodiguera, des mesures prises pour isoler plus ou moins les couples et les races, de la quantité et de la qualité de la nourriture, et de la régularité avec laquelle on la leur distribuera. Il y a des races rustiques, il y en a beaucoup d'autres exigeantes et délicates ; les premières sont ordinairement réservées pour l'élevage en grand dans le colombier ; les secondes ne peuvent réussir que dans les pigeonniers-volières. Néanmoins, les unes et les autres, lorsqu'elles sont convenablement choisies, selon le milieu où on les place, bien traitées et bien nourries, peuvent être une source de bénéfices par l'élevage ou la reproduction.

Passons maintenant aux détails de l'installation, et commençons par l'extérieur du logement, quels que soient son nom et son importance.

L'exposition à préférer sera celle du levant ou du couchant, rejetant toujours celles du midi et du nord ; lorsque le bâtiment aura une forme ronde, c'est au levant ou au couchant que s'ouvriront les trappes, tandis que la porte de service sera placée au nord. Ces trappes peuvent être percées sur un seul óu sur plusieurs rangs ; mais dans ce dernier cas, elles seront alternées de façon à ne pas se superposer verticalement les unes aux autres. Leurs dimensions sont d'environ 0^{m}25 de hauteur sur 0^{m}18 de largeur ; elles sont garnies en bas d'une petite planchette faisant saillie au dehors de 0^{m}30 en longueur

Fig. 24.

et 0^{m}20 en largeur, ou mieux encore d'une tablette continue, ayant la même saillie et précédant chaque étage de trappes. Chacune de ces petites portes est munie d'un cadre en bois dans lequel monte et descend, à coulisses, une planchette que l'on peut manœuvrer du dehors et d'en bas avec une corde fixée à son sommet et retenue sur une petite poulie (fig. 24). Ces portes doivent être percées dans le bâtiment, ou la caisse qui sert d'habitation doit être placée à une hauteur de deux mètres au moins. Les murs seront

parfaitement jointifs, assez épais pour que la température à l'intérieur ne soit pas trop variable, peints
ou crépis en couleur claire, sinon blanche. La toiture sera parfaitement étanche contre la pluie, et
un faux plancher préservera les habitants de l'extrême chaleur comme des grands froids.

A l'intérieur, les murs ou parois seront bien join-
toyés, et on surveillera attentivement les dégâts que
ne manqueront point d'y faire les rats et les souris
afin de s'y ménager un accès. Le plancher sera bien
étanche s'il est en bois, carrelé ou cimenté si c'est un
véritable bâtiment. La lumière y sera ménagée avec
discrétion, mais l'aération, facultative du reste, y
sera suffisante, afin d'y entretenir un air pur et une
température moyenne. On obtiendra ce résultat par
un nombre variable d'ouvertures ménagées, les unes
en bas, près du plancher, les autres en haut, près du
plafond, toutes garnies d'un fin treillage métallique,
et munies, à l'intérieur du pigeonnier, d'une trappe
à coulisses permettant de les ouvrir ou fermer à volonté. Enfin, une porte de hauteur et largeur ordinaires, à pleine voie, sera ménagée dans une partie
quelconque du bâtiment, à l'extérieur ou à l'intérieur, pour donner accès à la personne chargée des
soins, soit par un escalier, soit par une échelle fixe
ou volante. Nous parlerons, en traitant du colombier, de l'échelle tournante.

L'intérieur du logement sera garni de cases, nids
ou pondoirs, en nombre proportionné à la population, et de l'une des façons que nous indiquerons aussi
en parlant du colombier. Le plancher devra être re-

couvert d'une couche de 0^m06 à 0^m10 de sable sec et très-fin, qu'on renouvellera tous les ans, et duquel on enlèvera, tous les mois, la fiente ou colombine avec les dents d'un râteau ; quelques éleveurs préfèrent les balles d'avoine ou de blé, mais on ne doit jamais employer celles de seigle, de froment barbu ni d'orge. Les pigeons temporairement retenus dans le pigeonnier et la volière, et constamment

Fig. 25. Trémie mangeoire pour pigeonniers et volières.

dans le pigeonnier-volière, doivent y trouver toujours de l'eau à leur disposition dans un baquet en bois de 0^m15 de profondeur, et que l'on entretient d'eau ; les oiseaux s'y abreuvent et s'y baignent. Dans les pigeonniers-volières on emploie le plus souvent un abreuvoir siphoïde, dans lequel l'eau s'entretient propre et d'un niveau constant ; ces vases, en terre ou en zinc, sont construits sur le même principe que les encriers de même nom (fig. 34).

Aux pigeons en liberté la nourriture est distribuée sur le sol, à la main, le matin, à midi, et le soir pendant la mauvaise saison. Aux pigeons retenus momentanément ou constamment captifs, on l'offre dans une mangeoire à trémie (fig. 25), dans laquelle un réservoir supérieur remplace successivement le vide produit par la consommation. C'est cette même trémie, portée sur un poteau, qui, dans les parcs, sert à offrir la nourriture aux pigeons laissés en liberté (fig. 26); mais ce genre de mangeoire laisse prise au pillage de l'impudent moineau, et, dans les volières d'amateur qui sont bien tenues, on la remplace par la trémie à pédales, laquelle ne s'ouvre que sous le poids du pigeon monté sur une tringle ou tablette en bois ou en fer, qui règne tout alentour de l'instrument; un poids moindre que celui du pigeon est inhabile à découvrir les orifices à travers lesquels se présente le grain. Joignons à ce mobilier une queue de morue salée suspendue dans l'intérieur du pigeonnier, moyen de fournir à nos oiseaux le sel dont ils sont en général friands, et de les retenir ou ramener dans leur domicile. La queue de morue peut être remplacée par un pain de sel formé d'un mélange de farine de vesces et d'un dixième de farine de cumin, d'argile épurée, d'eau et de sel, le tout pétri, de consistance solide et séché au soleil. Les pigeons le viendront becqueter, surtout en hiver, et lorsqu'ils ont des petits à nourrir. Enfin, on doit avoir soin de répandre de temps en temps sur l'aire où l'on distribue le grain, un peu de paille courte ou du foin que les pigeons viendront recueillir pour garnir leurs nids.

Nous ne devons pas omettre de dire que plusieurs éleveurs emploient et conseillent de réserver à côté

Fig. 26. Mangeoire à trémie pour volières de parc.

du pigeonnier ou dans la volière un compartiment isolé, avec entrées distinctes, nommé *appareilloir*, dans lequel on réunit les veufs et célibataires des deux sexes, afin de déterminer de nouveaux mariages sans courir le risque de troubler l'union des autres couples réguliers; ce n'est qu'après contrat passé que les nouveaux époux sont rendus à la vie commune.

Voici quelles sont les principales recommandations que nous avons à faire sur l'installation qui peut être faite plus ou moins luxueusement, mais qui doit en tous cas être hygiénique et même confortable. Nous aurons tout à l'heure à revenir sur ce sujet avec des détails plus circonstanciés en parlant du colombier. Il en sera de même des soins à donner à notre petit peuple, et pour lesquels, afin d'éviter les répétitions, nous renverrons au paragraphe suivant, tout en prévenant le lecteur que ces soins doivent être plus minutieux, plus répétés, plus réguliers, plus précis en un mot pour les races délicates, pour les animaux réduits en captivité temporaire ou permanente, que pour les races rustiques du colombier, vivant d'ailleurs en liberté à peu près complète.

On peuple une volière comme un colombier en se procurant un nombre variable de couples que l'on fait reproduire. Toutefois, les races de volière sont en général plus précoces et aptes à se reproduire dès l'âge de six mois ; les petits nés au printemps peuvent se reproduire dès l'automne suivant ; il ne faut point en abuser pourtant : les couvées prématurées épuisent les parents, et donnent des pigeonneaux chétifs et d'une réussite incertaine. Les bons éleveurs préfèrent les petits nés en été pour les faire reproduire au printemps seulement. La fécondité des pigeons de volière dure en général jusqu'à six ou huit ans, parfois même davantage.

Nous avons à peine besoin d'ajouter qu'un pigeonnier ou volière libres ne doit comprendre qu'une seule race, si on la veut conserver pure; deux ou plusieurs races vivant en commun se mélangeraient inévitablement, bien que vivant parfois en assez mauvaise intelligence et se nuisant réciproquement. Pour élever simultanément plusieurs races pures, il faut adopter le système du pigeonnier-volière avec compartiments isolés, ainsi que l'indiquent les figures 20, 22 et 23.

Lorsqu'on ne consomme pas tous les pigeonneaux, il faut choisir parmi eux les plus purs de race, les plus beaux, pour remplacer ceux qui sont devenus trop âgés. Lorsqu'ils sont devenus assez forts pour manger seuls, on les enlève à leurs parents pour les placer dans un local distinct; restant dans le pigeonnier, ils pourraient souffrir du froid, troubler les ménages, casser les œufs, etc. C'est la chambre réservée, l'appareilloir, qui deviendra leur domicile temporaire jusqu'au jour de leur nubilité et de leur mariage.

Le nombre des pontes successives des pigeons de volière s'élève parfois jusqu'à dix par an, en moyenne six à huit, suivant les races, selon surtout la nourriture qu'on leur donne. Ceci s'entend des jeunes et des adultes : le nombre des pontes diminue avec l'âge. Aussi, bien que la fécondité se conserve dans la plupart de ces races jusqu'à l'âge de dix et même douze ans, il est rare qu'on conserve les reproducteurs aussi tard, à moins qu'ils n'appartiennent à une race rare et précieuse; on réforme d'ordinaire de six à huit ans. D'un autre côté, l'amateur qui

achète des pigeons dòit se mettre en bonne garde
contre les ruses des marchands, ruses qui consistent
principalement à arracher ou à teindre quelques
plumes, ce qu'on peut reconnaître en examinant attentivement le plumage pour voir s'il ne s'y trouve
point de vides, et en passant par-dessus la main
mouillée, pour s'assurer qu'il ne déteint pas. Pour
tout le reste, et ce qui regarde le gouvernement du
pigeonnier et de la volière, nous renvoyons le lecteur, avons-nous déjà dit, aux paragraphes suivants.

§ 7. — PIGEONS DE COLOMBIER.

On nomme *colombier* ou *fuie* l'habitation consacrée à l'élevage en grand des pigeons dans une ferme,
pigeons appartenant à certaines races distinctes, et
qui doivent aller chercher eux-mêmes tout ou partie de leur nourriture, suivant la saison. Les colombiers ont été, en France, beaucoup plus nombreux
qu'ils ne le sont actuellement ; de 1368 à 1789, le
droit d'en établir ou d'en entretenir était un attribut
féodal en faveur des nobles possédant au moins cinquante arpents de terre. Ce droit fut aboli avec tant
d'autres dans la nuit mémorable du 4 août 1789, et
tout le monde aujourd'hui peut posséder un colombier. Seulement, les pigeons sont considérés comme
animaux nuisibles, comme gibier, pendant la saison
des semailles et celle des récoltes ; le reste du temps,
leur propriétaire est responsable des dégâts qu'ils peuvent commettre sur la propriété d'autrui. Aussi presque tous les colombiers à tourelle que nous voyons

annexés encore aux bâtiments des grandes fermes,
dans la Beauce, la Brie, le Vexin, la Normandie, etc.,
sont-ils restés à peu près vides depuis lors ; les chances de pertes, de procès, d'indemnités, les dépenses
de nourriture, ne sont pas suffisamment compensées
par la vente des pigeons et pigeonneaux, et par leur
produit en engrais. Autrefois le colombier seigneu-
rial vivait aux dépens du fermier dont il dévastait les
semailles et gaspillait la récolte, tout produit était
produit net ; il n'en est pas de même aujourd'hui, et
ce qui le démontre, c'est l'abandon des colombiers,
malgré le haut prix de la viande et des engrais.

Trois *races* ou sous-races de pigeons sont surtout
employées au peuplement des colombiers, les deux
secondes descendant de la première. Ce sont : le
pigeon biset sauvage, que nous avons décrit au nº 1
du § 4 de ce chapitre. Le biset de colombier, qui
porte comme le précédent le plumage gris cendré,
mais plus clair, avec le bout des ailes noir, le bec
rougeâtre, les pieds rouges et les ongles noirs, enfin
le croupion bleu cendré. Le pigeon biset fuyard,
d'un cendré plus pâle encore, avec le bec noirâtre,
les pattes d'un rouge terne ou gris plombé et le croupion cendré. Ces trois sous-races ou variétés sont
ordinairement mélangées dans les colombiers, bien
que la dernière s'y trouve, à elle seule, en nombre
au moins aussi élevé que les deux autres ensemble.

Les pigeons bisets vivent moins longtemps que les
races de volière, huit à neuf ans au plus, et sont
moins féconds. Dans le centre et le nord de la
France, ils ne donnent que deux ou trois pontes par

an, de mai à août; dans le midi ils en produisent
quatre ou cinq, parfois six, de mai à octobre. Les
pontes et les couvées sont généralement en rapport
avec la douceur du climat, la nourriture mise à la
disposition des pigeons et les soins qu'on leur donne.
Mis en volière, les bisets gagnent en taille, en poids,
en fécondité, au point d'égaler rapidement les autres
races les plus estimées. •

On rencontre parfois encore dans les colombiers
d'autres races, comme les volants ou messagers, qui
sont plus féconds et plus fidèles que les bisets, aussi
habiles à aller chercher au loin leur nourriture et à
éviter leurs ennemis; les culbutants, très-féconds et
très-fidèles aussi, mais plus turbulents, à vol moins
étendu, et dont la singularité les expose davantage à
la rapacité des oiseaux de proie.

C'est que le milan et le vautour sont les impitoya-
bles ennemis des pigeons, et leur font dans les
champs une guerre acharnée. Voici comment, d'a-
près M. Champion, les Chinois, qui possèdent de
nombreux et immenses colombiers, soustraient leurs
oiseaux à la chasse des pirates de l'air : « Lorsqu'on
se promène aux environs de Pékin, dit-il, on est
souvent surpris d'entendre des sifflements de plusieurs espèces, assez prolongés, et qui semblent venir d'une grande hauteur. On ne découvre cependant
en l'air que des pigeons volant par bandes serrées,
et qui se promènent sans se douter de l'étonnement
qu'éprouve le voyageur. On est tenté de croire à des
animaux doués d'un chant très-violent et inconnu
dans cette classe d'oiseaux. Voici en quelques mots

l'explication de ce fait : On rencontre à Pékin un très-grand nombre de vautours et d'autres oiseaux de proie qui font une guerre acharnée aux pigeons. Pour éviter leur destruction, les Chinois ont inventé des espèces de sifflets de formes différentes, fabriqués avec de petites courges ou avec de petits morceaux d'écorce de bambou superposés, dans lesquels on ménage des ouvertures destinées à produire de longs sifflements lorsque le vent vient à s'y engouffrer. Ces sifflets rendent plusieurs sons à la fois. Ils sont excessivement légers, pèsent à peine quelques grammes, et sont munis d'une petite lame de bois percée d'un trou. C'est au moyen de cette lame qu'on attache ces instruments aux plumes de la queue des pigeons, le plus près possible de la partie où elle s'insère dans le corps de l'animal, au moyen de petits fils résistants. Cette opération se fait spécialement sur le pigeon qui, dans les vols, se trouve généralement à la tête de la bande. La rapidité de leur vol force l'air à frapper vivement le sifflet, qui rend alors les sons prolongés dont j'ai parlé. Les oiseaux de proie qui voudraient les attaquer, effrayés de ce bruit qui leur est inconnu et qui est assez violent pour qu'on l'entende à distance, laissent passer tranquillement les pigeons, qui, par conséquent, grâce à cette invention, sont à l'abri de tout danger. Ces petits instruments sont couverts d'un vernis très-solide qui empêche l'humidité et la pluie de les altérer. Il paraît qu'on les emploie dans plusieurs autres parties de l'empire. » Les amateurs de pigeons messagers, les spéculateurs de nouvelles politiques ou financières, pourraient faire leur profit de l'invention chinoise, et mettre ainsi leurs courriers à l'abri de bien des chances d'accident.

Nous n'avons parlé que très-succinctement, et au point de vue zoologique, des *mœurs* du pigeon ; c'est le moment d'y revenir, afin d'en déduire certaines règles qui devront nous guider dans son élevage.

La règle dans l'espèce est la monogamie, et nous l'avons dit déjà, la reproduction s'opère presque toujours par consanguinité, chaque ponte se composant le plus ordinairement de deux œufs qui fournissent un mâle et une femelle, lesquels se marient à peu près constamment ensemble. Ces unions durent communément autant que la vie du couple ; ce n'est qu'en cas de décès de l'un que l'autre procède à un second mariage. Il y a des races pourtant où la constance est moins observée, où la fidélité est moins régulièrement gardée, où les ménages se dissolvent parfois, où la séduction se pratique fréquemment, au grand détriment des pontes et des couvées. C'est pourquoi nous avons recommandé de ne souffrir dans les pigeonniers, volières ou colombiers, ni célibataires ni vœufs, et de les marier ou remarier au plus vite dans la chambre réservée dite *appareilloir*.

Il y a plus, et le fait suivant tend à prouver que le pigeon ne demande pas mieux que de devenir polygame. M. Dumas, élève de l'École vétérinaire de Toulouse, fit, pendant les vacances de 1861, l'expérience suivante : « Je mis, dit-il, un mâle et cinq « femelles dans un appartement convenablement dis-

« posé et parfaitement fermé ; j'eus le soin de choi-
« sir un mâle qui n'avait eu aucun rapport avec les
« compagnes que je lui donnai. Au bout de quinze
« jours, chaque femelle avait sa couvée, et un mois
« après je pus prendre neuf pigeonneaux, aussi gros
« et aussi gras que ceux que j'avais eus jusqu'alors ;
« un seul œuf avait été stérile.

« La conclusion était facile, et je me promis bien
« de ne plus élever de pigeons dorénavant que par
« ce procédé. Malheureusement la rentrée des classes
« arriva, et avec elle cessèrent naturellement les
« soins indispensables que je donnais à mon colom-
« bier. Pendant tout le cours de l'année mes inté-
« ressants prisonniers ont d'abord pullulé à leur gré,
« puis se sont échappés pour se répandre dans la
« grange d'où je les avais retirés, et à mon retour il
« m'a été facile de me convaincre de la vérité de
« cette phrase si souvent répétée depuis Boileau :

> « Chassez le naturel, il revient au galop. »

« Les pigeons, ou plutôt les pigeonnes, avaient pré-
« féré la monogamie. » (*Recueil de Médec. vétérin.*,
n° de décembre 1861, p. 1027). Nous ferons remarquer pourtant que la polygamie forcée ne peut s'appliquer qu'aux pigeonniers-volières ; les pigeons
libres s'apparieront toujours, quoi qu'on fasse, à
moins de vouer tous les mâles à un massacre général dès leur naissance, et, dans ce cas, il est probable encore que les femelles iraient s'apparier dans
d'autres colombiers. En outre, le mâle monogame
concourt à l'incubation et à l'élevage, la femelle s'en

4

trouve moins fatiguée, fait des pontes plus fréquentes, et réussit plus sûrement les couvées.

La *ponte* des pigeons bisets, fuyards ou de colombier, commence et se termine à des époques variables, selon le climat et l'abondance de nourriture
qu'ils rencontrent. Le nombre des pontes varie de
deux à trois dans le nord et le centre de la France,
de mai à août; de quatre à cinq dans le midi pour
les volants, de mai à octobre; soit, en moyenne, de
trois à quatre pontes par an. Chaque ponte se compose presque toujours de deux œufs, à un intervalle
d'un ou deux jours; les jeunes femelles n'en donnent
souvent qu'un à la première ponte, mais presque
constamment deux dès la seconde. Ces deux œufs
fournissent à peu près toujours un mâle et une femelle, qui, bien que frère et sœur, ne tarderont pas
à s'accoupler.

La fécondité est la règle, la stérilité est l'exception dans l'espèce du pigeon. Néanmoins, on rencontre parfois des couples qui ne donnent que des
œufs clairs; on reconnaît quel est celui des reproducteurs auquel est due cette infirmité en remariant
chacun d'eux à un autre mâle et à une autre femelle, et réformant ensuite le vrai coupable. A ces
pontes d'œufs clairs on peut d'ailleurs substituer de
bons œufs d'autres couples, et laisser élever les pigeonneaux par leurs parents adoptifs. Le plus sûr
moyen d'éviter cette perte serait d'accoupler les jeunes femelles avec des mâles de deux à trois ans; on
obtient alors, dès la première année, des pontes
presque toujours fructueuses, et les pigeonnes ne

sont point exposées à la maladie nommée *avalure* (voir plus loin), que causent des pontes trop répétées.

L'*incubation* commence aussitôt que le second œuf est pondu. Le ménage se livre presque toujours en commun aux soins assidus qu'elle exige, c'est-à-dire qu'ils se remplacent successivement dans le nid, qui ne doit jamais rester vacant. Après cinq ou six jours on reconnaît si les œufs sont bons ou clairs ; dans le premier cas, ils prennent à ce moment une teinte un peu plombée et perdent de leur transparence ; dans le second, ils restent blancs et clairs : ceux-ci doivent être enlevés, afin d'éviter une perte de temps, et remplacés par d'autres, si on en a, sinon une autre ponte aura lieu huit ou dix jours plus tard. N'y eût-il qu'un seul œuf clair, il faut encore l'enlever, parce que les parents s'obstineraient à le couver, même après l'éclosion de l'autre, qu'ils pourraient ainsi négliger ou même étouffer. Ces œufs clairs proviennent presque toujours d'oiseaux trop jeunes ou trop vieux ; le mâle perd sa fécondité plus tôt que la femelle. L'âge avancé des pigeons se reconnaît à la teinte d'un rouge terne ou cendré des pattes, à la longueur et à la courbure des ongles, et au bec devenu effilé et crochu. La durée ordinaire de l'incubation est de dix-sept à vingt jours, soit dix-sept à dix-huit jours en été et dix-neuf à vingt en hiver. On reconnaît que l'éclosion approche lorsque les œufs sont becquetés (béchés) à l'intérieur, vers le gros bout.

L'*éclosion* résulte du passage que le pigeonneau s'ouvre avec son bec à travers la chambre à air, par

le gros bout de l'œuf. Les parents l'aident à se dé-
barrasser des débris de coquille qui peuvent rester
attachés sur son corps, et il se sèche promptement
sous leur abri. Le pigeonneau, à ce moment, a les
yeux fermés, il est très-chétif; son corps n'est couvert que d'un duvet rare, fin et jaunâtre; les plumes
viendront un peu plus tard et successivement remplacer ce duvet.

L'*élevage* commence dès lors, et les parents s'y
consacrent avec le plus entier dévouement. Par un
admirable phénomène physiologique, leur jabot con-
vertit, durant ce moment, leur nourriture en une
sorte d'émulsion lactescente qu'ils viennent, à tour
de rôle, dégorger dans le bec de leurs petits pendant les huit ou dix premiers jours. Passé ce temps,
ils commencent à y mêler quelques fines graines
gonflées, mais non encore digérées, et un peu plus
tard, la sécrétion du jabot diminuant, la proportion
des grains augmente jusqu'à former la nourriture
exclusive des jeunes, dont le bec et l'estomac se sont
successivement développés. Cette sorte de sevrage a
lieu vers l'âge de vingt à vingt-cinq jours.

Durant ce temps, les pigeonneaux ont pris des
forces, leur corps s'est un peu emplumé, et ils
cherchent à sortir de leur nid. Les parents, qui
viennent de faire une nouvelle ponte, cessent de
s'en occuper du jour où ils peuvent se suffire à eux-
mêmes. Néanmoins, les pigeonneaux ont encore besoin de surveillance et de soins si l'on veut qu'ils
réussissent. On les porte donc dans l'appareilloir où
on leur donne une nourriture convenable et suffi-

sante, où ils ne sont pas exposés à être battus par les vieux, et où ils s'accouplent ; dès l'âge de quatre mois pour les races précoces de volière, de six mois pour les races de colombier, la première ponte s'effectue d'ordinaire, et ils rentrent dans l'habitation commune.

Fig. 27. Colombier tour.

Maintenant que nous connaissons la manière de vivre du pigeon, nous pouvons en déduire les principes qui doivent présider à la construction et à 'aménagement du *colombier*.

Le colombier sera établi sur un terrain sec et dans une situation sinon élevée, du moins au niveau des autres bâtiments ; placé près de la ferme ou dans la ferme même, il y sera cependant installé à l'écart

4.

du bruit, du passage des voitures et des bestiaux, en un mot, dans la partie la plus tranquille, la moins bruyante. Il sera orienté de préférence au levant ou au couchant dans le Midi; au sud, au contraire, dans le Nord. On préfère en général lui donner la forme ronde, celle d'une tour (fig. 27); la forme carrée nous

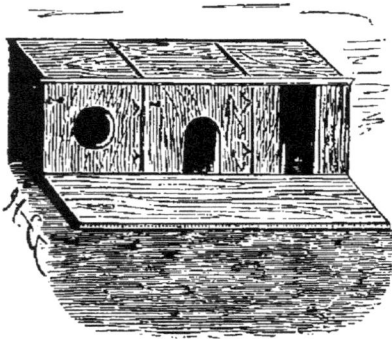

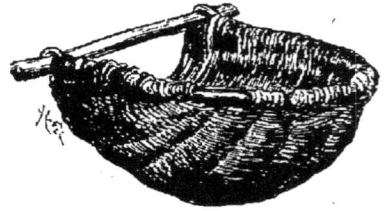

Fig. 28. Nids ou cases en planchettes.   Fig. 29. Nid en osier ou pondoir.

paraît cependant à la fois plus économique et plus favorable à l'installation.

Le colombier sera construit en pierres de taille ou en pierres et bon mortier, pierres non poreuses, mortier d'excellente qualité, afin d'éviter l'humidité, funeste à ses habitants. Il sera prudent de ménager extérieurement, aux divers étages, des galeries ou corniches saillantes de 0m25, afin de se mettre à l'abri des incursions des rats, qui ne pourront franchir ces passages, bien qu'ils gravissent aisément les murailles verticales; ces galeries servent en même temps de promenoirs aux pigeons; c'est là qu'ils se chauffent au soleil et s'épluchent par les beaux jours d'automne, d'hiver et de printemps ; c'est de là qu'ils interrogent le temps avant de partir en excursion ; c'est de là enfin qu'ils prennent leur vol, et là encore qu'ils viennent s'abattre au retour. C'est sur ces galeries que s'ouvrent les petites portes qui donnent accès et issue dans le colombier, portes qui sont alternées aux divers étages et sont munies d'une trappe

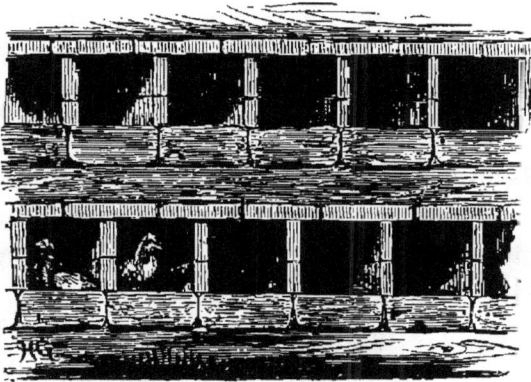

Fig. 30. Nids ou cases en maçonnerie.

mobile. Le mur des colombiers ronds doit avoir de 0ᵐ50 à 0ᵐ60 d'épaisseur ; celui des colombiers carrés n'aura que 0ᵐ35 à 0ᵐ40. Si on construit en briques, ces épaisseurs pourront être réduites de près d'un cinquième. Enfin, ces murs, quelle que soit leur forme, seront recrépis en blanc ou peints d'une couleur claire, afin que les pigeons puissent apercevoir et reconnaître de loin leur demeure. Un colombier rond de 2ᵐ50 de rayon et de 8 mètres de hauteur, un colombier carré de 5 mètres de côté et de même hauteur, toutes mesures prises dans œuvre, peuvent loger, suivant leur race, de deux cent cinquante à trois cents paires de pigeons.

Pénétrons à l'intérieur. Dans l'épaisseur des murs, ou mieux, accolés aux murs, seront disposés des nids, boulins ou pondoirs, en nombre d'un tiers plus grand que le nombre de paires des habitants. Ces nids peuvent être confectionnés en planches, en osier ou en maçonnerie. Les nids en planches ou plutôt en planchettes, sont accolés au mur; ils sont constitués (fig. 28) par de petites cases précédées d'une tablette en saillie, avec la paroi antérieure mobile, et une ouverture pour l'entrée ou la sortie. Les nids en osier tressé s'appliquent à volonté contre le mur (fig. 29). Enfin les nids en maçonnerie, construits en briques, plâtre et planches (fig. 30), sont d'une disposition extrêmement simple, que la gravure suffit à indiquer. L'intérieur (fig. 31) renferme une sébile en bois ou en plâtre de 0^{m}05 de profondeur et de 0^{m}25 de diamètre, qui sert à la ponte et à l'incubation.

Mais les nids en planchettes sont difficiles à entretenir propres; la vermine s'y loge facilement : pour faciliter le nettoyage, le devant des cases doit être rendu mobile par des charnières, ou mieux encore n'être que placé dans des coulisses. Le pondoir en osier est plus économique, mais moins hygiénique encore, parce que la vermine est difficile à en déloger; moins favorable aux époux, qui n'y sont point chez eux et peuvent être dérangés à chaque instant, aux petits qui peuvent en tomber aisément, mais ne peuvent en expulser leurs excréments. Les nids en

maçonnerie sont préférables à tous les points de vue,
la planchette du devant pouvant s'enlever pour permettre un nettoyage facile et complet.

Quel que soit le système de nids adopté, ils doivent être disposés par rangées, soit circulairement,
soit carrément, suivant la forme des murs, la première étant placée à 1ᵐ 30 du sol, la seconde à 0ᵐ 25
du dessus de celle-ci, et la dernière à 0ᵐ 50 du pla-

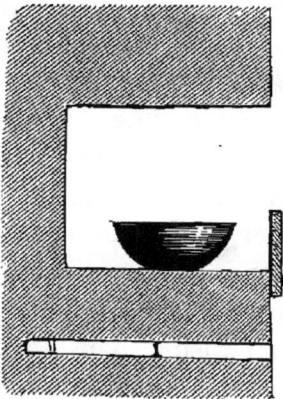

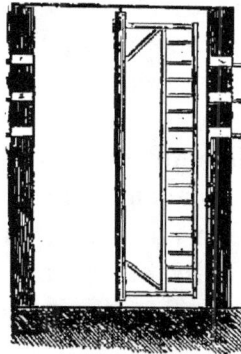

Fig. 31.   Fig. 32. Échelle tournante.

fond. Les cases alterneront entre elles comme les
espaces d'un damier. Le nombre des cases ou nids
devra toujours être d'un tiers au moins plus élevé
que celui des couples peuplant le colombier, parce
qu'une ponte nouvelle a le plus souvent lieu avant
que l'élevage des petits soit terminé, et qu'il faut
un logement préparé pour la nouvelle famille. On
devra établir en outre, non à tous les étages de
cases, mais à différentes hauteurs, des corniches
saillantes en briques ou planches, pour servir de

promenoir aux pigeons durant les jours de mauvais temps.

On a fréquemment besoin de visiter les nids, soit pour les nettoyer, soit pour surveiller et soigner les pigeonneaux ; on se sert ordinairement pour cela d'une échelle mobile, simple ou double. Dans les colombiers circulaires, l'échelle mobile (fig. 32) peut rendre de grands services comme sécurité et promptitude. Elle consiste dans un madrier vertical placé au centre, tournant sur deux pivots, et muni de deux bras horizontaux, l'un supérieur, l'autre inférieur, qui supportent une échelle. La personne chargée des soins peut ainsi, sans fatigue ni danger, visiter rapidement tous les nids aux divers étages.

Le plancher du colombier, suffisamment élevé au-dessus de terre, s'il ne repose sur une chambre, sera dallé ou carrelé à ciment et bien jointoyé, les dalles ou carreaux pénétrant jusque dans le mur, pour que les rats ne s'y puissent frayer un chemin. Les murs seront, dans toute leur hauteur, parfaitement crépis, pour que la vermine ne s'y puisse loger, et entretenus soigneusement dans cet état d'intégrité. Le plafond sera en plâtre, comme celui des appartements destinés à l'homme.

Quant au mobilier, il se composera en outre de celui déjà indiqué : 1° d'une mangeoire à trémie destinée à fournir l'alimentation pour les jours de mauvais temps et de clôture forcée (fig. 33) ; 2° d'un abreuvoir siphoïde qui doit être en permanence et entretenu plein d'eau pure (fig. 34) ; 3° d'une épuisette ou instrument analogue au filet à papillons,

mais plus fort, qui sert à prendre les pigeons qu'on
veut réformer, vendre, tuer, appareiller, etc.; 4° d'ustensiles de nettoyage, graftoirs, etc., pour râcler l'intérieur des nids, balais, brosses en chiendent, pelle,
brouette, pour enlever la colombine et apporter la
litière, etc.

Complétons ces conseils par les *soins* qui doivent
présider à l'élevage de nos petits volatiles.

Fig. 33. Vue debout et coupe
de la mangeoire à trémie
et à divisions.

Fig. 34. Vase siphoïde.

Les oiseaux ont en général une respiration très-
active, consomment beaucoup d'air, souffrent plus
que tous autres du défaut d'espace, d'une nourriture
insuffisante ou irrégulièrement distribuée. Comme
tous ces animaux, les pigeons ont des parasites spéciaux, la puce, le pou ou ricin des oiseaux ; ils ont
en outre des ennemis terribles et hardis : le rat, qui
vient manger les jeunes pigeonneaux dans le nid, la
fouine, la belette, le putois, qui s'attaquent aux
adultes et dépeuplent le colombier dans lequel ils
peuvent pénétrer.

La *propreté* est une condition indispensable à la réussite d'une éducation de pigeons. Les murs de leur habitation ne doivent présenter aucune fissure, être blanchis à la chaux tous les ans. Le plancher, recouvert de sable fin ou de balles de céréales non barbues, formant une couche de 0^m08 à 0^m10 d'épaisseur, sera fréquemment nettoyé, c'est-à-dire que la litière mélangée de la colombine qu'elle a reçue sera enlevée et remplacée par de nouvelles. Après chaque couvée les nids seront nettoyés, grattés, lavés. Enfin tous les ustensiles qui servent au colombier seront soigneusement entretenus et nettoyés fréquemment. Tous ces soins, cette propreté surtout, sont d'autant plus indispensables, doivent être d'autant plus scrupuleusement observés, que la population du colombier est plus nombreuse relativement à ses dimensions.

Il faut de l'*air* pur aux pigeons en plus grande quantité, relativement à leur taille, qu'aux chevaux, bœufs ou moutons ; mais, d'un côté, ils vivent en plein air au moins huit heures sur vingt-quatre chaque jour ; la nuit seulement et pendant les jours de réclusion obligatoire, l'*aération* et la ventilation du colombier deviennent utiles ; on atteint ce but à l'aide de fenêtres placées un peu au-dessus du sol, et de barbacanes percées un peu au-dessous du plafond, ou encore par un tuyau d'appel placé dans le plafond et traversant obliquement la toiture ; il est bien entendu que toutes ces ouvertures doivent être grillagées assez finement pour ne livrer passage ni à la rataille ni aux bêtes puantes. Il n'y a pas beau-

coup à se préoccuper de la température extrême
quant à la santé des pigeons, mais on doit tendre à
la régulariser si l'on veut obtenir d'abondants et
sûrs produits. On peut la modérer en été par une
aération suffisante et en fermant les trappes ouvrant
sur le midi ; on peut la relever un peu en hiver, au
contraire, en fermant les trappes au nord et ralen-
tissant la ventilation.

L'*alimentation* devra être économique, abondante, rationnelle, et surtout régulière. Économique : il y a des races de pigeons qui s'éloignent beaucoup de leur colombier et vont vivre dès lors aux
dépens de voisins éloignés ; d'autres qui s'éloignent
peu et dévastent les récoltes environnantes ; les premières ne sont pas plus productives que les secondes
pour leur propriétaire pourtant, à cause des chances
de perte auxquelles elles sont exposées. Le pigeon,
nous le savons, ne vit pas seulement de grains et de
graines, de baies et de fruits, mais aussi de quelques insectes ailés, de quelques coléoptères, etc.;
néanmoins, nous pensons que la nourriture qu'il va
chercher aux champs coûte finalement presque aussi
cher à l'éleveur que celle qu'il lui distribuerait dans
le colombier, évitant ainsi le gaspillage des récoltes.
En tout cas, si l'on veut obtenir sûrement de beaux
produits, il faut donner pendant une partie de l'année un supplément de nourriture proportionné à la
subsistance que les oiseaux peuvent trouver aux
champs, et ne pas craindre de le faire trop abondant, convaincu que les pigeons le payeront d'autant
plus libéralement. Pendant les semailles de prin-

5

temps et celles d'automne, pendant les semailles du sarrasin (mai, juin), pendant les périodes de maturation des différents grains et graines (céréales, colza, cameline, etc.), ce n'est pas un supplément qu'il faut donner, mais la ration complète, parce que le colombier doit alors être fermé.

L'alimentation doit être aussi variée que possible ; pour y parvenir il y a deux moyens : l'un, de donner les grains purs, c'est-à-dire non mélangés, mais en les remplaçant successivement les uns par les autres, selon l'époque de leur maturité naturelle ; l'autre, de donner toute l'année un mélange des nombreuses graines et grains que les pigeons préfèrent, c'est-à-dire, céréales (blé, seigle, orge, sarrasin, maïs), graines (chènevis, navette, moutarde blanche, colza, pois, féverolles, vesces, lentilles, etc.).

Mais encore faut-il savoir varier les proportions des divers éléments de ce mélange selon les saisons et l'état général de santé du colombier. On sait que le chènevis ou graine du chanvre, l'avoine et le sarrasin, sont échauffants et excitants ; on en doit donc faire particulièremnt usage à la fin de l'hiver et au printemps, surtout quand l'hiver est froid ou humide. Le seigle, le froment, les pâtées de son et d'herbes, sont rafraîchissants et conviennent surtout aux époques de mue. L'orge, le maïs, les pâtées de pommes de terre cuites, portent à la graisse. La vesce est la graine qui convient le mieux pour toutes les saisons en général et sauf les cas susindiqués ; néanmoins, nous préférons la nourriture con-

stamment mélangée, avec les modifications que nous
venons d'indiquer.

Les grains et graines peuvent être donnés aux pigeons à la main en les projetant sur une aire battue
à proximité du colombier, mais dans un enclos séparé de la basse-cour ; ou bien ils peuvent être dépo-
sée dans la mangeoire à trémie placée, soit dans le
colombier, soit en dehors (fig. 33). Chacun de ces
deux modes a des avantages et des inconvénients :
avec le premier, il y a des grains perdus, et il n'est
pas rare de voir en hiver les corbeaux et les petits
oiseaux en venir prendre hardiment leur part ; la
perte est bien plus considérale encore par les temps
pluvieux ; mais on peut ainsi régulariser le nombre
et l'heure des repas en y faisant participer tous les
convives par un sifflement bien connu, et que les
couveuses elles-mêmes entendent fort bien. Avec la
mangeoire on évite une partie de ce gaspillage, mais
les plus forts se font souvent la part du lion, aux
dépens des jeunes et des faibles.

Aux pigeons en liberté, la coutume est, à tort
suivant nous, de ne rien donner au colombier de
mars à fin octobre, et de distribuer d'octobre à
mars, un, deux ou trois repas par jour, suivant le
temps plus ou moins favorable et le degré de liberté
accordé ; c'est à sept heures du matin et à quatre
heures du soir qu'on les place d'ordinaire ; lorsque
toute sortie est impossible, le troisième repas se place
à onze heures du matin. Avec ce régime, on compte
d'ordinaire qu'une paire de pigeons consomme par
an cinquante litres de tous grains, ou vingt-cinq li-

tres par tête. Lorsqu'on donne la nourriture complète au colombier, il faut compter sur une consommation annuelle moyenne de cent vingt litres de
grains mélangés par paire, ou de soixante litres par
tête ; mais dans ce dernier cas, les produits sont
bien plus assurés et notablement plus élevés.

Il est bon à cette nourriture d'ajouter des *condi-
ments*. Les pigeons sont surtout friands de sel marin ; on le leur fournit en suspendant dans le colombier une queue de morue sèche ou merluche qu'ils
viennent fréquemment becqueter ; ou encore en met-
tant à leur disposition, lorsqu'on le peut, de vieux
plâtras ou d'anciens mortiers salpêtrés ; quelques
personnes fabriquent avec de l'argile tamisée, du
cumin et de l'anis broyés, et de l'eau salée, des
pains qu'on fait sécher au soleil et qu'on dépose en
divers endroits du colombier où les pigeons les savent bien trouver. Quant à l'eau, elle doit être constamment à leur disposition, tant dans le pigeonnier
qu'aux environs ; on la dépose dans des bacs de fonte,
des baquets de bois ou des abreuvoirs siphoïdes ; ces
vases doivent être entretenus toujours pleins d'une
eau bien pure et claire.

Voyons maintenant les soins à donner aux pigeons
eux-mêmes. Le *peuplement du colombier* peut se
faire de deux manières : on peut se procurer des
pigeonneaux nés en mars, âgés de quinze jours environ, et les renfermer dans le colombier, où on les
nourrit jusqu'au moment où ils mangent seuls. Pour
les accoutumer à manger de meilleure heure, on
place parmi eux quelques poulets qui leur appren-

nent à becqueter. Lorsque le moment est venu de leur donner la liberté, on choisit un jour sombre et pluvieux, et on ouvre le colombier vers quatre heures du soir seulement. Les jeunes oiseaux ignorant le pays, et craignant d'ailleurs d'être mouillés, s'éloignent peu et rentrent presque aussitôt. Lé lendemain, on ouvre un peu plus tôt, et ainsi les jours suivants, de meilleure heure, jusqu'à leur donner progressivement une liberté complète. Pendant ce temps on a dû continuer à leur donner leur nourriture au colombier, mais en la diminuant successivement lorsqu'ils sont mis en liberté complète, et ne leur donnant plus que des grains mélangés le matin, et le soir du chènevis et du sarrasin. Aussitôt que la ponte a commencé, il n'y a plus de désertion à craindre.

Ou bien : On prend, au mois de mai, des pigeons nés dans l'année précédente, et on les enferme au colombier en leur prodiguant la nourriture qu'ils préfèrent jusqu'à ce que la ponte ait commencé ; on peut dès lors leur accorder progressivement la liberté, en employant les précautions décrites plus haut.

Pour un colombier où l'on veut entretenir trois cents paires, on peuple d'ordinaire avec cinquante ou soixante paires, qu'on laisse se multiplier jusqu'au chiffre désiré ; ce n'est qu'alors qu'on commence à vendre les pigeonneaux. On préfère généralement les plumages foncés, parce qu'ils attirent moins l'attention des oiseaux de proie que les clairs et surtout les blancs ; on pense même que les pigeons foncés fournissent une chair plus délicate.

Nous avons vu que les *pigeonneaux* sont nourris
par leurs parents jusqu'à l'âge de vingt-cinq à trente
jours; mais il peut arriver que l'un des parents ou
tous deux meurent durant cette première période, et
il faut les suppléer artificiellement, surtout dans les
races précieuses ou rares. Pour cela, on pile dans
un mortier, avec de l'eau tiède, des graines de millet, chènevis, vesce, sarrasin, de manière à obtenir
une émulsion que la personne chargée de soigner les
pigeonneaux leur fait prendre dans sa bouche. On
veille attentivement à ce que le nid soit entretenu
proprement, à ce que les pigeonneaux n'en tombent
pas; c'est pourquoi nous avons recommandé le système de nids ou cases en maçonnerie (fig. 30) [1], parce
que la sébile permet aux pigeonneaux de fienter en
dehors, et que leur chute ne saurait être dangereuse.
Les parents abandonnent le plus souvent les petits
qui sont tombés du nid, si on ne les y replace. Enfin
on cherche à remplacer les parents en les imitant,
et en ajoutant successivement à l'émulsion de petits
grains entiers en plus grande proportion.

Quand les pigeons sont devenus adultes et qu'ils
ont complété leur plumage, on reconnaît les *sexes*
aux particularités suivantes : le mâle se distingue
par la proéminence de son bec, plus élevé à la base
que celui de la femelle; le mâle, lorsqu'il est jeune
et qu'on s'approche de son nid, fait claquer son bec
et se dresse sur ses pattes; la femelle, au contraire,
se baisse silencieusement. En général, le mâle est,

[1] Nids en maçonnerie, coupe latérale : hauteur, 0m25; largeur, 0m30; profondeur, 0m35.

presque dès l'éclosion, plus gros que la femelle;
devenu adulte, le bout des plumes de sa queue est
presque toujours sali et usé, parce qu'il la traîne en
faisant la roue. On reconnaît aisément les *vieux*
pigeons, mâles ou femelles, à ce qu'ils ont les pattes
d'un gris cendré, recouvertes de pellicules blanches
et écailleuses; à ce que leurs ongles sont à la fois
plus larges et plus pointus; à ce que les bords de
leur mandibule supérieure sont plus couverts, noirâtres et comme racornis; à leur paupière blanchâtre
et écailleuse; à leur œil devenu plus terne, ainsi
que la teinte générale de leur plumage.

Nous avons dit plus haut quelle surveillance il fallait accorder à la *fécondité* des couples et des individus, en réformant ceux qui sont stériles et remariant ceux qui se trouvent ainsi dépareillés. Règle
générale, on *réforme* les pigeons bisets à l'âge de
quatre ou cinq ans, parce qu'ils sont alors moins
féconds et moins productifs, que les vieux mâles
deviennent souvent méchants, battent et tuent même
les petits, et mangent parfois les œufs. Les pigeons
mondains, volants, culbutants, etc., ne se réforment
qu'à six ou sept ans. Afin de reconnaître l'âge d'une
manière certaine, plusieurs éleveurs ont pris l'excellente pratique de passer chaque année à la patte
un anneau brisé en cuivre, que son élasticité permet
de refermer assez solidement. Cette réforme se fait
en septembre ou octobre, au crépuscule, en enlevant sur leur nid, sans lumière et sans bruit, ceux
qui doivent être vendus ou engraissés.

Nous avons dit que le plus souvent le colombier

se peuplait de bisets, de colombins et de fuyards.
Parfois on le peuple de moitié fuyards et moitié
mondains; il en résulte des *croisements* conservant
une partie des qualités de chacune des deux races :
plus gros et plus féconds (six ou sept pontes par an)
que le fuyard, plus agiles, à vol plus soutenu, allant
chercher leur nourriture plus loin, revenant plus
fidèlement au logis que le mondain. D'autres éleveurs préfèrent à l'opposé, et nous sommes de leur
avis, des races plus sédentaires et plus productives,
mondains, nonnains, etc. Ce choix doit du reste un
peu dépendre des conditions culturales de la contrée
et de la disposition comme de l'étendue des terres
qui peuvent appartenir au propriétaire du colombier. A l'éleveur sérieux, à celui qui recherche le
profit dans l'entretien des pigeons, nous conseillerons de choisir une bonne race et de la conserver
pure. L'amateur, pour lequel c'est affaire d'agrément,
peut, lui, au contraire, mélanger toutes les races
les unes avec les autres s'il le veut, pour recher-
cher les bizarreries, les plumages, les formes momentanément à la mode.

Des pigeonneaux d'élevage, nous avons dit quels
soins ou plutôt quelle surveillance on devait avoir ;
quant à ceux destinés à la vente, ils doivent subir
un *engraissement*. C'est, suivant la précocité ou le
développement tardif de la race à l'âge de quinze à
trente jours, lorsque le dessous des ailes commence
à se garnir de plumes, que commence cet engraissement. On les retire du nid pour les placer dans
un panier garni de paille fine ou de balles d'avoine,

et recouvert d'une grosse toile afin d'obtenir une demi-obscurité ; le panier lui-même est placé dans une chambre sombre, dont la température soit tiède et humide. On fait manger à chaque pigeon, en lui ouvrant le bec avec précaution, en deux repas par jour, matin et soir, de cinquante à cent grains de maïs quarantain gonflés par la macération dans de l'eau légèrement salée durant quatre ou cinq heures ; le sarrasin peut être substitué au maïs, ou bien on les emboque avec une pâtée de farine d'orge ou de sarrasin et de lait, à l'aide d'un petit entonnoir ; la pâtée doit donc être suffisamment liquide. Le nombre des repas, qui était de deux le premier jour, s'augmente d'un tous les deux jours ; après cinq à quinze jours, selon le degré d'embonpoint qu'on veut obtenir, l'engraissement est terminé. On a dû changer scrupuleusement chaque jour la litière du panier. Quelques éleveurs ont pour l'engraissement de petites cases de bois accolées aux murs d'un petit appartement spécial ; il faut alors deux cases par couple de pigeons, parce qu'on les passe alternativement de l'une à l'autre afin de les nettoyer.

L'engraissement des pigeons adultes se fait de la même façon, mais dans des cases fermées, analogues aux épinettes à poules, ou dans des paniers d'osier, longs, plats et à couvercle bas ; on les prend successivement et on les emboque, soit de grains de maïs, soit de bouillie liquide, soit de pâtons composés de farine, de grains et graines détrempés de lait et de saindoux. L'engraissement pour la vente ne dure en moyenne que huit jours.

5.

Les *produits* d'un colombier se composent : 1° des pigeonneaux ; 2° des pigeons réformés et engraissés ; 3° de la plume ; 4° de la fiente ou colombine. Continuons à supputer sur une population de 300 paires.

Nous devrons obtenir de trois pontes par paire en moyenne dans l'année 900 paires de pigeonneaux ; mais si nous réformons à quatre ans, il nous en faudra conserver 75 chaque année pour le repeuplement ; restent donc 825 paires pour la vente à l'âge d'un mois, au prix moyen de 1 fr. 30 c. l'une, soit. 1,072ᶠ 50ᶜ

Nous réformerons chaque année aussi, et par contre, 75 paires de pigeons adultes de quatre ans, engraissés, au prix moyen de 1 fr. 75 c. l'une, soit. . . . 131 25

Nous récolterons annuellement 600 kil. de colombine ou engrais, valant. . . . . 100 »

Les produits s'élèveront donc à environ. 1,303ᶠ 75ᶜ

Les dépenses se composeront :

De l'intérêt ou loyer, entretien et amortissement du colombier, dont nous évaluerons les frais de construction et d'ameublement à 1,200 fr., à raison de 10 p. 100 par an, soit. 120ᶠ 00ᶜ

De l'intérêt à 5 p. 100 l'an des pigeons achetés pour le peuplement, et que nous évaluerons à 750 fr., soit. 37 50

Nourriture des 300 paires de pigeons adultes et de leurs couvées d'élevage, à

A reporter. . . . 157ᶠ 50ᶜ

Report. . . . . 157ˡ·50ᶜ

raison de 70 litres par paire, valant 12 fr.
50 c., soit. . . . .   375 ,»

Engraissement de 825 paires de pigeonneaux et de 75 paires d'adultes,
nourriture consommée, ensemble. . . .   133 50

Moitié du salaire et de la nourriture
annuels d'une femme chargée de la surveillance et des soins, soit. . . . . . .   333 »

Frais accessoires, commissions de
vente, paniers, mobilier, transports, etc.   125 »

Le total des dépenses serait de. . .   1,124ˡ·00ᶜ

et le bénéfice net, par conséquent, de 189 fr. 75 c.,
c'est-à-dire 17 p. 100 du capital employé. Or, nous
avons compté les dépenses largement, et évalué les
recettes au plus bas; les maladies exceptionnelles
pourraient seules réduire le chiffre des recettes
que nous avons donné.

La vente des produits peut s'effectuer dans le pays
même ou à Paris, suivant la distance. L'expédition
des animaux vivants se fait dans des paniers plats
et couverts d'osier tressé, à l'adresse d'un facteur
aux halles à la volaille, à Paris, qui se charge de la
vente, de la perception et de l'envoi des fonds,
moyennant une commission de 10 p. 100; les droits
d'octroi à l'entrée dans Paris sont de 45 centimes
par kilogramme, soit environ de 10 centimes par
tête de pigeonneau ou 23 centimes par pigeon adulte.
Le transport, avec retour des paniers vides, d'une
distance de cent kilomètres, s'élève à peu près aux

mêmes sommes. Paris seul consomme par an plus
de deux millions et demi de pigeons ou pigeonneaux.

Il nous serait impossible de faire pour les pigeons
de volière des calculs ayant la moindre vraisem-
blance, à cause du prix tout de fantaisie des reproducteurs et des produits.

§ 8. — Ennemis et maladies.

Les *ennemis* du pigeon sont les rats et les bêtes
puantes. Contre les rats, nous avons recommandé
des planchers, des plafonds et des murs bien jointifs; aussitôt qu'une fissure se forme, il faut la bou-
cher au plus vite avec du ciment, auquel on a mélangé du verre très-finement pulvérisé. Contre les
insectes parasites en général, et notamment contre
l'*acarus necator,* les poux, puces, etc., nous recommanderons, après chaque nettoyage fréquent des
cases, nids, ustensiles, etc.; de les badigeonner avec
une décoction du fruit sec de la coloquinte (*Cucumis
colocynthis*), plante de la famille des Cucurbitacées,
que l'on cultive en Orient. Enfin, contre les bêtes
puantes, nous avons la fermeture des trappes d'entrée dès le crépuscule, et la surveillance; joignons-y
la chasse régulière dans les greniers de la ferme et
dans les terrains environnants à l'aide de chiens
ratiers et par des personnes expérimentées.

Les *maladies* des pigeons sont plus nombreuses
que fréquentes, si l'on suit les règles d'hygiène que
nous avons indiquées. Il en est quelques-unes pourtant qui sont indépendantes des soins les mieux en-

tendus ; ce sont celles-là que nous nous attacherons à décrire, avec leur traitement, bien que, la plupart du temps, le remède le plus assuré et le plus simple consiste à tuer le malade pour le consommer.

La *mue* n'est pas à proprement dire une maladie ; c'est une crise annuelle qui se produit de la fin de juillet à la fin d'octobre, et dure environ un mois pour chaque animal ; une partie des plumes tombent et sont remplacées par d'autres qui sont mélangées d'un fin duvet, destiné à protéger l'oiseau contre le froid. Le pigeon qui entre en mue a les plumes hérissées, il est languissant, triste, paresseux, il s'épluche fréquemment de son bec et maigrit sensiblement. La plus grande partie des œufs pondus pendant ce temps sont clairs et stériles. La mue apporte des troubles plus graves dans la vie du pigeon de volière que dans celle du pigeon de colombier. Pour ce dernier, on se contente de le renfermer lorsque la journée est froide ou pluvieuse, de ne lui ouvrir que plus tard que d'ordinaire, même lorsque le temps est beau, de lui donner enfin de l'eau salée pour boisson. Pour le pigeon de volière, il faut donner alors une nourriture tonique et stimulante (vesces, lentilles, lupins, fenugrec, cumin, anis, fenouil, chènevis, avoine), et de l'eau salée.

La *diarrhée* peut provenir de plusieurs causes et réclamer des traitements différents. Si elle dépend d'un régime trop relâchant ou trop excitant, il faut faire passer les oiseaux progressivement au régime inverse. Si elle a pour cause des grains avariés, moisis, germés, il faut remplacer ces grains d'abord,

puis donner temporairement un régime rafraîchissant (grains d'orge cuits, pâtées de pommes de terre
cuites et d'herbes, etc.). Des diarrhées épizootiques
se produisent souvent sur les pigeons laissés libres,
durant l'époque des semailles, par suite de leur régime de grains germés, des temps froids et humides, des brouillards, etc. Il faut, dans ce cas, ne
leur laisser que quelques heures de liberté vers la fin
du jour, et leur donner au colombier du chènevis,
de la vesce, de l'avoine, des pois cuits, du pain
trempé dans du vin, etc., et de l'eau salée ou alunée
pour boisson. La diarrhée vermineuse est causée par
la présence de vers intestinaux (*Tœnia crassula*,
Ascaris maculosa, etc.). Elle est très-commune dans
les colombiers et volières mal tenus et mal soignés,
épizootique, et entraîne promptement la mort si on
n'y remédie. Le pigeon qui en est atteint, outre une
diarrhée persistante et de couleur grisâtre, a le plumage terne, les ailes traînantes et souillées; l'épiderme des pattes devient rouge et squammeux, le
dépérissement marche vite et aboutit à la mort. Le
meilleur remède consiste dans des biscuits vermifuges à l'absinthe, que les oiseaux aiment beaucoup.
En même temps il faut améliorer les conditions d'hygiène dont l'insuffisance avait provoqué ou favorisé
l'épizootie, aérer, ventiler, nettoyer le colombier,
blanchir à nouveau les murs, y faire des fumigations
aromatiques, en y brûlant, tandis qu'il est désert, de
l'encens, des baies de genièvre, etc.

L'*avalure* ou hernie de l'oviducte se produit surtout chez les femelles qui pondent des œufs clairs à

des intervalles fréquents, ou chez les vieilles pigeonnes très-fécondes, ou chez toutes celles qui ont eu
des pontes difficiles, dans lesquelles l'œuf a déchiré
l'oviducte à sa terminaison dans le cloaque; il en
résulte une tumeur qui fait hernie et est incurable.
L'avalure ne paraît pas altérer sensiblement la santé
de l'oiseau, mais elle diminue d'ordinaire sa fécondité. Ce doit être, pour l'éleveur soigneux du profit,
un cas de réforme.

L'*indigestion* consiste dans la présence au jabot
d'aliments entassés en trop grand nombre, ou de
grains susceptibles, comme le riz, d'augmenter considérablement de volume lorsqu'ils sont imbibés;
d'autres fois, et surtout chez les pigeons de volière,
l'indigestion provient de ce que le pigeon n'a pas eu
à sa disposition assez de ces petits cailloux nécessaires à la digestion dans le gésier, où ils remplissent
l'office de dents pour broyer les grains et graines.
L'animal indigéré est triste, abattu, solitaire, il
rentre sa tête dans ses plumes et fait le hibou; si
l'on palpe le jabot, on le trouve volumineux et froid;
les graines les plus recherchées ne sauraient le tenter. On commence par placer le malade au chaud;
puis on lui fait avaler, selon le cas, un peu de thé,
de vin chaud et sucré, de l'aloès (20 centigrammes)
dissous dans un peu d'eau-de-vie, de l'eau salée ou
nitrée; on lui fait observer la diète la plus sévère
jusqu'au moment où la digestion s'est accomplie et
où la fiente a été expulsée; toujours séquestré, on lui
donne, pendant les quelques jours qui suivent, un
peu de grain d'orge cuit et de l'eau légèrement nitrée.

La *pourriture du jabot ou ladrerie* se présente chez les pigeons privés de leur couvée peu de jours après l'éclosion. La sécrétion laiteuse des estomacs ayant été subitement arrêtée, il y a violente inflammation des muqueuses et fréquemment production d'abcès, surtout sous les ailes. On opère la ponction de ces abcès afin de donner issue au pus, et on lave les plaies avec de l'alcool camphré. Pendant ce temps on tient l'oiseau à une demi-diète, mais avec des aliments toniques, et on donne, de temps en temps, un peu de vin chaud et sucré.

Le *rhume* ou catarrhe nasal se reconnaît au mucus qui s'écoule abondamment par les narines, sur lesquelles il s'épaissit et qu'il finit par obstruer; il faut enlever cette matière gélatineuse deux ou trois fois par jour à l'aide d'un petit linge trempé dans de l'eau tiède, tenir l'animal au chaud, et lui faire prendre tous les deux jours une purgation composée d'un petit pois d'aloès.

Les *aphthes* sont de petits ulcères qui apparaissent d'abord au bec, puis gagnent parfois la trachée, les bronches et l'œsophage; ils sont contagieux et se produisent surtout pendant les grandes chaleurs de l'été. Il faut s'empresser de séquestrer les malades et soumettre les autres à un traitement préservatif, qui consiste à fermer le colombier et à n'y mettre à leur disposition que de l'eau dans laquelle on a fait dissoudre quatre grammes de sulfate de fer (couperose verte) par litre. Quant aux malades, on leur introduit avec précaution dans le bec un petit pinceau qu'on y promène, après l'avoir trempé dans un liquide composé de cent grammes dé vinaigre et de deux cents grammes de miel blanc. On répète deux ou trois fois par jour cette opération, et la guérison s'obtient le plus souvent après cinq ou huit jours de traitement. Le régime se compose durant cet intervalle de pâtées de son, de farine d'orge et d'oseille cuite et hachée, le tout mélangé intimement, et de boissons contenant du sulfate de fer, comme nous l'avons dit plus haut.

L'*esquinancie* est une inflammation de la gorge qui s'étend au pharynx, au larynx, à la trachée et parfois aux bronches, mais sans qu'il y ait d'aphthes. D'ordinaire, il suffit pour la guérir de donner au malade des pâtées d'oseille cuite additionnée de lait, avec de l'eau miellée et légèrement vinaigrée pour boisson. Lorsque l'inflammation résiste à ces moyens, on peut pratiquer une saignée sous l'aile. On reconnaît le pigeon atteint de cette maladie à ce qu'il ouvre fréquemment le bec et râle plus ou moins fort; elle n'est pas contagieuse.

L'*apoplexie* est une congestion du sang au cerveau; tantôt elle est complète, foudroyante, et l'animal tombe subitement frappé; s'il n'est pas immédiatement mort, il faut s'empresser de le saigner, soit sous l'aile (veine brachiale), soit au cou, où on arrache latéralement quelques plumes (veine jugulaire); en même temps on lui verse abondamment sur la tête de l'eau très-froide et vinaigrée. D'autres fois, l'apoplexie ne s'étend qu'à un côté du cerveau : l'animal, dans ce cas, porte la tête de côté, et ne la déplace que difficilement; on dit alors qu'il a le

torticolis. Les moyens curatifs sont les mêmes que
dans le cas précédent, saignée, application d'eau
froide ou de glace pilée; on peut y joindre des bains
de pieds chauds. L'apoplexie est plus fréquente en
été, et peut dépendre, soit d'un régime trop abondant et trop tonique, soit d'insolation; aussi, si elle
se produisait à plusieurs reprises, faudrait-il modi-
fier et diminuer le régime, et employer les rafraîchissants.

L'*épilepsie* consiste dans un trouble général du
système nerveux, trouble qui, se produisant subitement et à des reprises plus ou moins fréquentes,
détermine la chute de l'oiseau sur le sol, où il est
agité de convulsions que suit une atonie assez prolongée. La guérison s'obtient d'ordinaire par l'emploi des vermifuges, ainsi que nous l'avons indiqué
pour la diarrhée; les entozoaires paraissent en effet
en être la cause la plus ordinaire; il est bien entendu que le malade doit être séquestré, comme dans
le cas de diarrhée de cette nature.

L'*étisie ou consomption* est un amaigrissement
progressif qui conduit très-rapidement le pigeon vers
la mort. Elle est plus fréquente dans les volières que
dans les colombiers, et paraît tenir surtout à un état
de malpropreté, à l'accumulation des fientes déga-
geant de l'ammoniaque, à la présence d'une multitude
de parasites, poux, puces, etc. Dès qu'un seul cas
se présente, il faut s'empresser de déménager les
habitants, de nettoyer les cases, nids, ustensiles, de
faire des fumigations sulfureuses, de refaire les enduits, et de passer ensuite un lait de chaux partout,

d'améliorer l'aération, d'entretenir désormais la plus
scrupuleuse propreté, d'exécuter enfin toutes les lois
de l'hygiène qu'on avait jusque-là violées.

Après les maladies, dont nous avons cru devoir
citer seulement les plus communes, nous ne pouvons
passer sous silence une petite opération chirurgicale
qui a pour but la *stérilisation* des mâles et des femelles. Cette sorte de castration, très-peu employée
dans l'espèce du pigeon, peut être utile cependant
pour obtenir des animaux d'un engraissement plus
rapide, plus complet, et d'une viande plus fine. Elle
se pratique à peu près comme dans l'espèce galline
lorsqu'on veut obtenir des chapons ou des poulardes.
Nous renvoyons donc le lecteur à ce chapitre, mais
nous ajouterons pourtant quelques particularités em-
pruntées à M. Mariot-Didieux, vétérinaire expérimenté qui la pratique avec un succès certain, et la
recommande comme très-simple. Les testicules du
mâle ne sont assez développés que vers l'âge de six
à huit mois ; il l'opère par une incision au flanc droit.
Quant aux femelles, M. Didieux opère à peu près au
même âge, mais se contente d'enlever les deux petites glandes uropigiales situées sous le bouton du
croupion.

Nous avons dit en quoi consistaient les produits de
la volière et du colombier, comment se devait faire
l'*expédition* de ces produits vivants, dans des mannes
plates en osier, à l'adresse d'un facteur à la halle.
Les pièces exceptionnelles, pigeonneaux ou pigeons
fin-gras, peuvent être expédiées mortes avec les mêmes
soins et précautions que nous le dirons pour les cha-

pons et poulardes, quant à l'emballage et au transport.

Nous ne saurions mieux terminer ce qui regarde nos pigeons qu'en reproduisant ici ce qu'a dit d'eux, au point de vue gastronomique, un auteur dont on ne reniera pas la compétence, M. Chevet aîné, dans un rapport à la Société d'acclimatation, au sujet des pigeons à l'Exposition universelle de 1867 : « Les pigeons biset, romain et de volière sont aujourd'hui ceux qui font l'ornement et les honneurs de nos tables ; au lieu d'augmenter, nos ressources alimentaires diminuent cependant sous ce rapport. Nous n'avons plus le joli petit pigeon *à la Gautier*, qui était consommé comme garniture. A la vérité c'était l'industrie d'une famille qui nourrissait ces pigeons à la bouche et les livrait à la consommation à peine âgés de sept à huit jours ; ces pigeonneaux étaient d'une blancheur remarquable et cuits en quelques minutes ; servis sur une sauce tomate ou aux truffes, ils faisaient un effet admirable. Le pigeon biset est le plus commun et le plus répandu ; le romain et celui de volière sont les plus recherchés ; mais le cuisinier ne fait pas de différence entre eux, il choisit les plus gras et les plus en chair, pour les préparer en rôtis ou en entrées [1]. »

[1] Les meilleures préparations culinaires se trouvent dans la *Cuisinière de la campagne et de la ville* (même librairie).

Fig. 35. Tourterelle à collier.

CHAPITRE II.

LA TOUTERELLE.

La tourterelle formait, dans la classification de Levaillant et dans celle de Cuvier, la troisième section du groupe des Pigeons, la neuvième section des quatorze groupes de pigeons de Lesson. Brehm fait des Turturidés une famille distincte parfaitement limitée, et dont le type est la tourterelle (*Turtur*) proprement dite, à corps élancé, à bec droit, un peu élevé, à mandibules légèrement rentrées près de la pointe, à pattes longues et doigts faibles, à ailes longues, la deuxième et la troisième rémige dépassant les autres, à queue assez longue et arrondie.

La *tourterelle commune* ou tourterelle des bois (*Turtur Auritus seu Colomba Turtur*) a les plumes d'un brun roux sur les bords, tachetées en leur mi-

lieu de noir et de gris cendré ; le sommet de la
tête et le derrière du cou bleu de ciel tournant au
grisâtre ; les côtés du cou marqués de quatre bandes
transversales noires, bordées de blanc d'argent ; la
gorge et la poitrine d'un rouge vineux ; le ventre
rouge bleuâtre tirant plus ou moins sur le grisâtre ;
les rémiges primaires noirâtres, les secondaires de
même teinte, à reflets d'un bleu cendré ; les scapulaires noirâtres, largement rayées de rouge brun ;
l'œil jaune brunâtre, entouré d'un cercle rouge
bleuâtre ; le bec noir ; les pattes rouge-carmin. Cet
oiseau a environ $0^m 30$ de longueur est $0^m 53$ d'envergure ; la longueur de l'aile est de $0^m 10$, celle de
la queue de $0^m 14$. Elle habite le midi de l'Europe, le
nord-ouest de l'Asie et le nord-ouest de l'Afrique.
Elle se plaît dans les bois voisins des terres en culture.

La tourterelle émigre : elle arrive en Allemagne
et en France au commencement d'avril, s'y reproduit, et repart en septembre pour l'Afrique, l'Espagne ou la Grèce. Elle marche bien, vole vite et
longtemps, et échappe par d'habiles manœuvres aux
oiseaux de proie. Sa voix s'appelle un roucoulement.
Elle est monogame comme le pigeon, fait deux et
parfois trois pontes par an dans un nid grossier,
composé de tiges de bruyères, de paille, de fines
racines, de forme aplatie et posé à une faible hauteur sur les arbres. Elle y pond deux œufs à la fois,
dont l'un produit d'ordinaire un mâle et l'autre une
femelle, comme dans les pigeons. D'un naturel doux
et calme, elle s'apprivoise aisément et se reproduit
parfaitement en captivité.

La *tourterelle rieuse* ou streptopélie rieuse (*Turtur Risoria', sive Streptopeleia Risoria*), ou encore *tourterelle à collier,* habite la partie occidentale des Indes, Ceylan, l'Yémen, l'Arabie, et une grande partie de l'est de l'Afrique. Tout son plumage est de couleur isabelle, plus foncé sur le dos qu'à la tête, à la gorge et au ventre, avec les ailes noirâtres et le collier noir. L'œil est rouge clair, le bec noir, et les pattes rouge-carmin. Elle a environ 0^{m}33 de longueur, 0^{m}55 d'envergure, 0^{m}18 de longueur d'aile et 0^{m}14 de longueur de queue. Son cri ressemble à celui de la tourterelle des bois, mais il est suivi des notes *hi, hi, hi,* qui lui ont valu son nom. Ses mœurs sont les mêmes que celles de la tourterelle commune, mais elle n'émigre point en Europe. Elle s'apprivoise plus facilement encore et supporte mieux la captivité que l'espèce précédente; c'est celle que nous voyons le plus fréquemment dans les cages et volières.

On connaît encore : la *tourterelle de Bantam* (*Columba Bantamensis*), tachetée de lunules brunes sur le dos et sur les ailes, originaire d'Asie; la *tourterelle bruyante* (*Columba Strepitans*), qui a le front, les joues, les parties inférieures blanches, et le corps légèrement bordé de rose sur la poitrine; la *chalcopélie africaine* (*Chalcopeleia Afra*) ou pigeon nain, à queue courte et arrondie, à tarses élevés, et dont les rémiges secondaires sont couvertes d'une teinte métallique bien plus foncée que sur le reste du corps; originaire du sud et de l'est de l'Afrique. Enfin, la *mélopélie mélode* (*Melopeleia Meloda*) ou Kukuli, de la taille de la tourterelle à collier, de l'Amérique méridionale, d'un brun cannelle à reflets olivâtres, d'éclat métallique sur le cou, facile à apprivoiser, supportant bien la captivité, mais s'y reproduisant difficilement.

La tourterelle n'est pour nous qu'un oiseau d'agrément, entretenu en cage ou dans les volières. Les Romains faisaient de l'engraissement de la tourterelle des bois une industrie lucrative à cause de l'estime en laquelle on tenait sa chair. Voici ce que nous en apprend Columelle : « Il n'est pas nécessaire de les élever, parce qu'elles se reproduisent mal en volière; on les prend au vol, avec des filets, pendant l'été, et on choisit les jeunes de préférence, parce qu'elles s'engraissent plus vite et donnent une chair plus délicate. On les place dans une volière en les y recouvrant d'un filet placé assez bas pour les empêcher de voler, et là on leur donne à discrétion du millet et du froment ; environ cinq litres de ces grains mélangés suffisent par jour pour cent vingt oiseaux ; on met constamment à leur disposition de l'eau pure. Les soins se bornent à leur nettoyer les pattes pour que le contact de la fiente ne les leur échauffe pas. On ne leur fait pas, comme aux pigeons, des boulins qui leur servent de retraite, ni des cellules ou cases creusées dans le mur, mais on dispose pour elles, sur une rangée de corbeaux fixés dans le mur, de petites nattes de chanvre sur lesquelles elles se reposent. »

L'engraissement d'hiver était peu pratiqué, parce qu'il réussissait moins bien, et que d'ailleurs l'abon-

dance des grives, durant cette saison, faisait baisser
le prix des tourterelles. Ceux qui cependant s'y livraient employaient surtout le millet et des boulettes de pain trempées dans du vin. Dans le midi de
la France, cette industrie pourrait peut-être aujour-
d'hui encore fournir d'assez beaux bénéfices ; les nids
de tourterelles des bois y sont communs et faciles
à trouver, et mieux vaudrait faire consommer en
captivité à ces oiseaux le grain qu'ils dérobent à nos
cultures, afin d'en faire profiter la consommation,
car la tourterelle ravage souvent les cultures de
millet, de colza, de céréales même, sans profit pour
d'autres que pour les chasseurs qui, le plus souvent, ne les ont point nourries.

Quant aux tourterelles à collier, de Bantam (fig. 35),
bruyante, aux chalcopélies et aux mélopélies, ce
sont exclusivement des oiseaux de volière qu'on doit
nourrir au millet, chènevis, colza, baies de cerises,
d'aubépine, etc., etc. [1].

[1] Pour plans, coupes et élévations de volières, pigeonniers,
etc,, consulter le *Traité de la composition et de l'ornement
des Jardins*, 750 figures, par Audol, 6e édition (même librairie).

6

Fig 36 Coq et poule malais.

CHAPITRE III.

LE COQ ET LA POULE.

§ 1er. — CARACTÈRES ZOOLOGIQUES.

Le coq (*Gallus*) paraît tirer son nom des altérations successives du nom latin *gallus*, devenu en langue romane *gal*, qui se prononçait sans doute *gaul*, puis devint *gaú* et *gog*, nom encore usité en Savoie, et enfin *cô*, comme on l'appelle aujourd'hui encore dans la Normandie et d'où l'on a fait *Coq*.

Dans la classification de Cuvier, le coq appartient

à l'ordre des Gallinacés, à la famille des Gallinacés
proprement dits, à la tribu des Faisans, au genre Coq,
et à l'espèce Coq domestique. Toussenel le rangeait
dans son ordre des Vélocipèdes, série des Pulvérateurs, sous-groupe des Plectroniens ou Éperonnés.
Brehm le place dans son ordre des Pulvérateurs, et
dans sa famille des Gallidés dont il est le type, et où
il forme le genre Coq.

En tous cas, le coq se distingue des autres gallinacés proprement dits par son corps épais, ses ailes
courtes, concaves et très-arrondies; par sa queue
moyenne, légèrement tronquée et formée de quatorze
pennes; par son bec moyennement long, fort, à
mandibule supérieure convexe, à pointe recourbée;
par ses tarses de la longueur du doigt médian, et
armés d'un éperon arqué et aigu ; par ses doigts, au
nombre ordinaire de quatre, mais dans certaines
races, de cinq ; par son plumage abondant, orné,
chez toutes les espèces connues, de couleurs vives et
brillantes, mais extrêmement variées, depuis le blanc
jusqu'au noir, en passant par le caillouté, le jaune,
le chamois, le brun, etc., ayant le plus souvent des
reflets métalliques chez le mâle; par sa tête surmontée d'une crête simple ou double, chez certaines
races remplacée par une volumineuse aigrette de
plumes.

Toutes les espèces de *coqs sauvages* habitent les
forêts, et de préférence celles qui sont le plus épaisses et le plus désertes. Mais nous connaissons peu
leurs mœurs. Parmi eux, nous citerons brièvement :

Le *coq Bankiva (Gallus Bankiva sive Ferrugi-*

neus) ou Kasintu, originaire de Java, habite l'Inde, du nord à l'ouest, l'Hymalaya, jusqu'à douze cents mètres de hauteur, la Malaisie, l'Indo-Chine, les Philippines, l'Archipel malais, etc.; il a les plumes de la tête et du cou d'un beau jaune doré, celles du dos d'un beau pourpre, d'un rouge brillant au milieu, bordées de brun jaune; les plumes de la queue noires; l'œil rouge-orangé. Il a la crête dentelée et les barbillons rouges du coq domestique, et aussi ses longues plumes autour du cou et au-dessus du croupion. Il n'a que $0^m 30$ à $0^m 40$ de hauteur, $0^m 60$ à $0^m 65$ de longueur du corps, $0^m 20$ à $0^m 25$ de longueur d'aile et $0^m 33$ à $0^m 38$ de longueur de queue: nous parlons ici du mâle, car la femelle est de taille plus petite, porte la queue presque horizontalement, n'a qu'une crête et des barbillons rudimentaires, porte les plumes du cou noires avec bordure blanc jaunâtre, celles du dos tachetées de brun noir, celles du ventre, isabelle, et celles des ailes, d'un beau noir.

Le *coq de Stanley*, de Lafayette ou des Jungles (*Gallus Stanleyii*), diffère du précédent en ce qu'il a la poitrine brun-rougeâtre, rayée de noir foncé; en outre il n'a pas, comme lui, les couvertures des ailes brunâtres dans leur partie moyenne; enfin, il s'en éloigne encore par la crête et par sa voix toute particulière. Il est indigène de Ceylan.

Le *coq de Java*, ou Ayamalas, ou Gangegar (*Gallus Furcatus seu Varius*), se rencontre à Java et dans les îles qui sont à l'est jusqu'à Flores. Son plumage général est d'un beau vert sombre, à reflets métalliques; son œil est jaune clair; les parties nues des joues sont rouges, bordées en dehors et en bas de jaune doré; sa crête, bleue à la base, violette à la pointe, ne porte pas de dentelures; il n'a qu'une seule caroncule médiane; sa mandibule supérieure est noire et l'inférieure jaune; les pattes sont d'un gris bleuâtre clair. La poule est plus petite, n'a ni crête ni barbillons, a les joues couvertes de plumes; enfin, le chant du coq est différent de celui du coq de nos basses-cours. Le *Gallus Æneus*, dont on avait pendant longtemps fait une espèce, ne paraît être que le croisement du coq de Java avec la poule domestique.

Le *coq de Sonnerat* (*Gallus Sonneratii*), ou Katu-coli, est indigène de l'Inde méridionale, et principalement des montagnes des Gates ou des Ghauts, sur lesquelles il offre, à différentes hauteurs, deux variétés bien marquées, méritant peut-être le nom d'espèces. Ses plumes sétiformes consistent en lames cornées très-particulières, transversalement barrées de trois couleurs; il manque de vraies plumes sétiformes sur le dos, où elles sont, comme les couvertures des ailes, dépourvues de barbes; sa crête est très-finement dentelée; son œil est jaune-brun clair, son bec jaunâtre, ses pattes d'un jaune clair; sa voix diffère sensiblement de celle des autres espèces et aussi du coq domestique. Il est un peu plus grand et plus fort que le coq Bankiva.

Le *coq géant ou Yago*, ou Chittagong (*Gallus Giganteus*), qui vit sauvage dans les forêts méridionales de Sumatra, et à l'état domestique, sous le

6.

nom de Kulm-Cock, dans le pays des Mahrattes, ne paraît pas être une espèce distincte, mais une race domestique pure ou croisée revenue à l'état sauvage. C'est un coq de grande taille, que l'on a considéré, peut-être avec raison, comme étant la souche du coq de Caux ou de Padoue, ou du coq russe de nos basses-cours, mais auquel on rapporte les coqs de Rhodes et de Perse. Le *coq de Temminck* paraît être aussi le résultat d'un croisement.

§ 2. — ORIGINE DES RACES DOMESTIQUES.

Des quatre races sauvages que nous venons d'énumérer, laquelle est la souche de nos races domestiques? Aucune, suivant M. Valenciennes : « On peut affirmer, dit-il, que l'espèce du coq et de la poule n'existe à l'état sauvage sur aucun point du globe. » Selon M. Isidore Geoffroy Saint-Hilaire, le *Gallus Bankiva* serait la souche unique de toutes nos races domestiques. Darwin regarde bien cette même espèce comme type, mais non comme type unique, comme l'origine, en particulier, de nos races de combat ; « mais on peut encore se demander, ajoute-t-il, si les autres races ne peuvent pas descendre de quelques espèces sauvages qui existent peut-être encore quelque part inconnues, ou qui se sont éteintes. »

Les premiers auteurs grecs assignent au coq domestique une origine persane ; il y aurait donc été probablement importé de l'Inde. C'est de la Perse qu'il serait venu en Grèce, un peu après l'époque d'Homère, et la Grèce à son tour en aurait fait présent à l'Italie. Darwin croit pouvoir fixer vers le sixième siècle avant Jésus-Christ l'époque de l'arrivée en Europe de l'espèce galline; au commencement de notre ère, ajoute-t-il, elle devait déjà avoir voyagé plus à l'ouest, car Jules César l'a trouvée en Bretagne.

Ce que l'on sait, c'est que, d'un côté, on ne retrouve aucun reste de l'espèce dans les habitations lacustres de la Suisse; qu'elle n'est mentionnée ni dans l'Ancien Testament, ni sur les anciens monuments de l'Égypte; que, d'un autre côté, il en est fait mention en Grèce au cinquième siècle avant Jésus-Christ, et qu'elle est figurée sur quelques cylindres babyloniens et sur la tombe des Harpies, en Lycie, du sixième au septième siècle avant Jésus-Christ; qu'elle était domestiquée déjà dans l'Inde vers le dixième siècle avant notre ère, et dès le quatorzième siècle en Chine. Nous relaterons successivement les particularités historiques concernant chaque race; car plusieurs remontent très-probablement à des temps plus ou moins éloignés de nous : c'est ainsi que les Romains, au temps de Columelle, connaissaient déjà six ou sept races, dont une seule, malheureusement, a été indiquée; qu'on en connaissait un assez grand nombre déjà en Europe au quinzième siècle; qu'à cette même époque il y en avait sept en Chine, portant chacune un nom distinct, etc., etc.

§ 3. — Races de coqs domestiques.

Les races, sous-races et variétés sont extrêmement nombreuses dans l'espèce galline ; les unes semblent se rapporter plus directement à un ou plusieurs types sauvages, les autres sont le produit d'un croisement des précédentes entre elles, enfin quelques-unes paraissent provenir de sélection appliquée à des bizarreries tératologiques, ou plus simplement encore à des particularités de plumage. De ces races enfin, les unes sont productives dans la ferme, à la condition de jouir d'une demi-liberté, ce sont les races de basse-cour ; les autres, plus belles ou curieuses par leur plumage ou leurs formes, plus délicates, moins aptes à pondre et à couver, sont des races d'agrément ou de volière. Nous les confondrons dans la description suivante, sauf à indiquer ensuite celles qui conviennent plus spéciale-ment à la basse-cour du fermier, et celles plus évidemment réservées à la volière de l'amateur.

1° Race de combat.

Cette race peut être regardée comme la race type ; car elle ne s'éloigne que très-peu du *Gallus Bankiva* ou *Gallus Ferrugineus*. Elle a pour caractères un bec fort et long, une crête simple, droite et médiocrement développée ; des éperons très-longs, très-aigus et très-forts, quatre doigts seulement au pied ; les plumes serrées sur le corps ; la queue ne porte que le nombre normal de quatorze rectrices ;

les œufs sont d'un blanc tendant vers le chamois
plus ou moins foncé ; le caractère de ces oiseaux est
fier, courageux, batailleur, non-seulement chez les
coqs, mais aussi chez les poules et même chez les
poussins. Il en existe un grand nombre de sous-
races ; M. Valenciennes y rapporte les races indienne
et du Brésil.

A. La SOUS-RACE MALAISE (*Gallus Malayensis*,
fig. 36), originaire de la Malaisie (îles de la Sonde,
de la Réunion, des Philippines), partie de l'Océanie,
voisine du continent asiatique, est de grande taille,
ce qu'elle doit en partie au mode de station rigide,
érigée, qu'affectionnent ces oiseaux. Le coq a la tête
forte, courte, conique, très-large entre les deux
yeux ; la crête épaisse, triple, mais en un seul lobe ;
les oreillons blancs et les barbillons rouges et
moyens ; les joues larges, nues, rouges sur une
grande surface ; le bec court et très-fort ; les tarses
munis d'un éperon très-long, très-aigu et très-fort ;
le plumage varie du roux clair ou foncé au noir ;
les pattes sont jaunes ; il pèse, adulte et vivant, de
quatre à cinq kilogrammes. La poule, sensiblement
plus petite et à tarses plus courts, présente à peu
près les mêmes caractères relatifs ; elle pèse de trois
à trois kilogrammes et demi. Le naturel de cette
race est non-seulement querelleur, mais féroce, et
rend son entretien impossible à côté d'autres races.
La poule néanmoins est bonne pondeuse et couve
assez bien. Les Anglais emploient cette race en croisements pour obtenir de la taille et du poids.

I. La *variété blanche*, appelée en France race du Gange, porte le plumage blanc et est un peu plus petite ; c'est une variété albinos du malais.

II. La *variété yo-ko-hama* est de grande taille comme la malaise, mais elle se tient dans une attitude moins droite, moins altière ; elle en diffère en outre par son plumage, qui est doré au camail, au cou, aux rectrices de la queue ; les rectrices des ailes et les plumes du dos et des cuisses sont d'un rouge brunâtre ; les rémiges sont d'un jaune paille, ainsi que les plumes de la queue, qui sont très-longues et tombantes, au lieu d'être relevées en faucille ; le coq porte la crête, les oreillons, les barbillons et les éperons comme le malais. La poule a, comme le coq, une crête épaisse, mais moins développée, le plumage jaune paille, les plumes de la queue tombantes, les jambes nues et de teinte grisâtre ; on la dit assez bonne pondeuse, et en même temps couveuse assez assidue.

B. SOUS-RACE DE BRUGES ou de combat du Nord. C'est la plus grande et la plus forte race de l'Europe. Le coq est monté sur des pattes fortes et nerveuses, dont les tarses sont munis de longs et forts éperons ; il a la tête grosse, surmontée d'une crête petite, simple, d'une forme mal arrêtée, tombant de côté, noire dans la jeunesse, et ne prenant le rouge qu'à l'âge adulte, tout en conservant des teintes noires ; les barbillons et les oreillons sont très-volumineux ; le regard est dur et féroce, les plumes du

cou, longues, très-minces, ainsi que celles du croupion, sont jaune-orangé, avec des rayures brunes ;
le reste du corps est d'un noir terne, avec quelques
taches de feu sur les ailes ; il y a une variété ardoi-
sée (gris bleu) ; son poids, adulte et vivant, est de
quatre à quatre kilogrammes et demi. La poule n'a
qu'une crête rudimentaire, elle conserve toujours
les caroncules noires ; son plumage varie du gris

Fig. 37. Poule anglaise non pattue.

ardoisé au noir grisâtre ; elle pèse de deux kilogrammes et demi à trois kilogrammes. Le caractère
de cette race est querelleur et féroce, et les animaux
s'entre-dévorent souvent pendant la mue comme les
faisans. La poule est assez bonne pondeuse, mais
mauvaise couveuse. La viande de cette race, tardive
dans son développement, est tenue en très-petite
estime.

C. Sous-race anglaise. Les caractères se rapprochent très-sensiblement de ceux de la race malaise.

Elle a la tête petite, allongée, aplatie comme celle d'un serpent; la crête peu développée; le cou haut et droit; le corps incliné et bien pris; les pattes élevées et solides. Comme la race malaise, celle-ci a l'œil sinistre, la démarche inquiète et féroce; comme elle, il faut l'isoler soigneusement dans la basse-cour; comme la poule malaise, la poule anglaise de combat pond assez bien, mais couve mal. Cette sous-race a fourni un grand nombre de variétés. Nous citerons celle dite *de combat dorée* à poitrine noire (*Black breasted, red game*), dite variété du comte de Derby, chez laquelle le coq porte un camail long et très-épais, d'un rouge ardent comme les plumes tombantes du croupion, avec les épaules rouge foncé, la queue d'un vert bronzé, et tout le reste du plumage noir. La poule est d'un jaune bariolé comme dans la perdrix. La variété dite *à ailes de canard* a le plumage argenté, le camail jaune paille très-vif, les épaules d'un rouge ardent, les couvertures des ailes d'un noir violet, brillant et intense; les rémiges blanches, les petites sus-caudales noires, avec une bordure jaune, les rectrices noires avec reflets violacés, tout le reste du plumage d'un noir pur. La *variété pile* (à plumes soyeuses), portant le plumage rouge-orangé sur le cou, les reins et les ailes, s'obtient, d'après M. Tegetmeier, en croisant un coq de combat rouge, à poitrine noire, avec une poule blanche; cette variété se reproduit ensuite par elle-même. La *variété du duc de Leeds* ou Shakbag, beaucoup plus grande et plus lourde que toutes les autres, au point que beaucoup de coqs pèsent jusqu'à 5 kilogr., est probablement le résultat du croisement du coq anglais de combat avec la race malaise.

D. SOUS-RACE ESPAGNOLE (fig. 38). Darwin assigne à cette race une origine méditerranéenne ; elle paraît être très-ancienne en Espagne ; elle a été importée il y

Fig. 38. Coq espagnol.

a plus d'un siècle en Angleterre, mais n'a été introduite de ce pays en France que vers 1840. Elle est d'une taille élevée et d'un port majestueux. Le coq porte une crête simple, droite, très-haute et très-prolongée en arrière, très-épaisse à la base, mince dans la partie supérieure, largement et régulièrement dentelée par son extrémité supérieure, et d'un rose rouge très-vif ; les barbillons, bien divisés, sont longs, minces et pendants, les oreillons ou lobes auriculaires épais, grands, blancs comme les joues ;

7

le plumage est noir, lustré de vert, avec reflets argentin, vert et pourpre métallique; son allure est fière, son caractère plus pacifique que celui des sous-races précédentes, mais encore querelleur; son poids vif, de 3 à 3 kilogr. 500. La poule a le plumage noir, les joues et les oreillons blancs, la crête développée, mais retombant de l'un des côtés de la tête; son poids vif varie de 2 à 2 kilogr. 500. Elle est bonne pondeuse; les œufs sont gros, blancs et lisses, mais elle couve mal; par contre, elle fournit une chair assez estimée. Les poulets sont assez précoces, et leur chair est excellente, quoique la saillie de leur poitrine et leurs membres allongés leur donnent un aspect peu avantageux; les pattes sont toujours plombées dans les deux sexes. En résumé, cette sous-race est sobre, mais peu rustique, bonne pondeuse, mais mauvaise couveuse. Elle produit un grand nombre de variétés, dont nous décrirons seulement les principales :

I. *Variété de Minorque*, moins haute sur pattes, différant de l'espagnole en ce que la joue est rouge et non blanche, bien que l'oreillon soit resté blanc; en ce que son sternum est moins proéminent et ses formes plus arrondies; elle est préférée pour sa chair.

II. *Variété espagnole blanche*, variété albinos reproduisant noir; fixée, mais peu estimée.

III. *Variété andalouse*. Le coq est d'un gris bleuâtre ardoisé; les plumes du camail, du dos, de la queue, du recouvrement supérieur des ailes et des épaules variant entre le noir, le gris ardoisé et le ramier; celles des cuisses, de la poitrine, du recouvrement inférieur des ailes, d'un gris bleuâtre ardoisé. La poule est toujours d'un gris bleuâtre; les deux sexes portent une crête très-développée, droite dans le coq, tombante dans la poule; tous deux ont les oreillons blancs, les joues rouges, l'œil et le bec noirs; le poids de l'un est de 3 à 3 kilogr. 500, de l'autre, de 2 kilogr. 500 à 3 kilogr. Les poussins sont bien emplumés.

IV. *Variété d'Ancône*. Elle est semblable à celle de Minorque, si ce n'est que le plumage est tantôt blanc et noir et tantôt perdrix.

V. La *variété gasconne*, appelée encore poule béarnaise ou landaise, poule de Caussade, est assez estimée à cause de son caractère familier, de sa précocité, de son aptitude à la ponte et à l'incubation, de sa sobriété; sa viande, quoique un peu noire, est assez recherchée. Le plumage est presque toujours noir, la crête simple; elle n'a que quatre doigts au pied, et la poule pèse vive de 2 à 2 kilogr. 500.

VI. La *variété russe* ressemble de très-près à la sous-race espagnole, par son port, son plumage, son caractère, ses aptitudes; mais acclimatée depuis un certain temps, elle ne souffre pas autant du froid, qui produit souvent, en France, la congélation de la crête et sa destruction.

VII. La *variété hollandaise* ressemble beaucoup à la précédente; mais elle est encore meilleure pondeuse, et donne assez régulièrement un œuf par jour, durant toute la belle saison, de mai à fin septembre.

VIII. La *variété du Mans*, aujourd'hui plus rare qu'il y a vingt ans, et qui jouit d'une haute réputation, est remarquable par sa précocité, son haut poids, son aptitude à prendre la graisse, et la finesse de sa chair. Le coq porte la crête simple, droite, dentelée et prolongée en arrière; les barbillons longs, pendants, développés; les oreillons rouges et grands; le plumage doré, le ventre blanc jaunâtre pailleté, les caudales en faucille d'un beau vert bronzé. La poule est de couleur variable, mais le plus souvent noire; elle porte, comme le coq, la crête simple et dentelée, mais moins grande, les barbillons et les oreillons plus petits. Les pattes sont toujours plombées dans les deux sexes. Les chapons et poulardes atteignent, à huit mois, le poids de 4 kilogr., lorsqu'ils sont bien engraissés.

IX. La *variété de Barbezieux* (Charente) ne porte point de huppe, mais une crête assez développée, simple, droite, largement découpée et tombante; elle est de taille et poids moyens, basse sur jambes, à plumage noir à reflets chez le mâle, mat chez la femelle. La poule est assez bonne pondeuse, mais couveuse médiocre; les poulets sont assez précoces, engraissent facilement et fournissent les volailles de Ruffec et de Périgueux, qui sont si renommées pour la délicatesse de leur chair et nous arrivent agrémentées de truffes odorantes.

X. La *variété de Bresse*, de même taille, mais de poids un peu moindre que la précédente, est comme elle noire et porte une crête simple, érigée, découpée et relativement grande ; son squelette est fin et léger ; elle est précoce, bonne pondeuse, couve assez bien et engraisse facilement. Elle fournit les chapons et les poulardes de Bresse si estimés des gourmets. Elle est d'humeur sédentaire et s'acclimate bien partout. C'est une des races, sous-races ou variétés françaises, qui réunit au plus haut degré toutes les aptitudes mixtes.

2° Race cochinchinoise.

Race cochinchinoise ou de Chang-haï ou de Nankin (*Gallus Cochinchinensis*) (fig. 39.) Cette énorme race, la plus grande, ou du moins la plus lourde connue, se trouve dans les parties chaudes du centre de la Chine, d'où elle fut importée en 1844 et 1846 en Angleterre, par l'amiral Cecil, dans le but de la propager en France. Son apparence extérieure la fait distinguer, au premier coup d'œil, de toutes les autres. Son corps est ramassé, court, trapu, anguleux, haut sur pattes, et d'un volume considérable. Le cou assez grêle, la tête d'un volume ordinaire ; la crête simple, droite, et offrant six ou sept grandes dents ; les barbillons sont demi-longs et arrondis, les oreillons courts. La couleur du plumage diffère selon les variétés, mais celle qui paraît typique est fauve clair ou café au lait ; les plumes qui garnissent

les sourcils et le reste de la tête sont soyeuses et un
peu hérissées; celles du camail sont courtes et col-
lantes; celles des cuisses et du ventre, molles et
bouffantes. La queue est très-courte et ordinairement formée de seize rectrices; elle se développe
tardivement chez les poulets. Les jambes, épaisses,
volumineuses, sont emplumées; les ergots sont
courts et épais; l'ongle du doigt médian est large et
aplati; la présence d'un cinquième doigt n'est pas
rare. La peau présente une teinte jaunâtre qui se
retrouve chez plusieurs oiseaux asiatiques. La voix
du coq est un peu particulière.

La poule est encore plus trapue, plus ramassée de
formes; sa queue est encore plus courte et presque
rudimentaire, ses tarses sont moins développés en
diamètre et en longueur. Le coq pèse de 4 à 5 kilogr.,
la poule de 3 kilogr. 500 à 4 kilogr. Tous deux sont
d'un caractère familier et même débonnaire. La
poule de Nankin est moyenne pondeuse, mais bonne
couveuse et excellente éleveuse; ses œufs, plus
abondants en été que chez la plupart des autres races, sont d'une grosseur moyenne, rugueux et de
couleur nankin ou chamois. Les animaux de cette
race sont assez rustiques, mais d'un développement
tardif. Peu marcheuse, volant à peine, elle ne pille
pas, ne gratte pas, ne s'éloigne pas de la basse-cour.
Mais elle engraisse difficilement, et sa viande, un
peu coriace, est médiocrement estimée. Elle a fourni
un assez grand nombre de variétés; nommons les
principales :

I. La *variété* dite *Brahma-Pootra* paraît origi-

Fig. 39. Coq et poule cochinchinois.

naire du royaume d'Assam (situé entre les monts Himalaya, le golfe du Bengale, l'empire Birman et le Bengale, dans l'Hindoustan), vallée qu'arrose le fleuve Brahma-Pootra, dont elle a reçu le nom. Plus grande, plus grosse encore que la race type, elle lui est fort semblable par l'aspect extérieur général; elle n'en diffère guère que par sa taille plus forte et l'exagération de tous les caractères : elle a le dos parfaitement horizontal, les épaules larges, toute la partie postérieure du corps très-large aussi; la queue très-courte; la jambe forte, mais plus courte et presque entièrement cachée par les plumes des cuisses; les tarses et les doigts très-emplumés. Le coq a le camail, le dos, les épaules et le croupion marqués d'une tache noire; les côtés de la poitrine, la queue, la partie postérieure des cuisses, les plumes des pattes tigrés comme chez la perdrix; le plastron blanc, les grandes faucilles de la queue vert bronzé. Mêmes caractères et aptitudes.

II. La *variété cochinchinoise rousse* ne diffère du type que par le plumage et une taille souvent un peu plus forte. Le coq est d'un roux ardent et doré au camail, aux épaules, au bas du dos; d'un rouge brique foncé sur le plastron, au dos et aux cuisses; d'un roux tanné sur le flanc; l'abdomen et les plumes des pattes; la queue est noire et à reflets vert métallique.

III. La *variété noire* est regardée par quelques auteurs comme le produit d'un croisement du coq cochinchinois roux ou fauve avec la poule noire de

Breda; ce qui rend cette origine présumable, c'est
que le coq est ordinairement marqué de rouge au
camail, et quelquefois aux épaules et au croupion,
de blanc aux plumes de la queue et des pattes; enfin,
les poulets, à leur naissance, sont tachetés de blanc
et de noir, mais le blanc disparaît d'ordinaire peu à
peu. Les brahmas foncés, que quelques éleveurs
considèrent comme une espèce distincte, seraient
nés récemment aux États-Unis, dit Darwin, d'un
croisement entre les chittagongs et les cochinchinois, curieux exemple, ajoute-t-il, d'une race issue
d'un croisement récent et se conservant par elle-
même. (*De la Variation*, t. Iᵉʳ, p. 261.) Or, nous
avons vu que le chittagong est le coq géant ou jago
(*Gallus Giganteus*) de Sumatra et du pays des
Mahrattes, une ancienne race domestique revenue à
l'état sauvage.

IV. La *variété blanche*, lorsqu'elle est pure (albinisme), est d'un beau blanc, sans mélange de jaune;
quelques-uns la croient issue d'un croisement du coq
de Nankin jaune clair avec la poule malaise.

V. La *variété perdrix* doit son nom à son plumage tacheté ou tigré, un peu à l'image de celui de
la perdrix, de bandes semi-elliptiques, surtout à la
poitrine, au cou, aux cuisses et aux pattes, qui se
retrouvent dans les deux sexes.

VI. La *variété inverse* provient d'un croisement
du cochinchinois noir avec le brahma; le corps est
entièrement noir, et le camail, comme chez le

7.

brahma, se détache alors en clair sur le fond vigoureux du plumage.

VII. La *variété coucou* paraît issue d'un croisement du cochinchinois noir avec la poule de Gueldre.
Le plumage est gris coucou, et simule des sortes

Fig. 40. Coq de Crèvecœur.

d'écailles. Cette variété assez récente n'est pas encore fixée, et ne se reproduit pas sûrement.

3° Race de Crèvecœur.

Cette race (fig. 40 et 41) est, dit-on, d'origine
normande ou picarde; elle est fort ancienne, dans

tous les cas, et a servi à former un assez grand
nombre de sous-races. Assez grosse de corps, assez
arrondie de formes, bien établie sur des membres
solides, elle est douée à la fois d'une grande précocité, d'une grande aptitude à prendre la graisse ; la
poule est bonne pondeuse, son seul défaut est de

Fig. 41. Poule de Crèvecœur.

mal couver. Le coq porte une crête formée de deux
lobes érigés, tantôt simples, tantôt rameux ou den-
telés vers le bord interne ; en même temps, sa tête
est surmontée d'une huppe très-fournie, retombante,
avec quelques plumes seulement du sommet dirigées
en l'air ; favoris très-épais ; barbillons pendants,
longs et séparés par un épais faisceau de plumes qui
les dépasse intérieurement ; oreillons blanchâtres,
presque cachés sous les plumes des favoris et de la

huppe; plumage entièrement noir, lustré de reflets
bronzés verdâtres ou bleuâtres sur la collerette, le
dos, les ailes, le croupion et les sus-caudales noir-
brun au ventre, noir mat sur tout le reste du corps;
quatre doigts au pied; poids vif à l'âge adulte,
3 kilogr. 500 à 4 kilogr. La poule se rapproche notablement de celle de Nankin, moins la grosseur des
membres; elle est fortement huppée, porte des favoris épais, des barbillons très-petits, ainsi que les
oreillons, qui sont blanchâtres et presque cachés par
la huppe et les favoris; plumage noir mat; poids vif
adulte, 3 à 3 kilogr. 500. Les plumes de la huppe,
dans cette race, blanchissent avec l'âge et successivement à chaque mue, surtout dans la région postérieure du crâne.

Le squelette de cet oiseau est très-fin, très-léger,
et atteint à peine le huitième du poids total dans un
animal en chair. Les poulets sont extraordinairement précoces et peuvent être engraissés dès l'âge
de trois mois; ils sont adultes à six mois. Leur
viande, fine, courte, blanche, savoureuse, délicate,
est des plus estimées; les chapons et poulardes de
six mois, pesant de 3 kilogr. 500 à 4 kilogr. 500,
obtiennent sur le marché de Paris des prix supérieurs à ceux de toutes les autres races à poids et
engraissement égaux. Enfin, le crèvecœur se prête
fort bien à tous les croisements et s'acclimate parfaitement partout. Le crève cœur a fourni les variétés : I. *du Merlerault,* qui n'en diffère guère que
par le moindre développement des plumes formant
cravate autour du cou. II. La *variété de Caux,* ob-

tenue du mélange du crèvecœur avec le fléchois, et
qui, peu fixe, se rapproche tantôt plus, tantôt
moins, de l'un ou de l'autre; elle porte d'ordinaire une demi-huppe, qui retombe en arrière; sa
crête est composée de petites excroissances diffé-
remment assemblées; les barbillons, ronds, sont de
longueur moyenne; enfin, son plumage le plus fré-

Fig. 42. Coq de Houdan.   Fig. 43. Poule de Houdan.

quent est noir, avec reflets verts; la poule pond
assez bien, les œufs sont assez gros; mais elle ne
couve pas. La variété de Caux s'engraisse facilement
et fournit de très-bonnes volailles. Il y en a encore
des variétés blanche et grise ou bleue. Elle a fourni
par croisement plusieurs sous-races :

A. Sous-race de Houdan (fig. 42 et 43). Cette
sous-race doit son nom au chef-lieu de canton
(Houdan, Seine-et-Oise) dans lequel son élevage
a reçu le plus de développement; elle descend très-

probablement d'un croisement entre le crèvecœur et le dorking anglais ; du premier, elle a conservé le bec, la crête, les barbillons, les joues, la huppe, etc. ; du second, elle a hérité ses formes arrondies et le cinquième doigt supplémentaire. Le coq porte une crête cornue à trois rangs, transversale dans le sens du bec ; de longs barbillons, séparés par une mouche de petites plumes, reliés à la crête par les parties charnues des joues, entourant les coins du bec de bourrelets saillants ; la paupière nue ; des oreillons courts et cachés par les favoris ; une demi-huppe dirigée en arrière et sur les côtés ; les joues nues, entourées de favoris formés de plumes courtes, retroussées et pointues ; le bec fort, un peu crochu, incliné sur la cravate, à coins fortement renversés ; l'iris jaune-aurore ; le plumage caillouté (tacheté de noir, de blanc et de jaune paille) ; les plumes des ailes noires, vertes et blanches ; celles de la queue noires et vert émeraude, bordées de blanc, celles de la poitrine d'un brun noir, avec des taches noires et blanches aux extrémités ; celles du dos, cailloutées de diverses nuances ; poids vif adulte, de 2 kilogr. 500 à 3 kilogr.

La poule porte crête, oreillons et barbillons presque rudimentaires, favoris petits ; huppe développée, le plus souvent longue et retombant en avant au point de cacher les yeux ; plumage caillouté de noir et de blanc ; poids vif adulte presque égal à celui du mâle.

Le squelette de la race est fin et léger, quoique moins que celui du crèvecœur ; sa précocité, son

aptitude à l'engraissement, sont aussi un peu moins
développés; aussi bonne pondeuse, elle est meilleure
couveuse; plus rustique, moins coureuse, moins
pillarde, d'un naturel encore plus familier. Il y en
a une variété toute blanche, mais de taille plus pe-

Fig. 44. Coq de la Flèche.

tite. La sous-race de Houdan parfaitement pure est
devenue très-rare.

B. Sous-race de la Flèche (fig. 44 et 45). Par
son port élevé, sa démarche fière et hardie, cette
race rappelle beaucoup celle de Breda, et surtout la
race espagnole, dont M. Jacque la croit issue par

suite de croisements avec le crèvecœur. D'autres
éleveurs pencheraient plutôt à la regarder comme
descendant du breda, avec lequel elle a bien une
certaine ressemblance; cependant sa crête cornue
comme celle du crèvecœur, et si différente de celle
du breda, ne nous permet pas de la regarder comme
issue de cette dernière sans l'intermédiaire d'un croisement avec la première. Le coq de la Flèche porte
une crête longue, transversale, double, se bifur-
quant en avant et latéralement en deux cornes in-
fléchies par la pointe et quelquefois ramifiées; ces
cornes sont réunies à leur base; un petit crétillon
double, qui sort de la base supérieure du bec, pré-
cède la crête, qui, en arrière, est suivie d'un petit
épi de plumes, tantôt courtes et droites, tantôt un
peu plus longues et retombantes; les barbillons sont
longs et pendants; les oreillons, très-grands et d'un
blanc mat, se replient sous le cou; les narines sont
extraordinairement ouvertes; le plumage est entièrement noir, avec reflets métalliques verts et violets
sur le cou, le plastron et les ailes; poids vif adulte,
de 3 kilogr. 500 à 4 kilogr.

La poule, sensiblement plus petite que le mâle, a
les cornes de la crête moins développées, mais très-
distinctes pourtant; elle porte le plumage noir violet à reflets verdâtres, moins le ventre, qui est d'un
noir brun grisâtre et mat; poids vif adulte, de 3 à
3 kilogr. 500. Bonne et précoce pondeuse, elle donne
un grand nombre d'œufs très-gros. Les poulets sont
moins précoces que ceux de Crèvecœur et de Houdan; ils ne sont adultes qu'à sept mois; mais à cet

âge ils s'engraissent facilement et fournissent une
chair très-fine, très-délicate et d'un goût exception-
nel : ce sont les chapons, coqs vierges, poulardes
ou poules vierges du Mans, de Mézeray, de la
Flèche, etc. En somme, cette race est robuste, rustique, peu coureuse, et s'acclimate aisément en tous
pays. Il y en a une variété à crête unilobulaire, volumineuse, à pointe renversée en arrière et bour-

Fig. 45. Tête de coq de la Flèche.

geonneuse vers son extrémité ; c'est la variété du
Mans.

4° Race de Breda.

La *race de Breda* (fig. 46), appelée en Hollande
race à bec de corneille, est très-ancienne et très-
fine; on admet généralement qu'elle a été créée en
Hollande. Elle est principalement caractérisée par
la forme singulière de sa crête, par ses pattes emplumées et par un petit épi de plumes sur la tête.
Chez le coq, la crête, au lieu d'être brillante et très-

développée, comme dans la plupart des autres races,
a la forme d'une capsule ovalaire à bords peu saillants et arrondis, constituée par un renflement du
bord supérieur des narines ; le sommet de la tête est
garni de plumes noires et fines qui se réunissent en
une mèche droite se terminant en pointe ; les oreillons sont petits, les barbillons très-ouverts et presque aussi larges que longs ; les pattes, de moyenne

Fig. 46. Coq de Breda.

longueur, sont garnies de plumes, roides, imbri-
quées comme des tuiles ; le plumage est d'un magnifique noir pur, lustré de merveilleux reflets vert
bronzé, indigo, etc., surtout aux ailes et à la queue,
d'un noir mat aux flancs, à l'abdomen et au dedans
des cuisses ; enfin, d'un noir velouté aux épaules ;
poids vif adulte, 3 kilogr. 500 à 4 kilogr.

La poule porte aussi une petite crête au-dessus du
bec ; son plumage est noir à reflets indigo, comme
celui du corbeau ; son poids vif adulte est de 2 à

2 kilogr. 500; elle est bonne pondeuse, ses œufs
sont assez gros, mais elle est mauvaise couveuse;
ses poulets ne sont ni tardifs ni précoces, bien qu'ils
s'emplument de bonne heure; mais ils s'élèvent facilement. En résumé, cette race est sobre, bonne pondeuse, d'un engraissement assez prompt, fournit une
chair délicate, mais elle est dénuée de précocité et
d'aptitude à l'incubation.

On en connaît une *variété blanche*, et une autre
qui n'en diffère non plus que par le plumage, et à
laquelle on donne le nom de *variété de Gueldre*, ou
variété coucou du breda; chez celle-ci, chaque
plume, au lieu d'être noire, est coupée par des bandes régulières grises sur fond blanc; elle est un peu
plus petite que la race type, dont elle ne diffère point
autrement; le poids vif adulte est, en moyenne, de
3 kilogr. pour le coq et 2 kilogr. pour la poule.

5° Race de Dorking.

La *race de Dorking* (fig. 47), ou bourdon
du roi, nous paraît être une race très-ancienne,
peut-être même l'ancienne race italienne à cinq
doigts citée par Columelle, croisée par le coq de
combat, ou encore est-il possible que ce soit cette
ancienne race elle-même, pure; mais elle a été
bien améliorée depuis lors. La race actuelle de
Dorking a été singulièrement perfectionnée, dans
la rondeur de ses formes, sa précocité, son aptitude
à prendre la graisse, au commencement de ce siècle,
par M. Fisher-Hobbs, le grand éleveur de porcs.

Elle possédait et elle a conservé le cinquième doigt
supplémentaire qui la caractérise, et qu'elle a transmis par croisement aux houdans. Le coq est un superbe animal, très-rapproché de la race de combat
par ses allures fières et par son plumage, mais plus
bas sur jambes et de conformation plus arrondie; il a
la tête grosse, une crête simple, droite, prolongée en
arrière et largement dentelée; les barbillons larges
et pendants, les joues couvertes de petites plumes,
blanches, courtes et fines; les oreillons assez longs,
rouges aux extrémités, d'un bleu azuré et nacré près
de l'oreille; le cou épaissi par un énorme camail;
les tarses médiocrement longs, forts et charnus;
cinq doigts au pied; le bec noir et jaune, l'iris au-
rore foncé et la pupille noire; le plumage assez
abondant ressemble beaucoup, pour la couleur, à
celui de nos coqs de ferme : le camail d'un blanc
jaune paille, semé de taches noires, les ailes noires
à reflets bleu pourpré très-brillants, le plastron
noir, les rémiges primaires blanches, le reste du
corps noir mat, moins les sus-caudales qui sont
bronzées de vert; son poids vif adulte varie, en
moyenne, de 3 kilogr. 500 à 4 kilogr. 500. Les
animaux de race pure portent toujours cinq doigts,
dont deux postérieurs, et parfois même six, dont
trois en avant et autant en arrière.

La poule porte la crête simple et dentelée, mais
renversée sur l'un des côtés de la tête, et plus petite; les joues et le tour du cou, au-dessous du bec,
couverts de petites plumes courtes et noires formant
hausse-col; la tête et le camail noirs, avec les bords

blanchâtres ; le dos gris-brun marron ; les ailes et la
queue noir mat ; les cuisses gris roux foncé. Elle est
très-médiocre pondeuse, mais assez bonne couveuse.
Ses poulets sont extraordinairement précoces, s'engraissent très-facilement dès l'âge de cinq mois, et
fournissent une chair blanche, juteuse, d'un goût
exquis, et qui retient bien la graisse en cuisant. Par

Fig. 47. Coq de Dorking.

contre, cette race est assez délicate, redoute fort
l'humidité, est fréquemment atteinte de rhumatismes
et de phthisie. On la nourrit, en Angleterre, de pâtées
composées de farines d'orge et d'avoine, et il ne faut
l'habituer que petit à petit au régime des grains. On
en connaît une *variété blanche* que Darwin regarde
comme une sous-race distincte, parce qu'elle a le
corps moins massif, c'est-à-dire a été moins améliorée que la race commune au point de vue de la

production de la viande ; elle est assez rare ; et une *variété brune* dite *du Sussex,* qui manque souvent du cinquième doigt.

6° Race de Hambourg.

La *race de Hambourg* (fig. 48) est caractérisée par une taille un peu au-dessous de la moyenne ; une tête fort aplatie au sommet ; une crête oblongue

Fig. 48. Coq de Hambourg.

en avant, frisée, hérissée de petites pointes dont l'ensemble forme une surface plane et recouvre la base du bec ; barbillons placés bien au-dessous du bec, et affectant la forme d'une feuille de buis ; oreillons blancs, très-petits et posés à plat sur la joue ; jambes minces et bleuâtres. La poule est très-bonne pondeuse, mais les œufs sont petits ; elle est en outre mauvaise couveuse ; ajoutons pourtant que les poulets sont précoces et fournissent une chair délicate. On en connaît plusieurs variétés de plumage, les unes pailletées et les autres barrées :

I. La *variété pailletée argentée* est caractérisée, chez le coq, par la couleur blanche teintée de jaune paille du camail, du dos, des épaules et du crou-

Fig. 49. Coq de la Campine.

pion, et marqués en même temps de petites taches noires; chez la poule, par le plumage blanc cail-louté de noir violacé. L'un pèse en moyenne, vif et adulte, 2 kilogr. 250, et les autres 2 kilogr. à peine.

II. La *variété pailletée dorée* est identique, pour la forme, à la précédente, si ce n'est que le fond est roux chamois au lieu d'être blanc; il n'en est pas moins semé de petites taches noires comme dans la variété argentée.

III. La *variété noire* ressemble en tout, excepté par le plumage, aux deux précédentes ; mais le plumage est en entier d'un noir magnifiquement lustré. On obtient ces hambourgs noirs par le croisement · avec la race espagnole.

IV. La *variété de la Campine* ou d'Hoogstraeten (fig. 49) ne diffère du type Hambourg que par sa taille plus petite et le dessin de son plumage. Cette petite et élégante variété se recommande encore par ses qualités comme pondeuse. Le coq porte le camail, le plastron, le dos, les cuisses et les épaules d'un blanc pur ; le dessus de l'aile est coupé par deux bandes noires (barrée) sur fond blanc ; les rémiges sont blanches, bordées de noir ; les plumes du croupion sont tombantes et noires, avec un liséré blanc, les plumes recourbées de la queue sont noires avec reflets vert bronzé ; il a une crête double, bien formée, mais ne porte pas de huppe. La poule porte le plumage blanc, à l'exception de taches transversales noires sur les épaules, le plastron, les ailes, les cuisses et le croupion ; les pattes sont bleuâtres dans les deux sexes ; chez la poule, la crête est frisée et présente souvent une forme vasculaire, qui est un défaut. Il y a, comme dans les hambourgs types, des sous-variétés argentée et dorée ; toutes sont excellentes pondeuses, mais leurs œufs sont petits.

V. La *variété faisane* paraît provenir d'un triple

croisement du hambourg avec le crèvecœur et le breda. Du hambourg elle a conservé la taille, la forme et le plumage; du crèvecœur elle a hérité une crête double en forme de cornes pointues; enfin, du breda, elle a pris un rudiment de huppe, composé de quelques petites plumes rares renversées en arrière. Elle a, en outre, une sorte de hausse-col comme le dorking, formé de petites plumes noires retroussées et bouffantes; les barbillons assez longs et les oreillons rouges. Il y en a deux variétés de plumage, l'une argentée et l'autre dorée : cette variété est très-recherchée en Angleterre.

La race de Hambourg et ses variétés ont des formes élégantes, une tenue gracieuse et des allures extrêmement vives. Les vrais hambourgs sont assez rustiques; les campines sont plus délicats, surtout quand ils sont originaires de Hollande, d'où ils viennent à peu près tous. Toutes les variétés de hambourgs et de campines sont précoces, excellents pour la table, et produisent beaucoup d'œufs. Au Jardin zoologique d'acclimatation de Paris, on a obtenu jusqu'à trois cents œufs par an ; ces œufs, quoique petits, sont cependant d'un volume assez raisonnable pour entrer utilement dans la consommation.

7° Race de Padoue:

La *race de Padoue* (fig. 50 et 51) ou de Pologne (*Gallus Patavinus*), dont on ignore l'origine, malgré le double nom qu'elle porte, est de taille

8

moyenne. Elle est caractérisée par une huppe très-
développée, très-garnie, très-tombante, par l'absence complète de crête, d'oreillons et de barbillons;
ces derniers seulement se montrent rudimentaires
chez le coq; enfin, par la merveilleuse régularité
de son plumage. Le coq a la huppe formée de plu-

Fig. 50. Coq de Padoue, variété noire;
adulte à huppe blanche.

mes étroites, effilées, disposées en parasol; chez la
poule, cette huppe est énorme, parfaitement arrondie et comme séparée en deux lobes par une espèce
de gouttière qui part du bec et se perd en s'élevant;
elle pousse sur une masse charnue nommée cham-
pignon, qui recouvre le crâne et se tient légèrement
renversée en arrière, de façon à dégager les yeux.
Le plumage est variable dans chaque variété, mais
toujours remarquable par l'extrême régularité des

grivelures qui, comme chez le faisan et la perdrix, garnissent le camail, la poitrine, le ventre, le dos et les ailes. Les pattes sont bleuâtres. On connaît les variétés suivantes :

I. *Variété blanche*, à plumage entièrement blanc.

II. *Variété noire*, à plumage entièrement noir ;

Fig. 51. Poule Padoue.

dès les deuxième et troisième mues la huppe commence à blanchir, et devient successivement toute blanche.

III. *Variété coucou* ou Périne, dans laquelle le fond blanc est régulièrement grivelé de noir et de chamois ; la huppe est coucou dans sa moitié antérieure, blanche en arrière.

IV. *Variété chamois*, dans laquelle le plumage chamois vif est régulièrement grivelé de noir.

V. *Variété chamois argenté* ou maillé. Dans celle-ci, la huppe, le camail, les épaules et le croupion sont d'un blanc paille luisant, sur lequel on aperçoit à peine quelques petites taches noires ; les couvertures des ailes et les rémiges sont entourées d'une large bordure noire ; un collier noir très-prononcé occupe le dessous du bec ; les plumes du plastron sont pointillées par le bout et barrées dans le milieu ; les faucilles sont d'un noir bronzé, les moyennes, blanches à la base, les grandes blanches, dans leur plus grande étendue, la pointe seulement restant noire.

VI. *Variété dorée,* dans laquelle le blanc paille est remplacé par un jaune vif et brillant.

VII. *Variété citronnée,* dans laquelle il est remplacé par un jaune clair et terne.

La race de Padoue fournit une chair très-délicate. La poule est très-bonne pondeuse, mais ne couve pas ; cependant la variété chamois donne d'assez bonnes couveuses. Les poulets sont précoces, mais difficiles à élever à cause de leur extrême délicatesse ; cependant, après plusieurs générations dans le même lieu, ils deviennent beaucoup plus rustiques. Mais sa huppe retombante la rend incapable de réussir en complète liberté, parce qu'elle devient par les temps de pluie un masque matelassé qui aveugle l'oiseau. La race de Padoue a fourni les sous-races suivantes :

A. SOUS-RACE DE PADOUE-HOLLANDAISE OU HOLLANDAISE HUPPÉE. Celle-ci a la huppe moins développée que la race type, aplatie en forme de parasol, et retombant tout autour de la tête; les barbillons, extrêmement volumineux et pendants chez le coq, sont beaucoup moins développés chez la poule. Cette race, plus rustique, plus vive et plus farouche que la Padoue, est, comme elle, bonne pondeuse, mais ne couve que très-rarement. On en connaît trois variétés : I. *Bleue*, à huppe bleue. II. *Bleue*, à huppe blanche. III. *Noire*, à huppe blanche.

B. SOUS-RACE TURQUE, dite SULTAN. Cette sous-race ressemble à la variété blanche du padoue; elle porte une grosse huppe, une barbe; elle a les jambes courtes et emplumées; sa queue porte des pennes en faucille additionnelles. Assez bonne pondeuse, elle ne couve pas ou couve mal. Elle a fourni les variétés suivantes :

I. *Variété Ptarmigan*, voisine de la précédente, blanche comme elle, mais plus petite; huppe pointue, crête petite, excavée, caroncules très-petites; pattes très-emplumées.

II. *Variété Ghoondook*. Celle-ci a une apparence extraordinaire; elle porte grande huppe et grande barbe, a les pattes emplumées, le plumage entièrement noir, et n'a pas de queue.

IV. *Variété blanche sans queue*, la même que la précédente, sauf la couleur du plumage.

8° Race naine chinoise.

D'après M. Birch, il est question, dans une Encyclopédie chinoise, publiée en 1609, d'une race naine

8.

que Darwin regarde comme étant probablement la vraie Bantam, que l'on sait originaire du Japon. Cette race, assez commune en Angleterre, n'a été importée en France qu'en 1859, époque où M. Hamuy en a offert un couple au Jardin zoologique d'acclimatation de Paris. Elle paraît être bonne couveuse et très-propre à faire éclore des œufs de perdrix, de

Fig. 52. Bantam argenté, coq et poule.

colins et d'autres oiseaux de petite taille. Elle a fourni les sous-races suivantes :

A. SOUS-RACE DE BANTAM OU DE BENTAM[1]. Cette

(1) Bantam ou Bentam est une ville située dans la partie occidentale de l'île de Java, où les Anglais établirent un comptoir à la fin du dix-septième siècle, pour y faire le commerce avec l'Inde et la Chine. Java est une des îles de la Sonde, dans la Malaisie océanienne.

sous-race, que Darwin lui-même reconnaît comme
originaire du Japon, est de la grosseur d'une perdrix environ; elle a le port droit et hardi; le coq a
la fière allure de la race de combat; la poule (fig. 37),
à peine plus petite, est, au contraire, d'un caractère
très-familier. Le coq porte une crête effilée, oblongue, légèrement aplatie, pointue en arrière, de dé-

Fig. 53. Bantam pattu blanc.

veloppement moyen; l'œil est très-grand, avec la
pupille rouge brique; les pattes sont bleues; le plumage varie selon les variétés. La crête reste rudimentaire chez la poule. On connaît les variétés :

I. *Bantam doré,* qui paraît être la sous-race type,
et dans laquelle le fond du plumage est d'un chamois très-vif, mélangé de plumes rouges et d'un
jaune paille vif; la poule est chamois vif, agrémenté

de noir verdâtre. C'est le Bantam de combat, croisé peut-être avec la race anglaise de combat.

II. *Bantam argenté* (fig. 52), la plus jolie et la plus estimée, dans laquelle toutes les plumes sont régulièrement bordées de noir, ou portent un anneau elliptique noir dans leur milieu.

III. *Bantam blanc* (fig. 53), à plumage complétement blanc dans les deux sexes, toujours pattue.

IV. *Bantam noir*. Darwin dit qu'il a le crâne particulièrement conforme et le trou occipital comme celui de la poule cochinchinoise, qu'on appelle d'ailleurs aussi bantam cochinchinois.

V. *Bantam Sebright*, qui, dit Darwin, est actuellement aussi fixe qu'un autre, a été formé, il y a soixante ans, par un croisement complexe, grâce aux soins d'un habile éleveur anglais, John Sebright; les produits de ce croisement de deux races bien distinctes auraient été fondus dans une troisième. Les sebright sont peut-être la moins féconde des races, sous-races ou variétés de l'espèce galline; ils ont les pattes nues; leur démarche est à la fois fière et gracieuse; leurs formes sont élégantes; il y en a deux sous-variétés, l'une dorée, l'autre argentée.

Toutes les variétés de bantam sont en général bonnes pondeuses (sauf celle de Sebright), produisent de petits œufs, mais proportionnés à leur taille (1 kilogr. 250 pour le coq, 0 kilogr. 750 pour la poule), et couvent admirablement. Ce sont néanmoins, exclusivement, des oiseaux de faisanderie, de volière, d'agrément en un mot. Il y a, dans chaque variété, des individus pattus et d'autres à tarses complétement nus, mais en général la face postérieure des jambes est plus ou moins garnie de plumes se dirigeant latéralement en dehors. Les mâles ont des éperons sensiblement plus développés que ne le comporte leur taille.

B. SOUS-RACE NAINE COUCOU D'ANVERS. Cette charmante petite race, que l'on dit être de fabrication toute récente en Hollande, se distingue par un petit collier de plumes entourant la joue. Le plumage, chez le coq comme chez la poule, est entièrement coucou, plus sombre que dans les autres races qui présentent le même caractère. Chaque plume porte quatre bandes transversales très-distinctes d'un gris foncé sur fond gris clair. L'œil est grand, la pupille jaune et les pattes blanches. Cette sous-race est fort élégante, assez bonne pondeuse, mais couveuse médiocre.

C. SOUS-RACE NÉGRESSE NAINE OU DE MOZAMBIQUE (*Gallus Morio*). Darwin nous apprend que, dans une Encyclopédie chinoise publiée en 1596, et compilée de sources diverses, dont quelques-unes remontent à une haute antiquité, il est fait mention de sept races gallines, parmi lesquelles l'une à plumage, os et chair noirs. Azara, qui écrivait à la fin du siècle dernier, raconte que dans l'intérieur de l'Amérique du Sud, où on se serait le moins attendu à trouver des soins de cette nature, on élevait une

race à peau et os noirs, parce qu'elle était productive et sa chair bonne pour les malades. Darwin si-
gnale ainsi cette race : « Race indienne, blanche et
comme enfumée ; peau et périoste noirs ; les femelles
seules sont ainsi caractérisées. » M. Vavasseur, membre de la Société zoologique d'acclimatation, la décrit
dans les termes suivants : « Cette espèce (?), originaire de l'Inde, est d'une taille au-dessous de l'ordinaire. Elle se fait remarquer par la couleur noire
de la peau, qui tranche étrangement sur la blancheur de son plumage un peu hérissé, comme crépu
et d'une finesse extrême. Elle porte une demi-huppe
un peu renversée en arrière. Sa crête frisée, d'un
rouge presque noir, tranche avec ses oreillons d'un
bleu verdâtre et nacré. » Ajoutons qu'elle porte cinq
doigts au pied, et que les tarses, couverts de peau
noire, sont extérieurement emplumés. La poule négresse est bonne pondeuse et bonne couveuse ; les
œufs sont d'un blanc grisâtre ; les poulets sont adultes à trois ou quatre mois. Cette sous-race nous paraît provenir d'un croisement entre la race naine
chinoise et la race cochinchinoise ; elle reproduit en
miniature les formes générales de cette dernière, à
laquelle elle a emprunté les aptitudes et de nombreux caractères ; mais l'origine a dû être un cas
tératologique de mélanisme dans la race chinoise ; la
curiosité aura engagé à reproduire cette anomalie
par sélection d'abord, puis à croiser avec une race
qui ne manque pas de bizarrerie non plus, afin d'accroître la singularité des produits obtenus. Nos naturalistes français confondent en général, mais Dar-

win distingue soigneusement les deux sous-races ou variétés : nègre et soyeuse, qui ne diffèrent qu'en ce que la première a le plumage blanc enfumé et que la seconde l'a tout blanc.

I. La *variété cafre* ou *frisée* ou *crépue* (*Gallus Crispus*) nous paraît être un autre cas tératologique, mais d'albinisme cette fois, qui se serait produit dans la poule négresse, avec une autre particularité dans le plumage. Commune dans l'Inde, elle a les plumes frisées en arrière (inverses), les rémiges et les rectrices primaires imparfaites, le périoste seulement, mais non les os, noir. Cette variété est ancienne déjà, puisqu'elle a été décrite et figurée par Aldrovande, qui écrivait en 1600. Elle se rencontre dans l'Inde, au Japon, à Sumatra, à Java, etc.

II. La *variété soyeuse* (*Gallus Lanatus*), du Japon et de la Chine, est remarquable par le duvet soyeux qui, au lieu de plumes, recouvre tout son corps et même ses pattes; elle a la crête petite et de couleur bleu pourpre; la peau et le périoste sont gris plombé foncé, mais sa chair est blanche. La poule est bonne pondeuse, ses œufs sont petits et de couleur plombée. Cette race est très-délicate dans nos climats.

9° Race française ombré coucou.

Cette race, très-vantée par M. P. Letrône, est assez nombreuse dans le Maine et la Normandie. Elle est fixée, se reproduit bien, belle, et en même temps productive. Le coq porte une crête très-épaisse, double, très-granulée, et terminée en arrière par une pointe en crochet qui recouvre toute la tête; elle prend naissance, en avant, à un centimètre de la pointe du bec; les barbillons assez développés, à deux divisions, se soudent sous le bec; les oreillons sont peu apparents; l'œil est grand, l'iris d'un rouge brique tirant sur le jaune; les tarses et les doigts sont toujours d'une couleur blanc rosé caractéristique; les éperons sont faibles, aigus et très-recourbés; tout le plumage est ombré de noir bleu plus ou moins foncé, et se dégradant par demi-teintes sur un fond blanc; ces teintes, sur le camail, prennent un aspect argénté par la finesse de leurs dessins; poids vif adulte, 2 kilogr. environ. La poule porte la crête plus petite, mais également double; le bec est toujours demi-blanc rose, comme les pattes; le plumage en entier est régulièrement nuancé de taches d'un noir bleuâtre, faisant ombre sur un fond blanc systématiquement partagé; poids vif adulte, 1 kilogr. 500 environ. Cette race est, d'après son panégyriste, sobre, robuste, pondeuse des plus remarquables, donnant de beaux œufs, couvant peu, et néanmoins très-bonne mère; son engraissement est assez facile, sa chair très-blanche et très-délicate. Elle a produit, toujours d'après M. P. Letrône :

I. La *variété ombré coucou de Rennes,* qui s'en distingue par sa crête simple, droite, dentelée dans les deux sexes, aussi développée dans le coq que chez la race espagnole; les plumes fines du cou et des rectrices de la queue sont d'un jaune paille parsemé de taches nuancées d'un brun-roux, qui donnent des reflets dorés à cette sorte d'ornement; toutes les autres plumes sont teintées comme dans la race type ; la poule n'en diffère que par sa crête simple et droite.

« Les deux variétés ombré-coucou, ajoute M. Letrône, ont l'allure vive et légère ; en s'appuyant par instinct sur la grande facilité de leur vol, elles s'éloignent sans crainte dans les champs et les bois, mais non moins fidèles à rentrer pour faire leur ponte et s'abriter la nuit que tous les autres gallinacés plus sédentaires, tant qu'on a soin de leur donner une bonne installation et une nourriture régulière, on n'a pas même à craindre pour elles, en tenant compte de leur sauvagerie, l'atteinte des bêtes fauves et des pillards. Ces deux variétés sont très-faciles à élever ; les poulets ne sont ni tardifs ni précoces. C'est un tendre et succulent manger lorsqu'ils ont atteint l'âge de cinq à six mois. Ils croissent parfaitement, sans qu'il soit besoin d'y apporter des soins particuliers. » Ce serait une race et une variété à la fois d'agrément et de produit.

10° Race sauteuse ou rampante.

Darwin, d'après M. Birch, rapporte que l'ancienne Encyclopédie chinoise (1596), dont nous avons déjà parlé, mentionne une race dont les caractères se rapportent complétement à ceux de ce que nous appelons actuellement race sauteuse ou rampante. Celle-ci est caractérisée par la brièveté presque

9

monstrueuse de ses pattes, qui est telle que l'animal saute plutôt qu'il ne marche; on dit qu'elle ne gratte pas la terre. Elle est probablement issue, dans l'Inde, d'un individu exceptionnellement et anormalement conformé, qu'on se sera appliqué à reproduire par sélection. Nous supposons que c'est d'elle par croisement que la sous-race suivante tire son origine, à moins qu'elle n'ait pris naissance d'un semblable phénomène tératologique. Elle est de taille et de poids un peu plus considérables que le Bantam, avec lequel on la confond quelquefois; sa fécondité est remarquable, et c'est sans doute d'elle qu'Aristote parlait lorsqu'il raconte que certaine race de poules pond deux œufs par jour; Pline l'appelait race Adrienne; Aldrovande, au seizième siècle, la mentionne aussi.

A. La *sous-race à courtes pattes*, autrefois très-répandue dans l'Orne, et qui fournissait les délicieux *poulets à la reine*, est aujourd'hui dispersée en Bretagne, dans le Maine et en Normandie, mais très-rarement pure et d'ailleurs en petit nombre. Ce qui la caractérise surtout, c'est la brièveté de ses membres, brièveté qui lui donne une physionomie toute particulière : elle balance, en marchant, son corps comme les canards, et les plumes de son ventre touchent le sol; à une allure plus rapide, elle ne marche pas, mais saute par petits bonds. Le coq porte la crête double, naissant très-près de la pointe du bec et recouvrant largement la tête; l'occiput est garni d'une demi-huppe plate, d'un rouge doré,

retombant sur le cou; les plumes du cou et celles
qui recouvrent la queue, très-abondantes et du
même rouge doré que la huppe; tout le reste du
plumage, le plus souvent noir; les pattes noires;
poids vif, adulte, 1 kilog. 500.

La poule porte une petite crête frisée, plutôt im-
plantée sur la partie antérieure du bec que sur la
tête. Son plumage, comme celui du coq, varie de
couleur, mais le plus souvent il est noir et quelquefois d'un gris fauve mélangé, avec des teintes noires
ou brunes. Elle est bonne pondeuse et en même
temps bonne couveuse, s'écarte peu de l'habitation
et ne gratte pas ; elle est sobre, très-rustique, et
douée d'une grande longévité.

11° Race sans croupion ou de Wallikikili.

11° La *race sans croupion* ou de Wallikikili
(*Gallus ecaudatus*), que quelques auteurs disent
une race persane, est, d'après Temminck, originaire
de Ceylan, île située au sud de l'Hindoustan, à
l'entrée du golfe de Bengale. C'est de Ceylan qu'elle
aurait été importée en Asie Mineure (Wallikikili).
Elle est remarquable par l'absence des vertèbres
caudales, qui détermine l'atrophie du croupion et
l'absence de queue. Darwin la dit trop variable par
ses caractères pour mériter le nom de race; elle a
probablement, en effet, une origine tératologique,
un animal né avec cette conformation monstrueuse
et que, par curiosité, on a reproduit à l'aide de la
sélection. M. Malezieux dit que cette race se ren-

contre dans quelques contrées de la France, où on la considère comme féconde, rustique et précoce ; selon M. Vavasseur, sa chair est fort délicate. Il y en a des *variétés fauve*, noire, bleue et blanche ; toutes sont remarquables par la beauté de leur plumage.

Enfin, citons parmi les races, sous-races ou variétés récemment introduites en France, celle de *Tarmelan*, dont on ignore l'origine et dont l'élégant plumage paraît constituer le principal mérite comme oiseau de volière ; celle de *Jérusalem*, d'origine ancienne, à en juger par la fixité de ses caractères, mais inconnue. Elle serait, d'après les uns, blanche comme la neige (coq et poule), avec le camail herminé foncé, très-tranché, et la queue presque noire ; la crête serait simple, les pattes bleues et la taille un peu au-dessous de la moyenne. Selon d'autres, sa robe serait teintée d'une nuance jaune-rosé très-clair, à peine appréciable, et tiquetée de petites taches noires et espacées. Sa chair serait de bon goût, et la poule serait bonne pondeuse, etc.

Il est bien entendu que nous n'avons nullement la prétention d'avoir ici décrit ou même indiqué toutes les races, sous-races et variétés de l'espèce galline ; nous avons dû nous borner aux principales, et nous les diviserons maintenant, pour l'instruction plus complète du lecteur, en deux catégories, comprenant : l'une, les oiseaux de fantaisie ou de volière ; l'autre, les races de produit ou de basse-cour. Mais auparavant nous ferons remarquer que, malgré toutes leurs qualités de pondeuses ou couveuses, les races fortement huppées, celles fortement pattues,

ne sauraient être admises à garnir nos basses-cours,
justement à cause des ornements dont les a gratifiés
la nature ; les unes sont contrariées par les plumes
qui, en temps de pluie, les aveuglent, les empêchent de retrouver le chemin de la ferme, de voir
les mares dans lesquelles elles peuvent se noyer ; les
autres ne peuvent aller chercher leur nourriture
dans les champs voisins si ceux-ci sont en terre forte
et détrempés en hiver, les plumes de leurs pattes
étant bientôt recouvertes de cette argile qui rend
bientôt leur marche impossible. D'un autre côté, les
sous-races ou variétés de la race de combat, à cause
de leur caractère farouche, querelleur et cruel, ne
peuvent toutes être entretenues en liberté, parce
que les jeunes poulets et les femelles même se livrent
des combats acharnés qui se terminent le plus souvent par la mort de l'un des deux adversaires. Les
bentams, bien que prédestinés par leur taille à la
volière, trouvent encore leur place dans la basse-
cour, comme couveuses des œufs abandonnés. D'un
autre côté, les cochinchinois, qui sont bien évidemment aussi des animaux de volière, peuvent trouver
encore leur place dans la basse-cour, les mâles,
pour faire des croisements, et les femelles comme
couveuses et surtout comme éleveuses. Nous établi-
rons donc, comme suit, ces deux catégories :

1° *Races, sous-races, variétés d'agrément, de
fantaisie ou de volière* [1] *:* SR. malaise(V. Yokohama);

---

[1] R. indique les races dans la classification que nous avons
donnée plus haut, SR. les sous-races, et V. les variétés.

SR. de Bruges; SR. anglaise de combat (V. dorée à
ailes de canard, pile, de Leeds ou Sakbag), SR. espagnole (V. de Minorque, blanche, andalouse, d'Ancône, russe, hollandaise); R. cochinchinoise (V.
brahma-pootra, rousse, noire, blanche, perdrix,
inverse, coucou); R. de Breda (V. blanche, coucou);
R. de Dorking; R. de Hambourg (V. argentée, dorée,
noire, faisane); R. de Padoue (V. blanche, noire,
coucou, chamois, maillée, dorée, citronnée); SR. hollandaise huppée (V. bleue, bleue à huppe blanche,
noire à huppe blanche); SR. turque ou sultane
(V. Ptarmigan, Ghoondook, sans queue); R. naine
chinoise; SR. Bantam (V. dorée, argentée, blanche,
noire, Sebright); SR. coucou d'Anvers; SR. nègre
(V. cafre, soyeuse); R. sauteuse du Cambodge; R. sans
croupion. Soit ensemble huit races, neuf sous-races
et quarante-quatre variétés.

2° *Races de produit, de ferme ou de basse-cour:*
V. du Mans; V. de Barbezieux; V. de Bresse;
V. gasconne; R. cochinchinoise (V. brahma-pootra);
R. de Crèvecœur (V. du Merlerault, de Caux); SR. de
Houdan; R. de Breda; R. de Dorking; V. de la Cam-
pine; SR. de Bantam; R. ombré coucou (V. de Ren-
nes); V. courtes pattes. Soit ensemble cinq races,
deux sous-races et huit variétés.

Pour nous résumer, enfin, rassemblons dans le
tableau suivant les principaux caractères de chaque
race et des principales sous-races:

CRÊTE *simple et dentelée:* Java, Bankiva, de Sonnerat, géante, cochinchinoise, espagnole, de combat anglaise, Dorking, Bantam, du Mans, de la

Bresse, de Jérusalem ; *à crête double :* Crèvecœur (bilobée), la Flèche (bilobée), de la Campine, courtes-pattes, Hambourg (bourgeonnée), ombré coucou (bourgeonnée), nègre (bourgeonnée) ; *à crête triple :* malaise (unilobulaire), Houdan ; *à crête et crétillon :* la Flèche ; *à crétillon seul :* Breda.

HUPPE. *Huppe complète :* Padoue et dérivés ; *à demi-huppe :* Crèvecœur, Houdan, la Flèche, Breda, courtes-pattes, négresse.

PATTES. *Jaunes :* Sonnerat, malaise, cochinchinoise, brahma-pootra ; *blanches ou roses :* ombré coucou, coucou d'Anvers ; *bleuâtres :* Java, Padoue, de la Campine, Bantam, Jérusalem ; *noires ou plombées :* Bankiva, espagnole, Crèvecœur, Houdan ; la Flèche, courtes-pattes, Dorking, Hambourg, Padoue, nègre, soyeuse. *Pattes nues :* malaise, espagnole, anglaise de combat, de Bruges, Crèvecœur, Houdan, la Flèche, Dorking, Hambourg, Padoue ; *à pattes emplumées :* cochinchinoise, Bantam pattue, Breda, nègre, cafre, soyeuse, turque.

ŒUFS. En général, les œufs de nos races domestiques sont d'une couleur blanche plus ou moins pure ; cependant ceux de la race malaise sont d'un jaune pâle, d'un jaune nankin ou chamois, d'un jaune paille clair dans les races de combat ; grisâtres ou charbonnées dans la race nègre, celles cafre et soyeuse. D'après Ferguson, la couleur du jaune de l'œuf, ainsi que celle de la coquille, diffèrent un peu dans les variétés de la race de combat et paraissent être, à quelque degré, en corrélation avec la couleur du plumage. D'après Darwin, les œufs de coloration plus foncée caractériseraient les races récemment importées d'Orient, ou celles qui sont encore très-voisines des races vivant actuellement dans cette région.

OSTÉOLOGIE. Dans les races complétement et fortement huppées, le crâne, à sa partie supéro-antérieure, est très-saillant, garni de protubérances, et présente une foule de perforations singulières; dans les races demi-huppées ou à huppe moyenne, cette huppe ne repose que sur une masse charnue et le crâne ne présente aucune protubérance; enfin, dans les races qui n'ont qu'une huppe très-petite, la partie du crâne qui la porte n'est percée que de quelques minimes ouvertures et il n'y a aucune protubérance; exemple du premier cas, le crèvecœur; du second cas, le padoue; du troisième, la négresse. Les races à crête ont, comme le *Gallus Bankiva*, le crâne dégarni de protubérances et d'ouvertures anormales. D'après Darwin, on trouverait assez fréquemment une côte supplémentaire à la quatorzième vertèbre cervicale chez les races de combat et de Hambourg (neuf côtes au lieu de huit); deux squelettes de turcs sultans lui ont présenté huit vertèbres dorsales au lieu de sept; un profond sillon médian des os frontaux, ainsi que l'allongement du diamètre vertical du trou occipital sembleraient caractériser les cochinchinois; la grande largeur des os frontaux, les dorkings; les espaces vides entre les extrémités des branches montantes des maxillaires supérieurs et entre les os nasaux, ainsi que la faible dépression de la partie antérieure du crâne, les hambourgs; la

forme globuleuse du derrière du crâne, certains
bantams; enfin la grande protubérance du crâne,
l'atrophie partielle des branches montantes des
maxillaires supérieurs, seraient essentiellement ca-
ractéristiques des races, sous-races ou variétés
huppées.

§ 4. — MŒURS DES COQS DOMESTIQUES.

Le coq sauvage, habitant des forêts, des fourrés,
des montagnes ou des plaines à peu près désertes,
est d'un naturel craintif, d'un caractère farouche,
querelleur, féroce même, qu'il a transmis à celles
de nos races qui paraissent en descendre le plus directement, les races de combat; la domestication
prolongée suffit à peine à calmer l'irritabilité, la
jalousie, l'instinct de la lutte, non-seulement dans
le mâle, mais parfois aussi dans les femelles. D'un
autre côté, nous devons confesser que, dans certains pays, non-seulement au Japon, mais en Europe,
non-seulement en Hollande, en Belgique et en Angleterre, mais en France et jusqu'à ces dernières
années, les combats de coqs ont fait l'amusement
des curieux et souvent la ruine ou la fortune des pa-
rieurs; si bien qu'on a élevé, amélioré, perfectionné
dans ce but certaines races spéciales. Dans nos races
domestiques en général, le coq est fier, altier, plein
de courage pour défendre ses épouses contre les ennemis, rempli de sollicitude pour elles, presque
toujours familier avec l'homme, et vit en bonne intelligence avec les mâles d'autres espèces de la

9.

basse-cour; mais s'il s'y trouve plusieurs coqs du
même âge, il y a ordinairement combats successifs
jusqu'à ce que leur force relative soit bien constatée;
dès lors la hiérarchie de puissance s'établit, et le bon
ordre renaît.

Le coq sauvage aussi bien que le coq domestique
sont polygames; chaque mâle règne comme un sultan dans sa tribu, poursuit les intrus et punit les in-
fidélités; néanmoins, il est à peu près impossible
de conserver pures l'une à côté de l'autre, en liberté, deux races différentes, quelles qu'elles soient;
il y a toujours de nombreux croisements. Le seul
fait, assez curieux du reste, que nous ayons observé,
de deux races vivant côte à côte, en liberté et sans
se mélanger, s'est passé à l'École d'agriculture de
Grignon, où la volaille parcourait librement deux
cours de ferme contiguës et communiquant par un
portail tenu constamment ouvert; dans l'une de ces
cours s'étaient cantonnés les houdans de la race
type, dans l'autre une variété très-fixe de houdans
blancs; et malheur à celui ou à celle qui se présen-
tait chez les voisins; il y était mal reçu et reconduit
à coups de bec. Notez que le chiffre, à peu près
également partagé, de la population, s'élevait en total
à environ trois cents têtes.

D'après le naturaliste Jerdon, la poule Bankiva
pondrait, de juin à juillet, de huit à douze œufs
d'un blanc de lait, qu'elle dépose dans un trou légèrement creusé dans le sol, qu'elle garnit d'un peu
de feuilles sèches ou d'herbe, et qu'elle a choisi bien
caché dans des bambous, un buisson, etc. La poule

de Sonnerat pond en juillet et août de sept à dix œufs seulement. D'après Bernstein, la poule de Java ne pondrait probablement que quatre à six œufs d'un blanc jaunâtre. La domestication a bien accru la fécondité de la poule de nos basses-cours, puisque, au lieu d'une ponte par an, elle en peut donner cinq à sept, et au lieu de douze œufs, jusqu'à trois cents, ainsi que nous le dirons tout à l'heure.

La ponte peut avoir lieu sans fécondation préalable, mais alors les œufs sont stériles; on ignore combien d'œufs futurs peut féconder un accouplement; l'influence du mâle peut-elle s'étendre sur une ponte entière ou même sur plusieurs? L'œuf fécondé se conserve-t-il plus ou moins sûrement que celui qui ne l'a pas été? Voilà des questions qui ne paraissent pas encore complétement résolues, bien qu'elles ne manquent pas d'une certaine importance.

La durée de l'incubation est, en moyenne, de vingt à vingt et un jours, et les rares extrêmes sont de dix-neuf et de vingt-deux jours pour les œufs de poule. Après ce temps a lieu l'éclosion : les poussins naissent le corps recouvert seulement d'un duvet épais, mais court, de couleur jaunâtre, avec quelques bandes noires transversales au corps. Ce n'est que vers le cinquième ou sixième jour que les plumes de l'aile et de la queue commencent à pousser, et le corps ne se trouve complétement emplumé qu'à l'âge de trois semaines environ; cette croissance des plumes constitue toujours une crise de développement plus ou moins dangereuse. Les poussins courent dès leur naissance; ils ne commencent à man-

ger cependant que le deuxième et le troisième jour,
et ont besoin d'une nourriture préparée et spéciale ;
ce n'est que vers l'âge de quatre à cinq semaines
environ qu'ils sont en état de chercher et trouver
eux-mêmes leur nourriture. La mère, qui jusque-là
les a abrités sous ses ailes, protégés contre leurs ennemis, promenés et instruits, la mère les abandonne
alors et recommence à pondre. Les poussins sont
devenus des poulets dès qu'ils ont quitté la poule ;
ils seront eux-mêmes coqs et poules lorsque, âgés
de six à quinze mois, suivant leur race et la saison
où ils sont nés, ils deviendront adultes et aptes à se
reproduire.

Il est à remarquer : 1° que le nombre des œufs
annuellement pondus varie selon le climat, les races,
le degré de liberté accordé aux animaux, la qualité,
la nature et la quantité de la nourriture mise à leur
disposition ; 2° que le volume et le poids des œufs
ne sont pas en rapport direct avec la taille et le poids
moyen de la race ; 3° que l'aptitude à la ponte et à
l'incubation s'excluent presque toujours ; 4° que
l'aptitude à prendre la graisse et le développement
précoce coïncident plutôt avec une ponte abondante
qu'avec l'aptitude à l'incubation. Il est évident, en
effet, qu'un même animal ne peut produire à la fois
ou successivement, en abondance, de la viande, des
œufs et des poulets ; une ou deux aptitudes dominent les autres, et c'est au profit de celle-là ou de
ces deux-ci que l'assimilation a lieu ; il y a, il est
vrai, des races mixtes, ni précoces ni tardives,
pondeuses et couveuses médiocres, non mauvaises,

mais celles-là payent mal la nourriture et les soins, et doivent être reléguées dans la volière de l'amateur que séduira peut-être la beauté de leur plumage ou quelque autre singularité.

Nous allons avoir, d'ailleurs, à revenir avec détail sur ces divers points de la direction des basses-cours, lorsque nous aurons traité en quelques mots de la volière.

§ 5. — LA VOLIÈRE.

Nous avons dit déjà (p. 149) quelles étaient les races plus spécialement destinées à la volière, bien que toutes y puissent être entretenues ; mais, répétons-le, la volière, qui ne laisse aux oiseaux qu'une liberté, un espace limités, qui nécessite la distribution régulière et journalière de toute la nourriture indispensable, est plus favorable à l'engraissement qu'à la ponte, à l'élevage des races délicates que de celles rustiques, à la production des oiseaux de vente que des animaux de consommation ordinaire ; elle peut être une source de profits, une industrie lucrative pour certains commerçants, mais elle est le plus souvent employée par des amateurs qui y cherchent une source de jouissances pour les yeux en multipliant de belles races ou des races singulières, les croisant entre elles, sans se soucier de la dépense ni des produits.

La volière est construite avec plus ou moins de luxe, elle est plus ou moins spacieuse, suivant la population qu'on y veut entretenir, selon la somme

qu'on entend y consacrer; elle est l'ornement d'une
maison de campagne, comme une faisanderie celui
d'un parc. Tantôt, elle est construite à peu près sur
le même plan général que notre pigeonnier-volière
(fig. 22 et 23); d'autres fois, plus simple, elle consiste en un petit bâtiment adossé à un mur et pré-
cédé d'une clôture en treillage de bois, de fer ou de
cordes goudronnées (fig. 54). La volière doit se
composer d'autant de parquets complétement séparés qu'on désire entretenir l'une à côté de l'autre
de différentes races pures, en réservant à la population de chacun d'eux un espace proportionné à la
taille des animaux, aux mœurs de la race à laquelle
ils appartiennent, etc. Chaque parquet aura, bien
entendu, une porte spéciale comme son logement et
une porte aussi dans le treillage; les clôtures seront
soigneusement entretenues pour empêcher à la fois
et le mélange des races et l'invasion des ennemis.
Chaque compartiment sera garni d'une mangeoire à
trémie (fig. 25 et 33) ou autre, et d'un petit bassin
en maçonnerie, en pierre ou en ciment Coignet,
dans lequel les oiseaux puissent se baigner s'ils le
désirent pendant les grandes chaleurs, et boire com-
modément en toutes saisons; la cour sera sablée et
le sable fréquemment remué et renouvelé, afin que
ses habitants puissent se poudrer et se procurer les
petits graviers que nous savons être indispensables
et à leur digestion et à leur ponte.

On se rappelle que la mastication des grains et
graines, chez les oiseaux, s'accomplit dans un dernier renflement musculeux de l'estomac, renflement

dont les contractions produisent ce résultat en froissant contre les petits cailloux ingurgités par l'animal les aliments déjà ramollis, préparés dans le jabot et le ventricule succenturié ; il faut donc mettre

Fig. 54. Poulailler-volière.

toujours ces graviers à portée des oiseaux privés de liberté. D'un autre côté, il arrive souvent que les poules tenues en volière pondent des œufs sans coquille ; cela tient à ce qu'elles ne trouvent point dans la nourriture qu'on leur donne les éléments calcaires nécessaires à la sécrétion de cette coquille. On y remédie en sablant les parquets avec des sables calcaires, ou mieux encore, en mêlant aux aliments présentés sous forme de pâtée, la poudre des os du ménage, que l'on écrase facilement après les avoir calcinés en vase clos. Cette poudre d'os a pour double résultat de solliciter la ponte, et de donner des œufs à coquille plus épaisse, d'une conservation plus assurée, d'un transport moins dangereux. A l'aide de ce moyen, on peut entretenir au milieu d'une ville, dans une cour pavée, une volière productive.

A l'intérieur, le mobilier se composera, ainsi que nous le décrirons en parlant de la basse-cour, de pondoirs, perchoirs, nids ou paniers à couver, mangeoires, abreuvoirs, etc. Tout cela est plus élégant de formes, construit de matériaux d'un prix plus élevé sans doute, mais n'en doit pas moins recevoir les mêmes soins de propreté.

La basse-cour volière faisant le plus souvent *fabrique* dans une maison de campagne, on la place non loin de la maison même et sans choisir l'exposition. La meilleure, la plus favorable à la santé des oiseaux est cependant celle du midi, avec abri contre les vents froids du nord, contre les pluies de l'ouest et contre les chaleurs extrêmes du sud ; après celle-ci vient le levant, et enfin le couchant. Tantôt les abris sont fournis par les bâtiments auxquels la volière est adossée, d'autres fois, par des plantations existantes ou à créer.

La nourriture des poules en volière, les soins à leur donner, soit pour la reproduction, la ponte, l'incubation, soit pour l'élevage, l'entretien ou l'engraissement, étant les mêmes que pour les poules de basse-cour, nous renvoyons le lecteur à ce que nous en dirons dans les paragraphes suivants. Nous ne saurions pourtant trop répéter ici que la réclusion complète est pour nos races gallines un régime anormal, et que leur hygiène doit être d'autant plus surveillée qu'on leur accorde moins de liberté et moins d'espace ; dans cette espèce, comme dans celles des autres animaux domestiques que l'on prive semblablement d'un exercice suffisant en plein air, il faut soigneusement aussi s'abstenir de la reproduction par consanguinité.

§ 6. — La basse-cour. — Le poulailler.

Nous avons indiqué déjà quelles sont les races les plus avantageuses dont on puisse meubler la basse-cour où les poules occupent un logement auquel on donne le nom de *poulailler*. Le poulailler, comme les logements de tous les autres animaux, à quelque espèce qu'ils appartiennent, sera placé sur un sol perméable, élevé plutôt que bas, dans une situation saine, en un mot. Si le sol de la basse-cour était enfoncé, argileux, humide enfin, il faudrait élever le poulailler sur plusieurs marches et le remblayer à l'intérieur, ce qui a d'autant moins d'inconvénients que les poules gravissent volontiers les échelles. La meilleure exposition sera celle du levant, en second lieu, celle du midi, et en troisième, celle du couchant. Il ne doit y avoir, au nord, que quelques rares ouvertures, destinées à rafraîchir en été ; au sud, des fenêtres qui fourniront de l'air, de la lumière et de la chaleur en hiver, au printemps et à l'automne, et que l'on garnira de volets ou de paillassons pour l'été. La porte ou les portes de service seront indifféremment placées à n'importe quelle exposition.

Les murs extérieurs doivent être construits en pierres ou briques bien jointives, pour rendre impossibles les incursions des rats; les murs intérieurs pourront être établis en briques sur champ ou à plat. Les portes seront percées d'une chatière fermant avec une trappe à coulisse. Les fenêtres seront garnies de persiennes à barrettes mobiles; s'il y a des barbacanes pour l'aération, elles seront soigneusement garnies de fine toile métallique. Le plancher sera composé de la même façon que les aires de grange, d'argile épurée, mélangée de crottin ou de bouse de vache, et bien battue. Le plafond sera en plâtre, comme celui des habitations. Les dimensions du poulailler en largeur et en longueur varieront nécessairement avec le chiffre de la population qu'il devra contenir; mais il ne devra jamais avoir moins de deux mètres trente centimètres de hauteur sous plafond.

Dans une basse-cour importante, le poulailler comporte plusieurs divisions : 1° Quatre ou cinq compartiments spéciaux, destinés chacun au logement des oiseaux de même âge, qui ont pris ensemble l'habitude de s'y rendre; cette pratique permet une surveillance prompte et sûre, une exacte comparaison des produits individuels, une réforme

rationnelle des animaux disqualifiés ; 2° une chambre
d'incubation où sont mises les couveuses , afin que

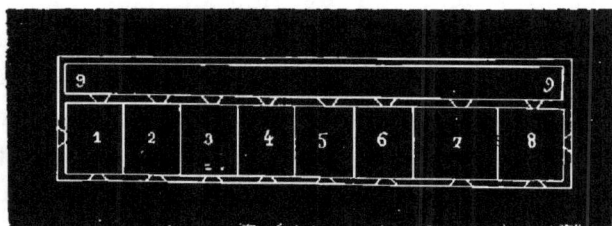

Fig. 55. Plan d'un poulailler.

1. Magasin à œufs ;
2. Poulettes et poulets de l'année,
3. Coqs et poules de deux ans ;
4. — trois ans ;
5. — quatre ans ;
6. Chambre à incubation et à engraissement ;
7. Chambre d'élevage ;
8. Magasin de grains et graines,
   sons, farines, etc.;
9. Couloir de service.

les autres ne les viennent point déranger, et pour
qu'on les puisse régulièrement et facilement sur-

Fig. 56.

veiller et soigner ; 3° une chambre d'élevage pour
les jeunes couvées, depuis l'éclosion jusqu'au mo-

ment où elles pourront se passer des mères et entrer
dans l'habitation commune; 4° une chambre servant
de magasin à œufs ou de lieu de conservation;
5° enfin, un dernier local dans lequel est déposé
l'approvisionnement de nourriture pour la distribution journalière (voir plan, fig. 55, et perspective,
fig. 56). Chacune des cloisons intérieures peut être
percée d'une porte pleine pour la facilité du service.
Le mieux serait encore d'établir un couloir en arrière des diverses chambres, couloir qui donnerait
accès par une porte dans chaque compartiment, et
procurerait une aération précieuse en même temps
qu'une température plus égale.

La chambre ou magasin à œufs sera garnie de tablettes sur lesquelles on placera les corbeilles destinées à recevoir la récolte quotidienne ou les petites
caisses contenant les œufs à conserver. Le magasin
à graines sera carrelé ou dallé; on y placera les provisions dans des caisses ou des cylindres en tôle reposant sur des madriers. Les logements des volailles
seront garnis de perchoirs et de nids ou pondoirs.
Ces perchoirs pourront être déposés, selon l'empla-
cement, à plat ou en gradins (fig. 57 et 58); il
tombe sous le sens que les gradins peuvent loger
plus de poules dans un même espace. L'utilité des
perchoirs est tirée de ce que la poule redoute l'humidité et le froid, et de ce qu'elle a hérité de ses
ancêtres sauvages la coutume de se percher sur les
arbres. Ce sont donc des barrettes rondes, placées
horizontalement ou disposées en gradins, qu'il lui
faut offrir, avec les moyens d'y accéder par échelons,

La distance de ces échelons, ou du moins du premier

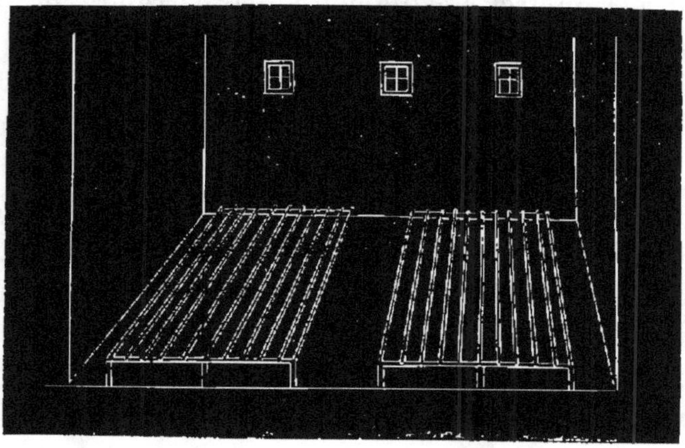

Fig. 57. Perchoirs plats ou horizontaux.

au sol, varie un peu avec la race qu'on élève ; ainsi,

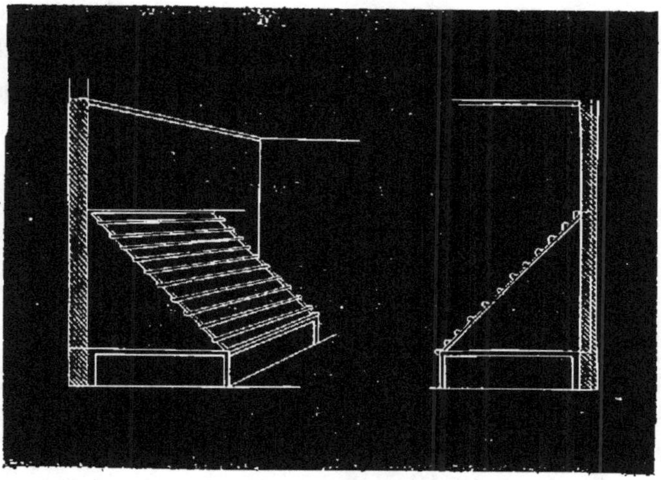

Fig. 58. Perchoirs en gradins, coupe et perspective.

pour les cochinchinois, qui sont lourds et volent mal,
la distance maximum au sol est de $0^m 50$; pour de

races plus légères ou plus alertes, elle peut être de
$0^m 80$ à 1 mètre. Le diamètre des barrettes (ordinairement en bois brut de chêne, de châtai-
gnier, etc.), est de $0^m 04$ à $0^m 06$, selon la race,
afin que l'oiseau puisse s'y maintenir sans fatigue en
l'embrassant de ses doigts. Les perchoirs enfin doivent être mobiles, afin qu'on puisse les changer de
place, nettoyer dessous et enlever les fientes. Dans
la chambre d'élevage, les échelons du perchoir sont
d'un moindre diamètre et placés plus près du sol,
pour la plus grande facilité des poussins. Une poule
ou poulette, un coq ou poulet, occupent en moyenne
chacun $0^m 20$ de longueur de perchoir, un peu plus
ou un peu moins suivant la taille, le volume ou le
poids de la race.

Les nids ou pondoirs peuvent être organisés de
façons diverses : tantôt, ce sont des cases ménagées
dans l'épaisseur des murs, par rangs alternés, depuis
$0^m 30$ jusqu'à $1^m 60$ du plancher ; d'autres fois, ce
sont des paniers en osier placés le long du mur et
semblables à ceux que nous avons figurés pour les
pigeons (fig. 29). Nous préférons de beaucoup des
cases en planchettes étagées le long du mur, de
$1^m 30$ à $1^m 50$ de hauteur au-dessus du sol, disposées
enfin comme les nids de pigeons que nous avons in-
diqués (fig. 28), moins les dimensions, qui sont les
suivantes : largeur de la case, $0^m 30$; profondeur,
$0^m 40$; hauteur, $0^m 40$. Une petite planchette mobile
(à taquets ou charnière), et de $0^m 12$ à $0^m 15$ de hauteur, ferme le devant du pondoir, retient la paille et
les œufs, tout en permettant de nettoyer complète-

ment de temps en temps. On emploie encore des
boîtes en planches de peuplier, de 0^m32 carrés, en
tous sens; le dessus vient en pente comme un toit
d'appentis (fig. 59 et 60) [1]. Il faut environ soixante
pondoirs pour cent poules adultes, toutes ne pondant pas en même temps.

Le reste du mobilier consiste dans un escabeau
roulant à trois ou quatre marches, indispensable pour

Fig. 59. Nid vu de face.   Fig. 60. Nid vu de profil.

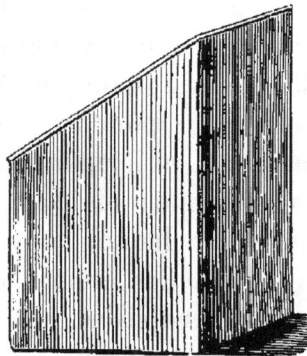

la récolte des œufs et le nettoyage des pondoirs; en
une bassine plate en fonte, toujours tenue pleine de
0^m10 de hauteur d'une eau pure; en balais, pelles,
râteaux, nécessaires pour entretenir la propreté du
plancher. La chambre d'élevage a les mêmes dispositions, comporte le même mobilier, moins les dimensions du perchoir, l'absence des pondoirs, et les
assiettes plates qui remplacent la bassine comme
abreuvoir.

[1] *La Maison de campagne,* par madame Aglaé Adanson,
même librairie.

La chambre d'incubation est garnie de nids ; dans nos fermes, la poule couve d'ordinaire dans le panier où elle a pondu, au milieu des autres volailles qui la dérangent ou que dérangent les soins qu'elle réclame. Il est préférable, pour la réussite des éclosions, de loger les couveuses dans un appartement spécial, au milieu d'une demi-obscurité, du calme, du silence ; là, on peut les surveiller et soigner sans nuire à la ponte des autres. Nous conseillerons donc d'installer dans la chambre d'incubation des cases en planchettes analogues à celles que nous avons indiquées pour pondoirs, mais ayant cette fois $0^m 40$ en tous sens, et fermant à volonté, par devant, à l'aide d'une trappe mobile à coulisse, trappe composée d'un cadre sur lequel sont clouées de petites barrettes (fig. 61). Ces mêmes cases serviront à l'engraissement des volailles, qui s'opère en général à une saison où l'on ne fait plus couver, c'est-à-dire à l'automne et en hiver. Il suffira pour les approprier à ce but, d'accrocher sur des pitons fixes de petites augettes mobiles devant contenir la nourriture.

Devant la chambre d'élevage, il sera bon de ménager un petit parquet enclos de treillages en bois ou en fil de fer, dans lequel les mères pourront promener leurs couvées au soleil et sur le sable, à l'abri des autres volailles ; si ce parquet est couvert, les jeunes oiseaux y seront garantis des fréquentes déprédations des chats, des pies et des oiseaux de proie. Ce parquet peut sans inconvénient s'étendre devant les chambres nᵒˢ 6, 7 et 8 (voir fig. 55 et 56), pour lesquelles le service se fait par le couloir nᵒ 9, et donner ainsi un espace suffisant à un nombre de couvées proportionné à la population de la basse-cour.

Nous avons dit que le plancher devait former une aire battue et régulière; on y répandra une couche de sable calcaire fin et sec; le sable de rivière est le meilleur; ce sable, dont la couche sera d'un centi-

Fig. 61. Cases à incubation pouvant servir à l'engraissement.

mètre environ, sera râtelé tous les jours pour en séparer les excréments, enlevé tous les huit à dix jours, et remplacé immédiatement. Les murs seront entretenus dans le plus parfait état d'enduit, sans fissures, et fréquemment blanchis à la chaux. Les poules ont pour ennemis, ainsi que les pigeons, de microscopiques parasites, les acares, qui se logent dans les moindres fentes du sol, des murs, des boi-series, et que la plus grande propreté peut seule em-pêcher de se multiplier, au point de nuire à la santé

10

des oiseaux. Ustensiles et mobilier seront donc souvent nettoyés à l'eau chaude, chargée de potasse en dissolution. Les pondoirs seront garnis de paille et non de foin, de paille d'avoine ou de froment surtout, et non de seigle ou d'orge, à cause des barbes, et elle sera fréquemment renouvelée. Un thermomètre enfin sera placé dans chacune des chambres, excepté dans le magasin à grains, afin qu'à l'aide des ouvertures on puisse maintenir aussi régulièrement que possible, en toutes saisons, la température entre quinze et vingt degrés centigrades.

On atteindrait plus sûrement ce but, si dans la chambre d'élevage n° 7 (fig. 55) on établissait un poêle ou mieux un calorifère à eau chaude, dont les tuyaux distribueraient à volonté, en hiver, la chaleur dans les chambres nᵒˢ 6, 5, 4, 3 et 2. On obtiendrait ainsi des pontes plus précoces au printemps, et même quelques œufs en hiver, des éclosions plus certaines et plus nombreuses, des couvées plus égales et mieux réussies. Quelques agriculteurs adossent leur poulailler à une étable, écurie, vacherie, bouverie ou bergerie, et établissent à travers le mur dès lors mitoyen des ouvertures qui servent de prises de chaleur. C'est une pratique économique et recommandable, à la condition que ces ouvertures seront garnies d'une fine toile métallique qui s'oppose au passage des plumes, dangereuses pour le bétail lorsquelles se trouvent mêlées à ses aliments. Elle a cependant un mauvais côté, en ce sens que les acarus de la volaille vont se fixer sur le bétail, notamment sur les chevaux, auxquels ils causent des démangeaisons et un dépérissement dont on ne devine pas toujours la vraie cause.

Nous compléterons successivement, en parlant de la ponte, de l'incubation, de l'élevage, de l'engraissement et de la nourriture, les soins qui doivent présider à la direction du poulailler.

§ 7. — La ponte.

La poule, comme du reste les femelles des autres oiseaux, est munie d'un appareil reproducteur consistant essentiellement en un ovaire et un oviducte. L'ovaire est situé en dessous de la colonne vertébrale, dans la région du dos, en avant des reins proprement dits ; c'est un corps charnu, glanduleux, d'un brun rougeâtre, ayant la forme ou la disposition d'une grappe de raisin et composé d'ovules ou petits œufs à différents degrés de développement. Les jeunes oiseaux ont deux de ces organes secréteurs d'ovules, mais lorsqu'ils sont parvenus à l'âge adulte, l'ovaire droit s'est atrophié, il n'existe plus que le gauche, chargé de la reproduction. De ces ovules, les uns, très-jeunes, petits, en voie de développement, sont de couleur blanchâtre ; les autres, plus âgés, plus gros, sont de couleur jaunâtre plus ou moins prononcée ; ces derniers sont enveloppés d'une membrane celluleuse, très-vasculaire, qui, à l'époque de leur maturité complète, se fend circulairement pour les laisser échapper ; c'est ce qu'on nomme le stigmate ; l'enveloppe devenue vide porte le nom de calice ; l'ovule, à ce moment, ne se compose encore que du jaune ou vitellus, et de son enveloppe propre ou membrane vitelline.

L'ovaire, dès la naissance, contient le germe, le principe de tous les ovules qui seront pondus durant l'existence entière de l'oiseau, et on en a pu compter jusqu'à six cents; telle est, du moins, l'opinion de M. Mariot-Didieux, un habile vétérinaire, qui s'est beaucoup occupé des oiseaux de basse-cour, et qui répartit ainsi la ponte successive de ces six cents ovules : Première année de la naissance au printemps, 20 œufs; deuxième année d'âge, 120 œufs; troisième année, 130 œufs; quatrième année, 110 œufs; cinquième année, 80 œufs; sixième année, 60 œufs; septième année, 40 œufs; huitième année, 20 œufs; neuvième année, 10 œufs; total, 590 œufs. Il nous paraît physiologiquement plus que probable, néanmoins, que dans la poule, dans les oiseaux, comme dans les mammifères, la glande ovarienne sécrète successivement des ovules qui, suivant les conditions particulières dans lesquelles se trouve placé l'individu, parviennent ou non en maturité.

L'ovule parvenu à maturité et s'échappant du calice est reçu dans le pavillon non frangé de l'oviducte, sorte d'entonnoir de ce conduit, long de 0m06 à 0m10, flexueux, étroit, très-dilatable, qui se termine au cloaque, et aboutit presque directement au dehors par le gros intestin et l'anus. L'œuf, à son entrée dans l'oviducte, n'était composé, nous l'avons dit, que du vitellus, de la membrane vitelline et de la vésicule germinative; à mesure qu'il chemine dans l'oviducte, s'avançant avec lenteur, l'ovule s'entoure des secrétions produites par les parois internes de l'oviducte, du blanc ou albumen d'abord, puis du test ou coquille calcaire. Ce n'est que lorsqu'il est

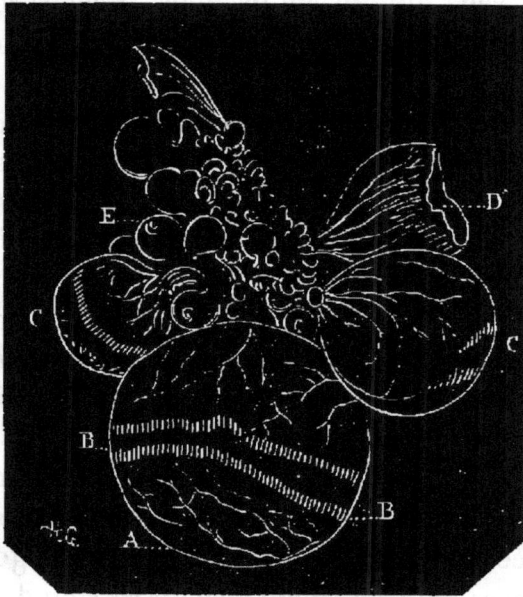

Fig. 62. Ovaire de la poule, d'après Wagner.

A. Jaune ou vitellus de l'ovule, arrivé à maturité dans son calice ;
BB. Stigmate du calice, ou ligne par laquelle s'opérera la déchirure destinée au passage du jaune ;
CC. Jaunes incomplétement développés.
D. Calice vide après la sortie d'un œuf descendu dans l'oviducte ;
E. Cicatricule des jaunes qui n'ont pas encore atteint leur maturité.

complétement organisé, parfaitement mûr, que la ponte ou l'expulsion de cet œuf se produit.

Mais cette ponte ne suppose pas nécessairement accouplement et fécondation. Quand, où et comment s'accomplit cette fécondation, nous l'ignorons.

10.

Mais nous voyons tous les jours des femelles vierges
d'oiseaux produire des œufs qui, il est vrai, sont
stériles, d'une conservation moins longue et moins
assurée, mais possèdent toutes les qualités alimentaires de ceux qui ont été fécondés. Voyons maintenant de quoi se compose l'œuf parvenu à maturité et
expulsé.

L'œuf, au moment de son expulsion ou ponte, se
compose : 1° Extérieurement d'un test ou d'une coquille calcaire plus ou moins épaisse, destinée à le
préserver des causes de destruction ; 2° en dessous
du test et lui adhérant intimement, excepté au gros
bout de la chambre à air, d'une membrane testacée
de structure fibreuse, assez mince ; 3° de l'albumen
ou blanc, divisé en trois couches ; l'une plus externe, fluide ; la seconde, moyenne, épaisse ; la troisième, ou interne, liquide ; 4° d'une membrane dite
chalazifère, entourant le vitellus, formée d'albumine
condensée, et à laquelle adhèrent les prolongements
dits chalazes qui se dirigent chacun vers un des pôles
de l'œuf ; 5° du jaune ou vitellus contenu dans une
enveloppe très-mince et vasculaire dite membrane
vitelline ; 6° d'une apparence de cavité, appelée latebra, au centre du vitellus ; 7° d'une apparence de
canal destiné à mettre en rapport le latebra avec la
cicatricule ; 8° du germe, vésicule germinative ou
cicatricule, dans laquelle se développeront les premiers linéaments du poulet.

L'ovule parvenu à maturité, échappé de l'ovaire,
entrant dans l'oviducte, et alors composé simplement du vitellus et de son enveloppe, a une forme

sphérique ; dans son lent trajet à travers le canal
qu'il parcourt, il reçoit successivement les diverses
couches albumineuses, et comme il est en même
temps animé d'un mouvement de rotation sur lui-
même, il en résulte une torsion qui forme les chalazes destinées à immobiliser à peu près le vitellus

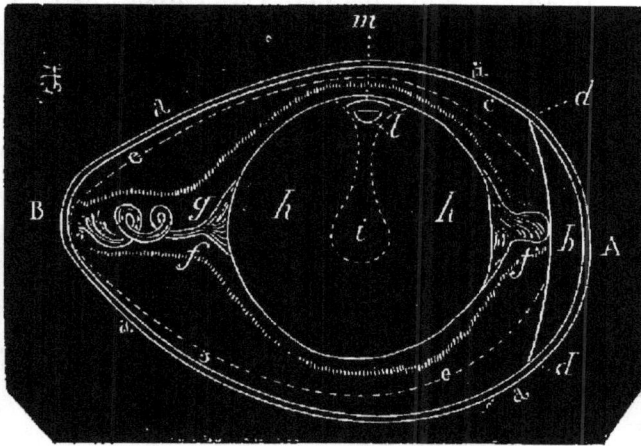

Fig. 63. Anatomie d'un œuf de poule.

A. Pôle obtus ou gros bout;
B. Pôle aigu ou petit bout;
a. Coquille calcaire ou test;
b. Chambre à air au gros bout;
c c. Membrane testacée adhérente au test, excepté aux points *d d*, où
elle s'en sépare pour former la chambre à air. On l'appelle encore le
chorion;
e c. Limites de l'albumen épais;
f f. Limites de l'albumen très-épais qui tient aux chalazes *g g*;
h h. Jaune ou vitellus contenu dans la membrane vitelline;
i. Apparence de cavité dans le vitellus;
k. Apparence de canal dans le vitellus;
l m. Cicatricule ou germe de l'embryon.

au milieu de cette masse fluide. Ce n'est que dans la
dernière partie de l'oviducte qu'est sécrétée la ma-

tière calcaire du test ou coquille, et en même temps
la matière colorante qui, dans certaines races, en
nuance la surface. L'œuf est ensuite versé dans le
cloaque et expulsé ou pondu.

L'œuf présente quelquefois pourtant des anoma-
lies de structure : tantôt l'enveloppe testacée ou chorion le recouvre seul, les matériaux nécessaires à la
sécrétion du test calcaire ont fait défaut ; ceci se présente surtout dans les poulaillers-volières, quand les
oiseaux sont privés de sable ou de craie, mais parfois aussi dans les basses-cours libres, chez les poulettes à leur première ponte ou chez les très-vieilles
poules. Tantôt l'œuf, d'un diamètre alors presque
toujours plus considérable, renferme deux jaunes,
parce que deux ovules sont parvenus ensemble à
maturité, se sont détachés simultanément, et ont
cheminé de concert dans l'oviducte.

La proportion entre la coquille, le blanc et le
jaune, varie dans certaines limites, selon le volume
et le poids de l'œuf. Voici les différents rapports qui
ont été trouvés :

	OEUF de 53 gr.	OEUF de 60 gr.	OEUF de 64 gr.	OEUF de 71 gr.
	Pour 100.	Pour 100.	Pour 100.	Pour 100.
Coquille.	12.90	11.58	12.49	11.71
Blanc.	59.12	60.00	58.85	59.19
Jaune.	27.98	28.42	28.66	29.10
Blanc et jaune réunis.	87.10	88.42	87.54	88.29

Les œufs les plus gros et les plus lourds seraient
donc les plus avantageux à la consommation, et la
vente de cette denrée devrait se faire au poids et

non à la douzaine ou au mille ; le prix du kilogramme
s'établirait, comme pour les grains, d'après le volume. Il faut croire d'ailleurs que l'éducation de nos
volailles s'est sensiblement perfectionnée depuis
moins d'un siècle, puisque, d'après Buffon, le
poids moyen des œufs n'était, de son temps, que de
44 grammes, tandis que le poids moyen des œufs du
commerce à Paris est de 62 grammes, et le poids
moyen des œufs pondus par la nombreuse collection
de poules au Jardin d'acclimatation du bois de Boulogne s'élève à 64 grammes, en y comprenant les
grandes et les petites races. En même temps, le
nombre moyen des œufs obtenus par tête, dans l'année, a suivi une augmentation plus que proportion-
nelle. La moyenne était de 100 œufs par poule et
par an en moyenne [1] ; aujourd'hui, cette moyenne
atteint le chiffre de 160. Si nous cherchons maintenant le poids total des pontes moyennes, nous trouvons au temps de Buffon, 4 kilogr. 400, et au temps
actuel, 10 kilogr. 191.

Voici comment, après nous être entouré d'un
grand nombre de renseignements écrits et oraux,
nous croirons pouvoir établir pour les principales
races le chiffre du produit moyen annuel des poules
et le poids moyen de leurs œufs [2] :

[1] Bosc, dans le *Dictionnaire d'agric.* de Déterville, n'évalue
le produit moyen annuel d'une poule de la race commune qu'à
54 œufs.

[2] On suppose dans ces calculs que la poule pond toute
l'année sans qu'on la laisse couver.

Races, sous-races ou variétés.	NOMBRE MOYEN D'OEUFS PAR AN.	POIDS MOYEN D'UN OEUF.	POIDS TOTAL DE LA PONTE MOYENNE.
		Grammes.	Kilogr.
Espagnole, andalouse. .	220	85	18.700
Crèvecœur.	150	85	12.750
Padoue.	210	60	12.600
Breda-Gueldre.	200	60	12.000
Campine.	230[1]	50	11.500
Houdan..	150	70	10.500
Hambourg.	160	60	9.600
La Flèche, Caux. . . .	120	65	7.800
Dorking.	120	65	7.800
Cochinchine , Brahma-pootra	120[2]	60	7.200
Bruges.	100	65	6.500
Bantam.	180	30	5.400
Moyennes. . .	163	63	10.191

Les pondeuses les plus actives ne sont donc pas les plus fructueuses, surtout si l'on tient compte du poids vivant des poules qu'il faut nourrir pour obtenir un poids quelconque d'œufs, et en admettant que la production des œufs est le but unique que l'on poursuit. Aussi mettrons-nous en regard, dans le tableau suivant, le poids vif moyen du coq et de la poule, en le comparant pour cette dernière au poids des œufs obtenus :

[1] Et jusqu'à 300 au Jardin d'acclimatation du bois de Boulogne.

[2] Et jusqu'à 180 dans le même établissement.

Races, sous-races ou variétés.	POIDS VIF MOYEN		RAPPORT DU POIDS DES ŒUFS
	du coq adulle.	de la poule.	Au poids vif de la poule.
Espagnole , andalouse. .	3.250	2.600	::7.198:1.000
Gueldre..	3.250	2.000	::6.000:1.000
Campine.	2.250	2.000	::5.750:1.000
Padoue.	2.750	2.250	::5.600:1.000
Breda..	3.500	2.250	::5.333:1.000
Hambourg.	2.250	2.000	::4.800:1.000
Houdan..	2.750	2.250	::4.666:1.000
Crèvecœur.	3.750	3.000	::4.249:1.000
Caux.	3.000	2.500	::3.120:1.000
Dorking	4.000	3.000	::2.600:1.000
La Flèche.	3.750	3.000	::2.600:1.000
Cochinchine, Brahma. .	4.500	3.200	::2.248:1.000
Bruges.	4.000	3.000	::2.166:1.000
Moyennes. . .	3.307	2.561	::4.317:1.000

Nous ajouterons que la race commune, formée du
mélange d'une foule de races, dont le coq pèse vif,
en moyenne, 2 kilogr., et la poule 1 kilogr. 500,
produit par année environ 80 œufs lorsqu'on ne la
fait point couver ; ces œufs pesant 60 grammes l'un
dans l'autre, c'est un poids total de 4 kilogr. 800,
et un rapport du poids vivant de la poule de 3,200
à 1,000. La race malaise, dans laquelle le coq pèse
environ 5 kilogr. et la poule 4 kilogr., ne donne
guère que 50 œufs du poids moyen de 70 grammes,
soit ensemble 3 kilogr. 500, soit un rapport de
0,875 à 1,000. La race de combat anglaise, dont
le coq pèse 2 kilogr. et la poule 1 kilogr. 500, produit environ 60 œufs, du poids de 60 grammes ou
3 kilogr. 600, soit une proportion de 2,400 à 1,000.

Race de Bantam, dont lé coq pèse 0 kilogr. 500
et la poule 0 kilogr. 400, produit environ 180 œufs,
pesant 30 grammes ou en total 5 kilogr. 400, soit
un rapport de 1,350 à 1,000, etc., etc. Il ne faut
point oublier, d'un autre côté, que la proportion du
test ou coquille dans le poids total de l'œuf s'élève
d'autant plus que l'œuf est plus petit, est d'autant
plus faible que l'œuf est plus gros, et constitue à peu
près 14,50 pour 100 dans un œuf de 30 grammes,
14 pour 100 dans celui de 40, 13,50 pour 100 dans
l'œuf de 50, 13 pour 100 dans celui de 60, 12 pour
100 dans celui de 70 grammes, 11 pour 100 seulement dans l'œuf de 85 grammes ; de telle sorte que
la proportion de matières alimentaires y varie de
85,50 pour 100 à 89 pour 100.

Lorsqu'on veut obtenir le maximum d'œufs pour
la vente, il faut d'abord choisir une bonne race ayant
aptitude à la ponte plutôt qu'à l'incubation, puis
dans cette race choisir les meilleurs individus mâles
et femelles, et enfin leur procurer un logement convenable, leur donner des soins suffisants, leur distribuer une nourriture rationnelle.

Nous avons suffisamment indiqué dans les paragraphes précédents les qualités et défauts des diverses races françaises et étrangères ; nous nous bornerons à rappeler ici que les unes sont bonnes
pondeuses et ne couvent que rarement et mal,
comme celles de Crèvecœur, de Houdan, de la
Flèche, de Breda, de Gueldre, espagnole, andalouse,
de Bruges, de Padoue, hollandaise huppée, de Hambourg, de la Campine, etc. On comprend aisément

qu'une race couveuse par instinct de nature, comme
le Dorking, cochinchinois, Bantam, courtes-pattes,
ne puisse être en même temps bonne pondeuse; chez
ces dernières races, les pontes sont courtes, et la
poule, après avoir pondu de dix à vingt œufs, demande à couver; l'incubation dure de dix-huit à
vingt-deux jours, puis la conduite des poussins
d'un mois à six semaines, soit environ soixante jours
perdus pour la ponte, dont la saison normale ne dure
que cinq à six mois.

Dans toutes les races il se rencontre des poules
bonnes, médiocres ou mauvaises pondeuses, relativement aux autres, et il est précieux de les pouvoir
reconnaître. Quant à l'*âge*, nous avons dit que c'est
pendant la seconde, la troisième et la quatrième
année de sa vie, que la poule fournit son maximum
d'œufs. On reconnaît l'âge plus ou moins avancé des
poules et coqs à la rudesse de leur crête et de leurs
pattes; les jeunes, au contraire, ont les tarses et les
doigts recouverts d'écailles épidermiques lisses,
luisantes et non détachées; la crête n'est pas rugueuse. Quant aux *caractères extérieurs*, une
bonne poule, d'après Pline, devait avoir la crête
droite ou même double, le bout de l'aile noir, le bec
rouge, les doigts inégaux, quelquefois même un cinquième doigt placé transversalement; celles qui
avaient le bec et les pieds jaunes n'étaient pas répu-
tées pures pour les sacrifices; on choisissait les poules noires pour les mystères de la Bonne Déesse.
Aujourd'hui, on choisit de préférence les bêtes qui
ont les pattes lisses et de couleur bleuâtre, l'épi-

11

derme mince autour des doigts, le plumage bien
lustré, un cercle d'un blanc mat autour des oreilles,
la crête rouge et gonflée, les barbillons rouges et
volumineux, les plumes qui entourent l'anus disposées en forme d'artichaut ; la bonne pondeuse donne
des fientes vertes et non blanches, parce qu'elle
emploie les matières crétacées à la confection de la
coquille de ses œufs. En ce qui regarde le *plumage,*
la poule pondeuse doit présenter celui qui est caractéristique de sa race pure. Dans la race commune,
on rencontre des préférences que rien ne paraît justifier ; telle ménagère préfère les blanches, telle
autre les noires, celle-ci les jaunes, les rouges, celle-
là les cailloutées ; il est bien préférable de s'atta-
cher à la largeur du bassin, à la grosseur de l'abdomen, qui doit être pendant et abondamment garni de
plumes fines, à une certaine grossièreté de squelette, à l'épaisseur et à la rugosité de la peau. Ajoutons que dans les races bonnes pondeuses, la différence de taille et de poids n'est pas très-considérable
entre le mâle et la femelle.

Le *coq,* suivant la race tardive ou précoce à laquelle il appartient, est apte à se reproduire dès
l'âge de trois à cinq mois ; ce n'est qu'à ce moment
qu'on doit lui ouvrir l'accès de la basse-cour commune, afin d'éviter de dangereux combats dans certaines races. S'il ne présente pas des indices d'énergie,
de fierté, de sollicitude pour les femelles, il faudra
le chaponner, le sacrifier ou le vendre. Il ne doit
être conservé que jusqu'à l'âge de trois ou au plus
quatre ans. Un seul coq adulte (d'un à trois ans)

peut suffire, selon sa race, à dix, quinze, vingt et
même vingt-cinq poules; la proportion ordinaire,
dans nos basses-cours, est d'un coq pour vingt femelles. Sa présence stimule la ponte et est indispensable pour obtenir des œufs féconds; si on s'attache
exclusivement à produire des œufs pour la consommation, on peut néanmoins se passer de coqs; les
œufs stériles se conservent moins sûrement aussi que
ceux qui ont été fécondés.

La *poule*, née de bonne heure au printemps (de
février à avril), commence d'ordinaire sa ponte à
l'âge de six mois (août à octobre); celle née en été
ne pondra qu'au printemps suivant; la ponte des
poulettes devance en général de trois à cinq semaines celle des adultes, mais leurs œufs sont naturellement plus petits, et le premier est souvent taché
de sang. Nous avons dit dans quels nombre et ordre
se succédaient les œufs, et conseillé d'opérer la réforme des pondeuses à quatre ans au plus. Dans
une basse-cour bien exposée, bien nourrie et bien
soignée, la ponte des adultes commence avec le mois
de février et se prolonge jusqu'en août et septembre;
elle est surtout abondante en mai et juin, se ralentit
en juillet et août et reprend en août, et septembre
pour s'arrêter en octobre, époque où commence la
mue. La race cochinchinoise présente cet avantage
qu'elle donne quelques œufs en hiver, à une époque
où les autres sont stériles.

Il y a des poules qui pondent un œuf presque
chaque jour, pendant un temps plus ou moins
étendu, d'autres qui ne pondent que tous les deux

ou trois jours, d'autres enfin qui pondent jusqu'à
deux œufs dans un même jour, à intervalles de six à
huit jours. Mais la ponte n'est point continue ; elle
est séparée par des intervalles de ralentissement ou
d'arrêt complet. La poule sauvage ne pond successivement que le nombre d'œufs (dix ou quinze)
qu'elle peut couver, puis elle se livre dès lors à l'incubation. La plupart de nos poules domestiques agi-
raient de même si on laissait leurs œufs s'accumuler
dans le nid ; aussi faut-il avoir soin de les en enlever
à mesure de leur production, en n'y en laissant qu'un
seul, ou mieux encore en le remplaçant par un œuf
artificiel en plâtre. On obtient ainsi de suite des
pontes de vingt-cinq à quarante œufs, puis un ralentissement d'une quinzaine de jours est suivi d'une
nouvelle ponte, et ainsi de suite, à trois, quatre ou
même cinq reprises. Si on fait ou laisse couver la
poule, chaque incubation, avec l'élevage qui en est
la conséquence, diminue d'un tiers environ la production annuelle des œufs.

On reconnaît que l'époque de la ponte arrive
lorsque la crête et les barbillons de la poule deviennent plus rouges et turgescents, les oreillons plus
blancs ; que la ponte approche de sa fin, au contraire, lorsque crête et barbillons pâlissent ; dans
le premier cas, les fientes sont vertes, et plus blanches dans le second.

Certaines poules pondent régulièrement dans le
poulailler, soit le matin avant la sortie, et c'est le
cas le plus ordinaire, soit dans la journée, soit le
soir ou la nuit ; ce sont en général celles des races

plus sédentaires ; d'autres, d'un naturel plus farouche, d'habitudes plus vagabondes, pondent au dehors, couvent quand leur ponte est terminée, et ramènent ensuite leur couvée à la ferme, lorsque les bêtes puantes, les maraudeurs, les renards, les chats, etc., n'ont pas croqué la mère et les poussins ; de celles-là, il faut se défaire au plus vite. Nous ne pouvons d'ailleurs que répéter ici ce que nous avons dit des pigeons : rien ne coûte plus cher que la volaille qui vit aux dépens des récoltes sur pied, tandis que dans la basse-cour de la ferme elles utilisent une foule de débris qui n'ont de valeur que pour elles ; encore dévastent-elles les tas de fumier, les jardins et l'enduit des murs.

§ 8. — L'INCUBATION OU COUVÉE NATURELLE.

Nous avons dit que, dans certaines races, un grand nombre de poules demandent à couver dès qu'elles ont pondu un certain nombre d'œufs. On reconnaît ce désir à un certain changement de voix : la poule glousse, elle tient les ailes écartées, se gonfle, hérisse souvent ses plumes, semble chercher la nourriture sur le sol, mais ne mange pas ; elle monte souvent dans le pondoir et y reste longtemps accroupie. Si l'on ne veut utiliser cette disposition, il faut enfermer l'animal dans une chambre à température un peu fraîche et bien éclairée, dont le mobilier ne se compose que d'un perchoir, lui donner une nourriture rafraîchissante, et lui faire prendre deux ou trois fois par jour un bain de siége froid. Lorsqu'au contraire on veut tenter de déterminer une poule à couver, il faut la mettre dans une pièce chaude et obscure, garnie d'un nid où sont déposés des œufs en plâtre, lui arracher quelques plumes sous l'abdomen, lui frotter le ventre avec de l'eau légèrement vinaigrée, lui donner une nourriture échauffante, des vers, de l'avoine, du chènevis. On y parvient ainsi quelquefois, mais la réussite est assez rare. Il est préférable d'avoir, dans une basse-cour, quelques poules cochinchinoises, Dorking, Bantam ou courtes-pattes, pour couver et élever les poussins indispensables au renouvellement de la population [1].

Chaque poule peut, suivant sa taille et son poids, couver un nombre d'œufs variable si ces œufs appartiennent à une race différente, toujours à peu près le même s'ils proviennent de la race même, c'est-à-dire, dans ce dernier cas, de dix à quinze. Mais une poule de Bantam ne peut utilement couver que quatre à six œufs de Crèvecœur, d'espagnole ou de Houdan, six à huit de la Flèche, Caux, Dorking, Bruges ou autres, tandis qu'elle en peut faire éclore dix à quinze des siens propres. Une poule commune et du poids vif de 1 kilog. 500 à 2 kilog. peut couver douze à quinze œufs de sa race; une poule cochinchinoise, espagnole, Crèvecœur, de la Flèche, Dorking, etc., du poids vif de 3 kilog., peut amener à bien quatorze à dix-huit œufs de race

---

[1] On peut encore employer, pour l'incubation, des chapons ou des dindes, ainsi que nous le dirons plus loin; mais la réussite des couvées n'est jamais aussi certaine qu'avec de bonnes poules.

ordinaire. En d'autres termes, le nombre des œufs donnés à une couveuse doit être proportionné à sa taille, à son volume ou à son poids.

Nous avons dit comment doit être faite la case à incubation et dans quel local elle doit être placée; on la garnit de paille d'avoine, et on y dépose le nombre d'œufs voulus; mais ces œufs doivent avoir été fécondés, et la date de leur ponte ne doit pas remonter au delà de trois semaines; enfin, ils doivent avoir été conservés depuis lors dans une pièce à température modérée (10 à 12° C.) et régulière. Ce n'est que lorsque la couveuse a fait preuve suffisante, pendant vingt-quatre heures au moins, de son désir de couver, qu'on lui confie ces œufs. Mais encore faut-il faire un choix parmi les couveuses, lorsqu'on en a plusieurs dans cette disposition.

La bonne couveuse est d'un caractère sociable, non farouche; elle se laisse approcher lorsqu'elle est sur son nid, sans se lever, sans fuir, tout au plus en hérissant ses plumes; elle se laisse prendre sans défense, elle change souvent ses œufs de place et les retourne, enfin elle n'abandonne son nid que pour manger et, boire à la hâte. Les poules farouches cassent leurs œufs, celles qui fréquemment quittent leur nid n'en font réussir qu'un petit nombre; il y a, par contre, des poules qui se laisseraien mourir d'inanition. Il faut donc les surveiller soigneusement, ce qui est facile si, comme nous l'avons conseillé, on place les couveuses dans un local spécial, les lever du nid trois fois par jour, pour les faire manger, boire et fienter, puis les renfermer

dans leurs cases. Ce qu'il leur faut, durant ce temps,
c'est un régime mixte, ni trop rafraîchissant ni échauffant à l'excès. Il est de bonne pratique de marquer
à l'encre, d'un côté, les œufs mis à couver, afin de
s'assurer que la poule les a plus ou moins fréquemment retournés : le côté de l'œuf qui serait le plus
souvent exposé à la chaleur se développerait davantage que l'autre, et on obtiendrait des poulets dif-
formes et mal proportionnés. La durée du repas
peut, sans inconvénient, se prolonger durant une
demi-heure.

Après huit jours d'incubation, on doit mirer les
œufs afin de rejeter ceux dont le germe ne se
serait point développé, qui seraient stériles conséquemment. Pour cela, après avoir fait obscurité
complète dans la pièce, on présente les œufs devant
la lumière d'une bougie, en les entourant des doigts
repliés de la main gauche, tandis que la main
droite fait abat-jour par-dessus, de façon que la lumière les traverse transversalement à leur grand
axe ; les œufs féconds présentent un point obscur,
près du gros bout ou de la chambre à air ; les œufs
stériles sont restés clairs. On pourrait encore, après
quinze jours d'incubation, plonger les œufs dans de
l'eau tiède à la température de 15 à 16° C.; ceux
qui sont bons s'agitent sensiblement, les autres restent immobiles ; ces derniers, d'ailleurs, lorsqu'on
les agite vivement, prouvent, par le bruit qui s'y
produit, que l'élévation de température y a produit
du vide par évaporation à travers la coquille.

En effet, l'œuf, pour éclore, a besoin d'être sou-

mis à une température de 37 à 41° C., ce qui est la
température moyenne du corps des oiseaux ; quand
la température de l'air ambiant est plus basse, l'éclosion n'a lieu qu'après un temps un peu plus long ;
quand elle est plus élevée, après un temps plus
court. Chez la poule, la durée de l'incubation ne
varie guère qu'entre dix-neuf et vingt-deux jours,
presque toujours elle a lieu le vingtième ou le vingt
et unième. Mais le germe d'abord, l'embryon ensuite, ont besoin de respirer, aussi le test ou coquille
de l'œuf est-il perméable à l'air : des œufs qui, au
moment de leur ponte, auraient été enduits d'une
substance imperméable, bien que fécondés, seraient
stériles, l'air contenu dans la chambre du gros bout
n'étant point suffisant. Dans l'incubation, l'influence
de la chaleur ne tarde pas à se faire sentir ; après
douze heures, si l'on casse l'œuf, la cicatricule ou
vésicule germinative est déjà devenue plus visible, les
cercles blanchâtres qui l'entourent se sont agrandis
et multipliés ; après vingt-quatre heures, apparaît une
petite saillie au centre de laquelle se montrent les
premiers linéaments du poussin ; de la trente-sixième
à la quarante-huitième heure, les vaisseaux circula-
toires s'organisent, le cœur s'accentue, prend la forme
d'un tube courbé à trois dilatations et commence à
battre, la tête avec les yeux, la colonne vertébrale,
l'abdomen et les intestins commencent à se dessiner.
Le quatrième jour, le jaune a augmenté de volume
(par le grossissement du germe), mais le blanc a
diminué ; le système nerveux, les mâchoires, le foie,
les pattes et les ailes sont déjà à l'état rudimentaire.

11.

Au cinquième jour, la poitrine est presque entièrement recouverte par les ailes, on distingue les poumons et la moelle épinière. Au sixième jour, l'abdomen commence à se former, l'embryon exécute déjà quelques mouvements. Le septième jour il a environ 0ᵐ03 de longueur, l'appareil digestif s'organise, on distingue l'œsophage, le jabot, le gésier, la rate, la vésicule biliaire; les côtes sont apparentes sous forme de lignes blanchâtres, la masse cérébrale commence à se scinder. Au huitième jour, apparaissent le sternum et les muscles; au neuvième, le rudiment de la mandibule supérieure : le cœur bat douze fois par minute; au dixième et au onzième jour, l'embryon replié a la tête presque entièrement cachée par les pattes et les ailes, la vésicule biliaire commence à fonctionner, la peau prépare la sécrétion du duvet; au douzième et surtout au treizième jour, l'embryon atteint 0ᵐ06 de longueur environ, le duvet apparaît sur le croupion, le dos, les ailes et les cuisses, les tarses et les doigts se couvrent d'écailles, le bec se forme et se durcit, les organes génitaux se développent, le squelette commence à s'ossifier; du quatorzième au quinzième jour, il atteint 0ᵐ07 de longueur, le bec et les phalanges deviennent cornés, les plumes des ailes pointent; du seizième au dix-neuvième jour, le blanc disparaît, la poche vitelline est absorbée et rentre dans l'abdomen par l'ombilic qui se referme, l'embryon respire et piaille; il ne reste plus à ses organes qu'à se compléter, à se durcir, à percer sa coquille, puis à en sortir.

Du vingtième au vingt et unième ou au plus tard au vingt-deuxième jour, l'embryon s'agite dans l'œuf, heurte le gros bout de la coquille de son bec, y produit des fentes, des crevasses, de petites ruptures, il s'y fraye un passage enfin, aidé le plus souvent par sa mère ou par l'homme, et le poussin, étendant ses pattes, sort sa tête de dessous l'aile et abandonne sa prison.

On obtient une réussite plus certaine en trempant tous les deux jours, à partir du douzième ou du quatorzième, les œufs dans l'eau tiède, de 35 à 70° C., pendant une demi-minute environ, ou bien en plaçant sous les œufs, dans le fond du nid, de l'herbe verte, mais non humide de rosée ou de pluie; on fournit ainsi au poussin une atmosphère un peu humide, non moins chaude pourtant, qui attendrit la membrane testacée ou chorion, et rend la sortie de l'œuf plus facile. Il arrive assez souvent, en effet, et particulièrement lorsque l'air est chaud et sec, et que la coquille est épaisse, il arrive, disons-nous, que le poulet ne peut s'y frayer de suite un passage suffisant; le chorion et le peu de vitellus et d'albumen qui le recouvrent encore se dessèchent, et contractent adhérence avec le corps du poussin, dont les forces s'épuisent, et qui finit par mourir dans l'œuf; dans ce cas, il faut imbiber les bords de l'ouverture pratiquée au test avec un peu d'eau tiède. Si la non-éclosion ne provient que de la dureté de la coquille et de l'affaiblissement du poussin, il faut simplement s'assurer que le bec et la tête sont dans une situation libre, et remettre l'œuf sous la mère sans chercher à en extraire le jeune animal, pour lequel la plus légère écorchure deviendrait mortelle. Enfin, lorsqu'on entend le poulet piailler dans l'œuf sans qu'il ait pu y pratiquer de fissures, on y en opère avec précaution vers le gros bout et on remet l'œuf dans le nid.

Il y a des poules qui, après avoir couvé pendant quelques jours, abandonnent leurs œufs; celles-ci doivent être immédiatement réformées; d'autres, et surtout à la première ou à la seconde couvée, mangent leurs œufs; on peut tenter de les corriger de ce défaut en leur présentant des œufs durcis que l'on vient d'extraire de l'eau chaude; mais il est rare qu'on réussisse; elles continuent à manger non pas seulement leurs propres œufs, mais aussi ceux des autres poules, et il est prudent de s'en défaire.

Les poules appartenant aux grosses races écrasent ou brisent souvent leurs œufs, celles qui sont pattues les jettent souvent hors du nid en les voulant retourner; les poules de poids et volume moyens, à tarses et doigts nus, sont plus adroites, plus agiles, et exposent la couvée à moins d'accidents. On emploie parfois la dinde pour couver les œufs de poule; la durée de l'incubation de ces œufs est de même, dans ce cas, de dix-neuf à vingt-deux jours, tandis qu'il en faut trente à ceux de la dinde; si donc on voulait ajouter des œufs de poule à ceux de la dinde, il ne les faudrait mettre dans le nid que vers le dixième jour d'incubation.

On ne fait point couver toute l'année dans une basse-cour de produit. Si on a adopté l'industrie des œufs pour la vente, on cherche à obtenir les poussins de février à avril, afin d'en obtenir déjà des œufs en août, septembre ou octobre; les couvées d'été ne pondraient pas avant le printemps suivant. Lorsqu'on a choisi l'élevage et l'engraissement, on fait couver de telle façon, suivant la précocité de la race, que les produits soient aptes à l'engraissement en octobre, novembre ou décembre, c'est-à-dire qu'on les fait naître de bonne heure, au printemps. En général, les couvées d'été et d'automne réussissent moins sûrement d'abord, et produisent des poulets qui supportent moins bien l'hiver. Dans les couvées de printemps, on calcule en général sur quatre-vingts éclosions pour cent œufs; la proportion n'est plus que de cinquante à soixante pour les autres couvées de l'année.

Nombre de fermières sont convaincues que les plus petits et les plus pointus du petit bout, les plus arrondis du gros, produiront des mâles; que les plus petits et les plus pointus au gros bout donneront des femelles; ce sont de pures hypothèses, que la pratique ne justifie que par hasard. Dans tous les cas, on doit choisir, pour les faire couver, les œufs les plus gros relativement à ceux de la race; les poulets seront naturellement plus et mieux développés.

Lorsqu'il arrive qu'une couveuse meurt ou abandonne ses œufs, il faut tenter de les faire adopter par une autre poule tourmentée du besoin d'incubation, ou, si l'on n'en a pas, en ajouter un ou deux dans chacun des nids des autres poules qui ont com-

mencé à couver à une date semblable ; mais cette
opération ne doit se faire que tandis que la poule est
levée pour manger. C'est dans le même but que nous
conseillerons de mettre couver toujours plusieurs
femelles à la même époque, afin de pouvoir opérer
des substitutions. D'un autre côté, lorsqu'une couvée
aura mal réussi, qu'un grand nombre d'œufs sont
stériles ou ont été cassés, on pourra tenter de faire
adopter le ou les poussins par d'autres mères, qui
les élèveront avec leur famille de même âge ; mais
cette tentative ne doit se faire que le soir et dans
l'obscurité, si l'on veut qu'elle ait chance de réussir.
Un grand nombre de fermières font ainsi très-utile-
ment élever deux couvées par une seule poule ;
l'autre reprend sa ponte peu après.

Les soins à donner aux couveuses consistent, nous
l'avons dit, à tenir note de la date de mise en incubation, afin d'en pouvoir surveiller à coup sûr les
derniers termes, à garnir les nids de paille propre,
froissée, en quantité suffisante, à donner à ce nid
artificiel une disposition circulaire et demi-sphéri-
que et non pas conique, à lever les couveuses deux
ou trois fois par jour, à mirer et tremper les œufs,
enfin à surveiller l'éclosion pour l'aider prudem-
ment. L'éclosion terminée, on enlève la paille et les
coquilles et on la remplace par de la paille nouvelle ;
celle qui a déjà servi doit être jetée au feu ou mise
au fumier. Nous traiterons dans un paragraphe suivant de la nourriture convenable aux poules pondeuses et couveuses, et aux poussins et poulets.

§ 9. — L'INCUBATION ARTIFICIELLE.

Il est arrivé dès longtemps, dans l'Inde, en Chine et en Égypte, que les besoins de la consommation se sont accrus plus que les ressources de la production ; il fallut chercher les moyens de suppléer au déficit : on inventa l'incubation artificielle. Le même fait paraît tendre à se reproduire de nos jours en Europe et en France, et l'incubation artificielle, qu'on avait exclusivement reléguée dans les jardins d'acclimatation, pourrait bien entrer dans la grande pratique, à une époque où on engraisse la volaille par des procédés mécaniques, ainsi que nous le verrons tout à l'heure ; c'est même une conséquence forcée de ce dernier et récent progrès.

On employa d'abord, sans doute, la chaleur humaine, la chaleur du fumier, etc., puis les fours à poulets (*mamal el Katàkgt, mamal el Farroug*), ou fabrique de poulets, vaste bâtiment composé de deux étages, divisé en chambres ouvrant sur un corridor commun, dans lequel on faisait arriver la chaleur produite par la combustion de mottes de fumier et de paille hachée ; une autre division du *mamal* recevait les poulets éclos, et on les y conservait pendant quelques jours après leur naissance ; les femmes se chargeaient ensuite de les nourrir à la main et de les engraisser. Ce qu'il y a de particulier, c'est qu'il y avait un *mamal* au centre d'environ vingt villages ; qu'à cette fabrique de poulets les habitants apportaient leurs œufs, et recevaient après l'éclosion deux

poussins pour trois œufs fournis ; que le *mamal* était
fondé par actions, et que l'employé qui le dirigeait
était rémunéré par la moitié des produits, l'autre
moitié était partagée entre les sociétaires. Ainsi, sur
trois mille œufs fournis, deux mille poussins étaient
rendus aux paysans ; si les mille autres réussissaient,
le chef du *mamal* en gardait cinq cents, et les ac-
tionnaires s'en partageaient autant. Les chefs de ma-
mals étaient presque toujours des Béhermiens, habitants ou originaires d'un petit village situé auprès
du Caire.

On tenta à diverses reprises d'imiter en Europe le
système égyptien : en Grèce et à Rome, dès une
haute antiquité ; à Malte, en Sicile, en Italie, au
moyen âge ; en France, aux quinzième et seizième
siècles, où Charles VII, à Amboise, et François Ier, à
Montrichard, firent construire des fours à poulets.
Puis se succédèrent les essais de Réaumur, de Bon-
nemain, de l'abbé Copineau, de Dubois, au dix-huitième siècle ; de Lamare, Sorel, Cantelo, Vallée, du
Mons, Boine, Caffin d'Orsigny, sur différents procédés d'éclosion artificielle. Des établissements furent
fondés par M. Boine, au Plessis-Piquet ; par Cantelo, auprès de New-York d'abord, puis à Brighton,
près de Londres ; par M. Caffin d'Orsigny, à la Va-
renne Saint-Maur, près de Paris ; par MM. Adrien
et Tricoche, en 1848, à Vaugirard, près de Paris ;
ni les uns ni les autres ne paraissent avoir complétement réussi. Depuis quelques années on semble
avoir repris le problème, et nous avons vu apparaître
plusieurs systèmes de couveuses et éleveuses artifi-

cielles, et notamment celles de MM. Deschamps,
Carbonnier, etc.

Nous pensons qu'il nous suffira d'accompagner les
gravures ci-jointes d'une courte description pour
être compris du lecteur, quant à la manière dont

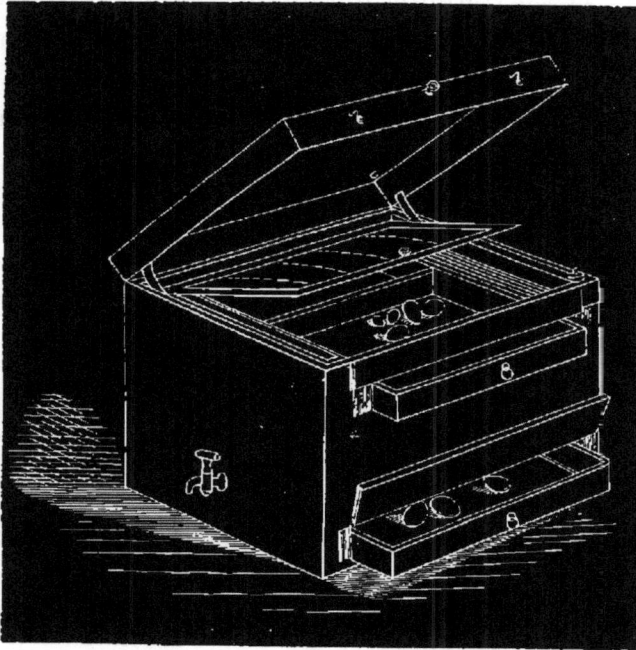

Fig. 64. Vue générale de la couveuse Deschamps.

fonctionne l'appareil. Nous choisirons celui de
M. Deschamps (fig. 64). Une caisse en bois dur et à
couvercle hermétique contient dans son fond un réservoir en tôle qu'on remplit d'eau à 75 à 80° C.; des
tuyaux partant de ce réservoir parcourent la face supérieure des tiroirs qui le surmontent, et dans lesquels

sont placés les œufs sur du feutre épais. Tous les ma-
tins et tous les soirs, à intervalles réguliers de douze
heures, on tire du réservoir, par le robinet qui y est
extérieurement placé, cinq à six litres d'eau, qu'on
remplace par autant d'eau bouillante. Pendant cette
opération on sort les tiroirs, on retourne les œufs et
on les laisse refroidir durant dix minutes, puis on
remet les tiroirs en place. On obtient ainsi une température très-régulière de 37 à 80° C. dans les tiroirs ; vers la fin de l'incubation, une glace sans

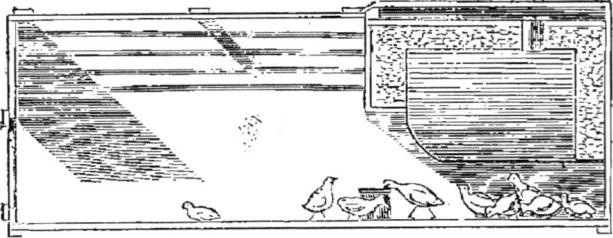

Fig. 65. Coupe transversale de l'éleveuse Deschamps.

tain qui recouvre le tiroir du haut permet de suivre
de temps en temps les progrès de l'éclosion, sans
causer de refroidissement sensible aux œufs.

Quand tous les poussins sont éclos, on les place
dans l'éleveuse ; c'est une boîte oblongue, à l'un des
bouts de laquelle est placé un réservoir d'eau chaude,
garni, en dessous, d'une fine peau de mouton, et
sous lequel les poussins vont se réchauffer comme
sous les ailes de la poule. Là, ils reçoivent les mêmes
soins que sous une nue.

L'incubation, avec ces appareils, est une question

de soins, de régularité, d'expérience, qu'une femme
entendue peut parfaitement résoudre ; elle peut devenir une pratique fort économique, une industrie
extrêmement lucrative, si, établissant la division du
travail, on n'entretient une basse-cour exclusivement que pour la ponte, et si on élève, soit pour
vendre, soit pour engraisser.

§ 10. — Élevage des poulets.

Les poussins ne commencent guère à manger que
dix-huit ou vingt-quatre heures après l'éclosion. On
les place au chaud avec leur mère, sous une mue,
sorte de cage circulaire en osier tressé, fermée par
en haut. Après dix-huit ou vingt-quatre heures, on
donne aux petits, sous la mue, une assiette plate
avec de l'eau pure, et tiède s'il fait froid ; on leur
jette un peu de pain rassis, finement émietté, du
blanc d'œuf dur, haché très-menu, du millet blanc
en grains, du son fin mélangé d'un peu de farine,
des œufs de fourmi si l'on en a, etc. A la mère, on
distribue son grain habituel. Si le temps est beau,
on porte la mère et les petits dans un endroit abrité
de la cour ou du jardin, et on les recouvre de la mue ;
si le soleil est trop ardent, on ombrage une partie
de la mue avec un linge. Le soir, on rentre la couvée et on la replace dans la case ou le nid qui a servi
à l'incubation et dont on a renouvelé la paille. Au
quatrième jour, on laisse aux poussins la liberté de
sortir de la mue et d'y rentrer, en la maintenant

soulevée par un de ses bords ; ils s'éloignent peu, la mère les rappelant fréquemment auprès d'elle. Il faut leur donner fréquemment à manger ; dès le cinquième ou sixième jour, on leur distribue un mélange de mie de pain, de millet, de chènevis concassé et de petit blé ; on commence, s'il fait beau, à rendre un peu de liberté à la poule, qui promène sa jeune famille au dehors pendant les heures les plus chaudes. Vers le huitième ou le dixième jour les plumes de la queue et des ailes commencent à pousser ; c'est pour les poussins une crise qu'ils ne traversent pas toujours sans danger ; c'est surtout alors qu'il faut avoir soin de les préserver du froid et de la pluie. Six à huit jours plus tard, la crise est passée, et ils n'ont plus besoin de soins particuliers. A cinq ou six semaines, les poulets commencent à abandonner leur mère, qui, de son côté, les néglige de plus en plus, et ne tardera pas à recommencer la ponte.

A trois mois, quand les poulets ont été bien nourris et bien soignés, et s'ils appartiennent à une race précoce, si leur naissance a été hâtive au printemps, la plupart d'entre eux sont bons à vendre sous le nom de poulets de grain, tels qu'ils sont, sans engraissement plus complet, et on en tire un prix fort avantageux. Les autres, les moins forts de la couvée, ou ceux des couvées postérieures, ne seront mis à l'engrais que successivement, de l'âge de cinq à dix mois, suivant la race à laquelle ils appartiennent et l'époque de leur naissance. Mais la saison la plus favorable à l'engraissement étant la fin de l'automne et l'hiver, il faut s'arranger pour obtenir les naissances en temps opportun.

Nous ne devons pas oublier que la poule vient de subir les fatigues de l'incubation, auxquelles vont succéder celles, moindres pourtant, de l'élevage. Elle peut être fort bonne couveuse et en même temps mauvaise éleveuse. La poule qui a charge de poussins doit déployer pour eux une très-grande sollicitude, les éloigner du danger, les défendre même contre lui, leur chercher de la nourriture et la leur partager, les abriter opportunément contre la trop grande chaleur, le froid, la pluie, les rappeler incessamment auprès d'elle afin qu'ils ne puissent s'égarer, ne les point mêler enfin avec une des autres couvées qui les poursuivraient en les battant. Les Bantam et les courtes-pattes possèdent ces vertus à un très-haut degré, et conviennent mieux que d'autres dans ce but.

Si la poule a notablement souffert durant l'incubation, il faut la nourrir abondamment pendant l'élevage, afin de la préparer à une nouvelle ponte ou à un nouvel élevage, car souvent, par subterfuge, on parvient à faire successivement élever deux couvées à la même poule. Nous avons dit que les incubations de janvier, février et mars, pouvaient être plus lucratives pour la vente précoce; mais il ne faut guère compter sur une éclosion de plus de 60 pour 100, et sur une réussite de plus de deux tiers des poulets, de sorte que 100 œufs mis à couver ne donneront en moyenne que 40 poulets de vente. Les incubations suivantes, d'avril, mai et juin, produisent en moyenne 75 à 80 pour 100 d'éclosion, et la mortalité des poussins n'est guère que de 10 à 15 pour 100 ; de façon que 100 œufs mis au nid produiraient environ 70 poulets de vente ; mais les poulets seront moins gros que ceux de la fin de l'hiver, et les poulettes ne pondront pas avant le printemps suivant ; en retour, ils auront beaucoup moins coûté à élever, en soins et en nourriture.

A une bonne éleveuse on peut donner quinze à vingt poulets à conduire, suivant sa taille, c'est-à-dire selon le nombre qu'elle en peut abriter sous ses ailes pendant les quelques jours qui suivent la naissance. Une bonne dinde en peut conduire jusqu'à trente et même trente-cinq.

§ 11. — CASTRATION.

On pratique la castration, sur les mâles, en vue de les convertir en neutres, de les rendre plus aptes à un engraissement rapide et complet, d'en obtenir une chair plus fine et plus savoureuse ; sur les femelles, pour les soustraire à la reproduction, pouvoir les engraisser de meilleure heure, et en obtenir également une viande plus délicate et d'un engraissement poussé plus loin.

La castration des mâles s'appelle *chaponnage ;* ce n'est point une opération nouvelle. Bien que le mot de *poularde* ne paraisse dater que des premières années du seizième siècle, le chaponnage fut pratiqué dès l'antiquité la plus reculée ; on en trouve des traces dans la Bible ; il était connu des Grecs du

temps d'Homère, puisqu'il en est fait mention dans
le poëme d'Hésiode, *les OEuvres et les Jours.* A
Rome, le *Gallus spado* (chapon) et la *Galla spa-
donia* (poularde) étaient tenus en très-haute estime
et valeur par les gourmets, si bien qu'il fallut porter à leur sujet plusieurs lois somptuaires[1] ; chez les
Gaulois, le chaponnage était pratiqué par les méde-
cins comme une opération chirurgicale. Néanmoins,
la castration n'a recommencé à devenir d'un usage
un peu général dans certaines contrées de la France
qu'au commencement de ce siècle, et dans beaucoup
de provinces encore, on ne veut ni même ne sait la
pratiquer, pour si simple et si peu dangereuse
qu'elle soit.

Le *chaponnage* consiste dans l'extirpation des
testicules du mâle. Ces testicules, qui ont la forme
et le volume de deux haricots de Soissons ou d'Espagne, sont situés à peu près à la même place que
les ovaires de la femelle, c'est-à-dire en dessous de
la région des reins, au-dessus de la masse intesti-
nale, tenant médiatement à la face inférieure de la
région lombaire. L'opération consiste, après avoir
préparé le poulet par un jeûne de douze heures qui
vide un peu le tube intestinal, à le faire tenir, par
un aide, renversé sur le dos, l'une et l'autre patte
alternativement étendue ou repliée selon le côté sur

---

[1] « La castration, dit Pline, ôte le chant au coq. On pra-
« tique cette opération en lui brûlant les lombes ou le bas des
« jambes avec un fer chaud, et en couvrant la plaie avec de la
« terre à potier ; alors il engraisse plus facilement. » (*Hist.
nat.*, lib. X, cap. xxv, 21.)

lequel on opère; on commence par arracher les plumes en avant et en dessous du croupion, puis, avec
une aiguille, on soulève la peau et on y pratique
une incision suffisante pour y pouvoir facilement
introduire un doigt (l'indicateur ou le médian) avec
lequel, après avoir précautionneusement déplacé les
intestins, on va détacher successivement les deux
testicules, faisant replier la jambe droite lorsqu'on
opère à droite, et réciproquement la gauche lorsqu'on opère à gauche; le testicule détaché avec
l'extrémité du doigt, on l'amène au dehors par l'incision pratiquée, ayant soin de ne le pas laisser
échapper, parce qu'il se grefferait sur le point de
l'intestin où il tomberait, et l'oiseau ne serait qu'à
demi neutralisé; durant ce temps, la main gauche
veille à ce qu'aucune portion d'intestin ne sorte par
l'incision. Ceci fini, on rapproche les lèvres de la
plaie et on les réunit, en ayant toujours soin de tenir la peau soulevée, par une couture à gros points
obtenue d'une aiguille enfilée de fil ciré; il ne reste
plus qu'à saupoudrer la couture d'un peu de cendre
de bois tamisé. On peut encore pratiquer l'opération
d'une manière identique en faisant l'opération au
flanc gauche, la cuisse droite étant fixée le long du
corps et la gauche reportée en arrière.

Les deux difficultés de l'opération consistent
d'abord à savoir choisir le poulet, suivant la race,
à un moment où les testicules sont assez développés
sans l'être trop, où ils sont faciles mais non trop
éloignés à saisir; en second lieu, il est indispensable, le chaponnage terminé, de placer les opérés

dans un local où ils ne puissent faire d'efforts pour se percher. D'ordinaire on leur fait immédiatement avaler un peu de pain trempé dans du vin ; un régime mixte plutôt rafraîchissant qu'échauffant leur suffit. Quelques fermières font suivre le chaponnage de l'excision de tout ou partie de la crête, d'autres, en outre, leur arrachent l'éperon et le greffent sur la crête même ou sa base conservée, où il continue à se développer. Ce sont autant de barbaries à peu près inutiles, car il est aisé de reconnaître le chapon du coq à une foule d'autres signes. Avec un opérateur un peu habile, la mortalité, par suite de l'opération, ne dépasse guère un ou deux pour cent. Au lieu de cendre, sur la plaie, nous préférons une légère onction faite avec de l'huile d'olive. Après cinq à huit jours, on rend les chapons à la vie commune de la basse-cour; ils ne chantent presque plus et ont beaucoup perdu de leur fierté et de leur hardiesse; humbles et même timides, ils deviennent solitaires, s'isolent des autres volailles, perdent de l'éclat de leur plumage et prennent déjà, sans surcroît de nourriture, un embonpoint notable ; aussi s'engraissent-ils rapidement lorsqu'on leur donne une alimentation plus riche et plus abondante ; enfin, on sait en quelle estime les gourmets tiennent la chair des chapons engraissés à point, c'est-à-dire, ni trop ni trop peu, avec des substances de bonne qualité.

Les Américains emploient un procédé plus perfectionné que celui que nous avons indiqué plus haut et qui consiste dans un tube muni à l'intérieur d'un crin en double, à l'aide duquel on saisit le

12

testicule, après l'avoir détaché, pour l'amener plus
sûrement au dehors ; l'incision doit être un peu plus
longue, pour livrer passage à la fois au doigt et au
tube, mais cette pratique est préférable lorsqu'on
opère sur des poulets déjà un peu avancés en développement, sur des dindons, des pintades, etc.

La saison à laquelle s'exécute le chaponnage
influe notablement sur la réussite ; c'est d'ordinaire
en mai et juin ou en septembre et octobre qu'on
opère ; les grands froids, les grandes chaleurs, les
temps humides sont contraires ; on choisit une journée de beau temps, une température modérée, et on
opère de préférence le matin, les poulets étant à
jeun depuis la veille. L'âge auquel se pratique le
chaponnage varie suivant la race : de trois à quatre
mois pour les fléchois, Crèvecœur, la Flèche et
Dorking ; de quatre à cinq mois pour les Houdan,
Padoue, Breda, etc. ; de cinq à six mois pour les
espagnols, cochinchinois, etc.

La *poularde* est une femelle à laquelle on a enlevé les organes attributifs de son sexe ; *id est*
l'ovaire. Autrefois, on castrait les poulardes en pra-
tiquant l'extirpation de cet organe, opération beaucoup plus difficile que le chaponnage. Voici comment elle se faisait : on arrachait les plumes qui
recouvrent la région du flanc gauche, auquel on pra-
tiquait une incision par où le doigt allait détacher
et chercher l'unique ovaire placé immédiatement
sous les reins, pour l'amener au dehors ; cette opération étant délicate et dangereuse, bien que facile
à faire, on a fini par se borner à pratiquer l'extirpa-

tion des glandes uropigiales : ces deux petits corps glanduleux, situés sur le croupion et sous la petite éminence charnue vulgairement appelée le bouton, sont chargés de secréter la matière huileuse que l'oiseau y vient prendre avec son bec pour graisser et lisser ses plumes; on pense en outre qu'elles ont un rapport intime avec les organes femelles de la génération et que leur ablation suffit pour stériliser. C'est cette opération que M. A. Bixio décrit dans la *Maison rustique du dix-neuvième siècle*, t. II, p. 556, en la considérant, à tort, comme une avulsion des ovaires. « On arrache, dit-il, les plumes qui se trouvent entre le croupion et la queue; on trouve précisément sous le croupion une petite élévation formée par un petit corps rond qui se trouve dessous; on y pratique une incision en travers et assez large seulement pour pouvoir y introduire le doigt et faire sortir cette grosseur qui ressemble à une glande, c'est l'ovaire; on la détache, on coud ensuite la plaie, on la frotte avec de l'huile et on la saupoudre de cendre. » Le véritable ovaire se trouve situé bien plus en haut et plus en avant dans l'abdomen. M. Mariot-Didieux donne un manuel infiniment plus simple de l'opération : on se contente de retirer la peau qui recouvre les deux petites glandes, de les disséquer en dessous sur les os du croupion et de les extraire; on graisse ensuite la petite plaie avec de la pommade camphrée.

On pratique encore quelquefois l'opération du chaponnage chez le mâle, mais très-rarement sur les femelles; chapons et poulardes sont presque tou-

jours maintenant des coqs vierges ou des poulettes
préservées de la reproduction ; il suffit que les mâles
n'aient point encore coché et que les femelles n'aient
point encore pondu pour que les uns et les autres
puissent atteindre un grand fini d'engraissement et
que leur chair reste délicate et fine.

§ 12. — ENGRAISSEMENT.

Engraisser un animal, c'est détourner chez lui
toute l'activité de l'organisme au profit de sa propre
nutrition ; l'engraissement exagéré est une maladie
qu'on a intentionnellement développée chez l'animal, et qui ne tarderait pas à causer sa mort si on
ne le sacrifiait en temps opportun. Pour engraisser
un animal exclusivement consacré à la consommation, il faut lui fournir, dès sa naissance, une alimentation régulière, abondante en principes gras et
azotés ; à mesure que l'opération progresse, que
l'animal grandit, se développe, s'accroît, la proportion des principes azotés diminue et celle des principes gras doit augmenter. D'un côté, il ne faut pas
commencer le régime d'engraissement proprement
dit avant que l'animal ait à peu près terminé son
développement ; de l'autre, on aura rarement profit
à engraisser un animal qui a notablement dépassé
l'âge adulte. En résumé, il faut élever dans l'abondance d'un régime nutritif sous un petit volume et
riche en azote, les animaux voués à un engraissement précoce, et dès qu'ils approchent de leur développement complet, accroître dans la ration la

proportion des principes gras. Pour les animaux âgés, la règle est la même, c'est-à-dire qu'on commence par développer les muscles à l'aide d'un régime azoté, auquel on ajoute, en proportion croissante, des substances riches en sucre, en fécule ou en graisse.

Pour développer la maladie de l'engraissement, il faut placer l'animal au milieu de certaines circonstances : une température à la fois chaude et humide, une demi-obscurité, le défaut d'exercice, de mouvements, aussi complet que possible, une alimentation régulière et raisonnée. Nous avons dit plus haut que la chambre à incubation pouvait servir de chambre d'engraissement ; elle doit être pourvue, dans les deux buts, d'un poêle ou d'un tuyau de calorifère, percée de fenêtres permettant un renouvellement suffisant de l'air, et de persiennes à l'aide desquelles on obtient l'obscurité désirée. Un vase plat et constamment rempli d'eau qu'on placera sur la tablette du poêle ou devant la bouche du calorifère fournira à l'atmosphère l'humidité désirée. Les mêmes cases ayant servi à l'incubation conviendront parfaitement encore pour les bêtes à l'engrais si on y adapte des mangeoires mobiles ainsi que nous l'avons dit ; il n'y aura plus qu'à garnir ces cases d'une litière convenable, à les nettoyer très-fréquemment, et nourrir ainsi que nous le dirons dans un instant.

Occupons-nous d'abord, pourtant, du choix de la race et des individus qui pourront nous faire espérer le résultat le plus favorable dans l'industrie dont nous

12.

nous occupons. Et disons qu'il y a des races précoces et aptes à produire, en quantité, de bonne
viande, d'autres tardives, plus rebelles à produire
des muscles d'abord, de la graisse ensuite, une chair
enfin agréable à consommer.

Parmi les races précoces, faciles à engraisser et
fournissant la meilleure chair, nous placerons au
premier rang et dans l'ordre suivant : le Crèvecœur,
qui peut être engraissé dès l'âge de quatre mois, et
qui peut fournir des chapons ou coqs vierges de six
mois pesant 3 kilog. 500 et même 4 kilog. 500, et
à cinq mois des poulardes de 3 kilog., le tout de
première finesse ; le Houdan, qui peut être engraissé
à cinq mois, atteint presque les mêmes poids, mais
ne passe guère la seconde ligne comme qualité ; le fléchois, qui ne doit pas être engraissé avant l'âge de
six mois, mais dont une poularde de cet âge peut
atteindre jusqu'à 4 kilog. 500 et être classée en
troisième ligne ; le bressan, plus tardif encore,
mais acquérant facilement ce poids et fournissant
une viande extrêmement délicate ; le Dorking égal
en précocité au Houdan, mais acquérant moins de
finesse, quoique son poids soit plus élevé et son engraissement plus complet.

En seconde ligne, viennent les variétés du Merlerault et de Caux, qui fournissent les chapons et
poulardes dits de Thorigny (Manche), les Padoue,
Breda, Gueldre, Hambourg, Campine, courtes-pattes,
ombré coucou, Bantam, etc. En troisième ligne,
nous placerons le cochinchinois, et le brahma-pootra, l'espagnol, le Bruges, etc.

L'animal qui présente le plus de dispositions à l'engraissement est celui qui a l'aspect général et extérieur le plus féminin, la tête fixe et petite, les pattes courtes et minces relativement à sa race, les formes ramassées, arrondies, le corps trapu, les écailles épidermiques des tarses fines et lisses, le plumage lisse et collé au corps, la crête peu développée et pâle, dans les races dotées de cet ornement. Il aura, suivant la race à laquelle il appartient, de quatre à huit mois, et nous supposons qu'il aura toujours été bien nourri. Il est bien entendu que nous ne parlons pas ici des poulets de grain, sur lesquels nous nous sommes expliqués au § 9. Enfin, nous supposons encore que, mâles ou femelles, ils auront toujours été séquestrés de façon qu'on soit certain de leur virginité, condition indispensable à la fois à la promptitude de leur engraissement et à la délicatesse de leur chair.

Placés donc isolément, depuis l'âge de deux mois, dans une petite cour ou dans un parquet, poulets et poulettes, chacun de leur côté, ont été bien et régulièrement nourris et se sont développés hâtivement. Nés de mars à juin, ils ont, en octobre, époque où l'opération est le plus favorable, de quatre à huit mois. A cette époque, on les rentre pour les placer dans les cases que nous avons décrites et auxquelles on donne le nom d'épinettes. Quelques personnes font à ces cases un fond à claire-voie, afin d'éviter la litière, les excréments tombant à mesure sur le sol; lorsque l'industrie se pratique en grand, les rangs d'épinettes étant superposés, il faut bien employer les planchers pleins, mais il sera préférable d'y répandre du sable sec, qu'on renouvellera chaque jour, que de la paille. L'augette placée temporairement devant la porte à claire-voie de la case, et qui a de 0^m05 à 0^m08 de hauteur, recevra la nourriture solide ou liquide mise à la disposition des reclus ; dans l'intervalle des repas, la porte pleine sera abaissée, tant pour que les prisonniers ne puissent se voir, qu'afin de régulariser les moments où ils doivent prendre leur nourriture.

Suivant le degré d'engraissement qu'on veut atteindre, on emploiera l'alimentation naturelle ou artificielle, c'est-à-dire qu'on laissera les animaux libres de manger à leur faim pendant des espaces de temps déterminés chaque jour, ou bien qu'on leur fera avaler de force des aliments préparés de diverses façons. Quelquefois, on suit le premier mode au début et le second dans la dernière période. L'essentiel est de composer des rations convenables au degré de l'opération, de les distribuer en repas suffisants et réguliers, d'entretenir les animaux à une température convenable (16 à 18° C.) et dans la plus minutieuse propreté. Toutes les volailles occupant le même local auront dû être mises ensemble à l'engrais, afin d'éviter le tumulte et le retard qu'apporteraient avec eux de nouveaux venus ; toutes d'ailleurs n'arrivent pas simultanément à un même degré de graisse, et, sur cent bêtes, on peut faire trois ventes ou expéditions successives.

L'engraissement naturel s'opère, en général, de la façon suivante : on distribue aux volailles, dans

leur augette, pendant les quatre ou cinq premiers
jours, une pâtée de pommes de terre cuites, à laquelle succédera de la pâtée de farine de sarrasin,
d'orge, de maïs, de froment, mélangées et délayées
avec du petit-lait ou du lait écrémé; après une
dizaine de jours de ce régime, on remplace, en proportion de plus en plus élevée, les farines d'orge
d'abord, puis de sarrasin, par de la farine d'avoine,
et on délaye avec du lait pur; toutes ces pâtées doivent avoir, bien entendu, une certaine consistance,
sans pourtant être trop dures; à partir du quatorzième ou quinzième jour, on ajoute un peu d'avoine
en grains à cette pâtée, et l'un des trois repas de
pâtée est remplacé par de l'avoine également en
grains. Vers le vingtième jour de ce régime, le
poulet est suffisamment gras pour le commerce et
bon à vendre. Mais quelques-uns ont pu l'être déjà
vers le douzième ou le quinzième jour, d'autres ne
le seront qu'après vingt-cinq ou trente.

L'engraissement artificiel se fait avec des pâtées
de farines de divers grains, additionnées de lait, de
saïndoux, d'huile, etc.; de ces pâtées bien pétries
et amenées à une certaine consistance; on façonne
de petites boulettes ou pâtons que l'on fait avaler
aux volailles. Pour cela une femme s'assied dans le
local d'engraissement, une aide lui apporte les bêtes
successivement, et, la première, leur ouvrant le
bec avec précaution, y introduit successivement les
pâtons qu'elle fait un à un descendre dans le jabot
en pressant doucement le conduit œsophagien; le
jabot suffisamment rempli, la femme fait boire dans

sa bouche un peu de lait, et l'aide reporte la volaille
dans sa case, puis en rapporte une autre. Les farines
surtout employées sont celles d'orge, de sarrasin,
de maïs et d'avoine. Après dix à douze jours de ce
régime, le poulet est gras pour le commerce. Ailleurs on fait avaler successivement des grains de
maïs bouillis dans de l'eau salée, ou simplement
trempés dans l'eau froide ; ailleurs encore, on ajoute
aux pâtons, pour la dernière période, de la graisse
de porc, ou saindoux, en proportions croissantes.

Dans la Bresse, l'engraissement se fait toute l'année, excepté pendant les grandes chaleurs de l'été ;
mais les chapons et poulardes en même temps les
plus finis et les plus fins, sont ceux produits en décembre et janvier, février et mars, pour les fêtes de
Noël, du jour de l'An, des Rois et du Carnaval. On
choisit des chapons de cinq à six mois, des poulettes
de quatre à cinq, on les place en épinettes et on les
empâte de boulettes formées de farines de sarrasin,
de maïs blanc et de lait. Après vingt à vingt-cinq
jours de ce régime, les poulardes pèsent environ
3 kilogr. et les chapons 4 à 5 kilogr. ; leur viande
est blanche, ferme et fine, leur graisse ferme aussi
et savoureuse, mais un peu plus jaune que celle des
volailles du Maine.

L'engraissement des chapons et poulardes du
Mans et de la Flèche s'opère de la façon suivante :
les uns et les autres ont de six à sept mois et sont
déjà en bon état de chair ; l'engraissement se fait
à peu près exclusivement en hiver et dure de vingt
à vingt-cinq jours. Les animaux sont mis en épi-

nettes; on leur donne deux repas par jour, l'un le matin, l'autre le soir. Ces repas sont composés de pâtons façonnés d'un mélange de farine de sarrasin et de lait d'abord, un peu plus tard, de moitié farine de blé, un tiers de farine d'orge et un sixième de farine d'avoine, toutes blutées et délayées avec du lait. Les pâtons ont environ la longueur et la grosseur du petit doigt, et offrent une consistance moyenne. On en donne à chaque repas, au début, deux, puis trois, quatre et jusqu'à douze, augmentant successivement le nombre, tant que le jabot se trouve vide après le repas précédent. L'engraissement est terminé quand la base du cou présente un épais coussinet de graisse, que la peau est devenue très-blanche, que la respiration devient pénible. L'accroissement en poids a été d'environ un cinquième du poids vif; l'animal a consommé environ 4 kilogr. 500 de farines et 2 litres de lait tant écrémé que pur; les chapons atteignent le poids de 5 à 6 kilogr., les poulardes, de 3 kilogr. 500 à 4 kilogr.; les uns et les autres valent de 6 à 20 francs pièce.

Les départements de la Sarthe, du Calvados et de l'Ain fournissent presque exclusivement les chapons et poulardes qui se consomment dans les grandes villes, nous verrons plus loin dans quelles proportions.

Les exigences toujours croissantes de la consommation semblent avoir motivé un progrès qui, supprimant en grande partie la main-d'œuvre, permet de constituer l'engraissement de la volaille en une véritable industrie, une usine à viande. L'engrais-

sement à la mécanique, dont la première idée paraît
avoir été réalisée à Strasbourg, vers 1837, a été
bien perfectionné depuis lors et s'est installé aux
portes mêmes de Paris. M. Odile Martin, l'inventeur,
on peut le dire, de ce système, après l'avoir étudié
et perfectionné à Vichy, est venu l'établir au Jardin
d'acclimatation du bois de Boulogne. Voici en quoi
consiste son installation, dont la gravure ci-jointe
aidera à comprendre la description suivante :

Dans une salle vaste en tous sens et bien aérée,
sont disposés, en nombre variable, de grands tambours
prismatiques de 2 mètres de haut sur $3^m 20$ de large,
et composés de cases ou épinettes superposées circulairement ; le tambour tourne sur un axe, de telle
façon que toutes les cases peuvent venir se présenter
successivement sur un même point vertical ; là se
trouve un chariot mobile qui, montant ou descendant, vient se placer au niveau de chaque rangée
circulaire et permet à un homme de visiter et nourrir
successivement tous les habitants. Ce chariot est
muni d'une trémie dans laquelle se meut un piston,
lequel est lui-même mis en mouvement par un res-
sort à pédale. L'homme, après avoir saisi la tête du
poulet, lui introduit dans le bec le petit entonnoir
d'un tube en caoutchouc communiquant avec la trémie, puis il appuie son pied sur la pédale, et il
arrive au poulet des gorgées de pâtée que l'on pro-
portionne à l'état de plénitude de son jabot ; l'animal gorgé, l'ouvrier fait tourner le tambour et
une autre case se présente dont l'habitant reçoit de
même sa ration ; la première rangée étant gorgée,

le chariot monte à la seconde, et ainsi de suite.
La machine s'appelle la gaveuse Martin ; l'ouvrier
qui la manœuvre se nomme le gaveur.

M. Odile Martin emploie des farines d'orge et de
maïs mêlées et délayées avec du lait, de façon à

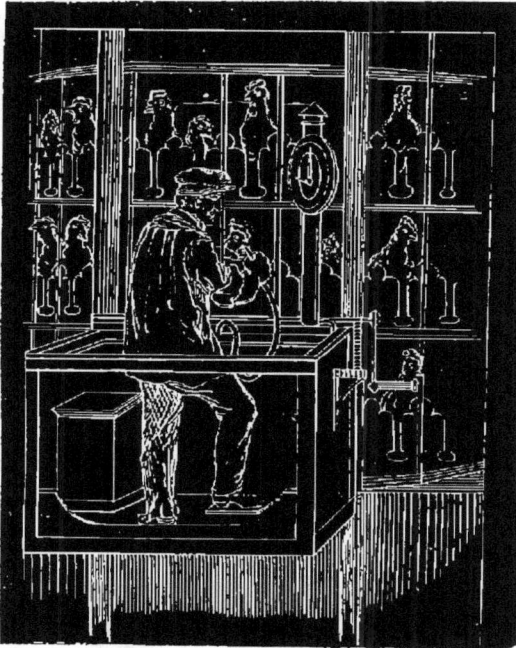

Fig. 66. Gaveuse O. Martin.

obtenir une pâtée un peu consistante ; la ration ordinaire, par repas et par tête, varie de 10 à 20 centilitres, mais on n'y arrive que graduellement. Il
engraisse des poulets et des canards surtout, des
dindons et des oies. Chaque case porte d'abord un
numéro d'ordre, puis une petite plaque mobile sur

13

laquelle est indiquée la quantité de nourriture en
centilitres que doit recevoir chaque pensionnaire,
suivant son âge, son poids, son espèce, son appétit
ou son degré d'engraissement. M. Odile Martin engraisse constamment ainsi, dans son établissement,
deux mille volailles qu'il vend très-avantageusement,
avec leur marque plombée de fabrique, sous le nom
de *volailles du Phénix*. C'est à M. Carrière, du
Muséum, que nous devons tous les renseignements
qui précèdent.

Mais en attendant que la Gaveuse ait pris place
dans nos fermes, il nous faut tirer parti de nos
jeunes produits et de nos bêtes de réforme par un
engraissement poussé plus ou moins loin, suivant le
débouché dont on dispose. Mais encore faut-il, pour
en tirer un parti avantageux, savoir les présenter
sur le marché.

On ne tue la volaille grasse que lorsqu'elle est à
jeun depuis au moins douze heures ; le mieux est
de la sacrifier par effusion de sang, non au cou,
mais au palais, par une incision aux veines et ar-
tères palatines, incision pratiquée à l'aide d'un bis-
touri ou d'un couteau, en travers de cette région.

Les animaux présentent ainsi une viande plus
blanche, et une apparence plus convenable que
lorsqu'ils ont été saignés au cou. Dans l'un et
l'autre cas, on suspend la victime par les pattes,
de façon à obtenir un écoulement de sang aussi
complet que possible. Aussitôt que la bête est morte
et ne donne plus de sang, tandis qu'elle est encore
chaude, on procède avec précaution à l'arrachage des

plumes et du duvet; parfois on la plonge un instant dans l'eau bouillante, pour faciliter l'avulsion
du plumage sans détérioration de la peau; mais
cette pratique nuit à la coloration et à l'aspect de la
bête pour la mise en vente. Reste ensuite à vider la
volaille, c'est-à-dire, à extraire du corps tous les
organes internes, sauf le foie, le cœur et le gésier,
par une ouverture pratiquée à l'anus et qui reste
béante ensuite. Pour les chapons et poulardes, on
remplace les intestins par des tampons de papier
gris buvard, qui, tout en conservant à l'animal une
forme arrondie extérieurement, contribuent à sa conservation en absorbant les liquides. Lorsque la
température est élevée, on plonge la bête, ainsi préparée, dans de l'eau très-fraîche, après avoir recousu
la plaie anale avec du fil ciré et à points rappro-
chés.

Après une immersion de vingt minutes, on retire
l'oiseau et on le laisse sécher au frais; lorsqu'il est
bien sec, on l'enveloppe soigneusement d'un fin
linge de toile trempé dans du lait, que l'on coud
très-serré sur le corps et qu'on n'enlève qu'au moment de la mise en vente, ou à l'arrivée de l'expédition. Cette pratique a pour but de conserver à la
volaille la forme cylindrique qu'on lui a imposée,
le fouet de l'aile plié le long du corps en dessous du
bras et les tarses appliqués contre l'abdomen, en
avant, les cuisses étendues en arrière; de blanchir
et de *chagriner* la peau, qui paraît ainsi plus fine.
Les pâtissiers, charcutiers, marchands de comestibles, restaurateurs, maîtres de grands hôtels,

sont d'ordinaire les meilleurs acheteurs en gros
et les commissionnaires les plus avantageux des
engraisseurs. Nous ne saurions trouver sur les
volailles grasses un appréciateur plus compétent
que M. Chevet aîné; empruntons-lui donc ce
qu'il a écrit à ce sujet dans la *Production animale
et végétale*, études faites à l'Exposition universelle
de 1867, par les membres de la Société d'acclimatation : « On a remarqué à différentes époques, dans
« les vitrines de l'Exposition, des volailles mortes
« venues du Mans et de la Flèche, elles étaient d'une
« rare beauté et de bonne qualité; malheureusement
« ces volailles, de forme plate et disgracieuse, ont
« très-peu de chair sur l'estomac; celles de Caen,
« de Crèvecœur, de Houdan, de la Bresse, sont gé-
« néralement recherchées pour la qualité de leur
« chair délicate et d'un goût franc. A Caen, on élève
« deux races de volaille (?) : une grosse, dite *cha-
« pons* et *poulardes*, et une petite, dite *poulets de
« bourriche;* ils sont vendus à Paris sous ce nom
« et ne laissent rien à désirer par leur forme et leur
« charpente régulière. Les poulettes de bourriche
« sont rondelettes et potelées, les cochets ont la
« forme du corps et des membres carrée; comme
« les chapons et grosses pièces, ils doivent être d'un
« aspect agréable et d'une couleur de blanc d'ivoire;
« leur peau doit être nette de plumes et très-lisse
« au toucher. La poularde diffère du chapon, qui est
« un peu plus gros; elle doit avoir l'ergot de cou-
« leur gris rosé et de forme arrondie. A la fin de
« février et de mars, les poulardes et les poulettes

« prennent la peau *chair de poule;* quand le prin-
« temps est précoce et qu'elles entrent en amour,
« leur peau se couvre de très-petits boutons ; quoi-
« que très-grasse, leur chair perd alors de sa déli-
« catesse et devient d'une difficile digestion.

« Quant aux volailles vendues pour l'approvision-
« nement de Paris, un grand tiers est élevé dans les
« environs de Saint-Germain et de Versailles; les
« grosses pièces, livrées sous le nom de *chapons* et
« de *poulardes,* de forme plate, ne laissent rien à
« désirer.

« Breda, en Hollande, a toujours été renommé
« pour ses excellentes volailles, qui approvisionnent
« en grande partie les marchés de l'Allemagne. Les
« poules et coqs blancs de grosse race, ainsi que les
« gros coqs et poules de Cochinchine (nankins),
« sont d'une rare beauté. Je considère ces deux
« races de volaille comme de très-bonne production,
« surtout comme viande de boucherie ; cuites en
« daube, en pâté, en galantine ou au consommé,
« elles donnent un jus excellent et une gelée qui a
« beaucoup de consistance à cause de la gélatine
« que recèlent leurs os. Mais leur chair rôtie laisse
« fort à désirer ; leurs filets piqués de lard fin et
« apprêtés comme les fricandeaux de veau, sont
« servis avec toutes les variétés de légumes, ragoûts
« aux truffes, champignons, purées et sauces, sui-
« vant les goûts et la saison.

« A l'exposition de la faisanderie de M. Bocquet,
« j'ai remarqué avec plaisir une très-grande quantité
« de jolies petites espèces de volailles sous différents

« noms ; elles m'ont rappelé une variété de très-
« petits poulets, dits *à la reine*, qui n'existe plus
« dans le commerce à Paris. C'est pour réveiller
« l'attention de MM. les éleveurs de volailles de
« Saint-Germain et de Versailles que j'écris cette
« note, en les engageant à faire renaître cette jolie
« petite race de poulets, dans l'intérêt de leur com-
« merce et de leur industrie ; ils rendraient à l'art
« culinaire un très-grand service. Ces jolis poulets
« se recommandaient par leur élégance et par la
« bonne qualité de leur chair, blanche, très-fine et
« de goût excellent ; leur grosseur n'excédant pas
« celle d'un perdreau rouge, permettait d'offrir un
« membre entier à chaque convive ; servis entiers,
« il en fallait trois pour une entrée ; découpés, ils
« donnaient six bons morceaux : les quatre mem-
« bres, l'estomac et les reins, y compris le crou-
« pion. »

§ 13. — NOURRITURE.

Nous ferons une distinction fondamentale dans
l'alimentation des poules pondeuses, des volailles à
l'engrais et des jeunes bêtes à l'élevage ; la nature
comme la qualité des aliments doivent varier dans
chacun de ces cas. Mais posons d'abord quelques
principes généraux :

On sait que plus les animaux sont de faible poids
ou de petite taille, plus ils sont jeunes, plus leur
respiration et leur circulation sont actives, et plus ils
consomment relativement à leur poids vif, mais

plus aussi ils assimilent à leur profit une forte proportion de cette nourriture. C'est pourquoi une
même quantité de grains consommée produira plus
d'accroissement en poids chez un moineau que sur
une tourterelle, sur celle-ci que sur la poule et à
plus forte raison sur le dindon ; plus chez les oiseaux que chez les mammifères, etc. Dans les expériences de M. Alibert, neuf poules et un coq,
pesant ensemble 17 kilogr., ou 1 kilogr. 700 l'un,
sans donner de produit, sans augmenter ni diminuer
de poids, ont consommé chacun, pendant dix jours,
65 grammes d'orge en grains par jour et par tête ;
pour obtenir des œufs, du poids vif ou de la graisse,
il fallait leur faire consommer 145 grammes de ce
grain, au moins ; c'était, comme ration d'entretien,
près de 40 grammes de grain d'orge par kilogr. de
poids vif, et, comme ration de production, 40 grammes
à ajouter encore, soit 80 grammes par kilogr. vif
pour la ration complète. Dans les expériences de
M. Boussingault, des oies à l'engrais, du poids moyen
de 25 kilogr. vif l'une, consommaient par jour
2 kilogr. 320 de grain de maïs, ayant à peu près la
même valeur nutritive que l'orge, soit pour la ration
complète, 93 grammes par kilogr. de poids vivant.
Enfin, M. Alibert a expérimenté que quatre poussins,
pesant ensemble 1 kilogr. 052, soit 263 grammes
par tête, consommaient ensemble 300 grammes de
grain d'orge ou 75 grammes chacun, outre un peu
de fourrage vert, soit 285 grammes par kilogr. de
poids vif.

On pourrait dire que la poule est omnivore : lais-

sez-lui sa liberté, et vous la verrez parcourir les
champs, gratter le sol pour y déterrer les grains,
recueillir les graines, becqueter les baies et les fruits
des haies, manger les jeunes pousses des fourrages,
faire la chasse aux insectes, aux lombrics ou vers de
terre, manger même de la viande crue ou cuite si
elle en trouve. C'est qu'il lui faut, comme à tous les
animaux, une nourriture variée; elle la cherche
d'instinct, et lorsque nous restreignons sa liberté,
nous devons avoir soin de la lui offrir. Mais, tout en
variant son régime, nous devons le lui composer en
vue du produit que nous désirons en obtenir. C'est
pourquoi le régime d'élevage, celui de la ponte et
celui de l'engraissement, sont forcément différents
les uns des autres.

Pour l'*élevage*, nous avons déjà dit que le pain
blanc émietté, le millet blanc, les œufs durs hachés, sont la meilleure nourriture pour le premier
âge; un peu plus tard, on donne du petit blé provenant des déchets de battage et de vannage. Lorsqu'ils ont quitté leur mère et courent en liberté, on
leur donne matin et soir un supplément de nourriture, composé, selon qu'on les veut élever ou engraisser, de criblures ou de bons grains; cette distribution doit leur être faite à part et non au milieu
des autres volailles. S'il n'y a point de terres en culture aux environs de la basse-cour, il sera bon
de leur donner, de temps en temps, des feuilles
d'oseille cueillies dans le jardin, de la laitue ou de
la romaine, et à défaut, des jeunes pousses de luzerne ou de trèfle, afin de les rafraîchir; en hiver,

des betteraves ou des carottes crues coupées en petits morceaux.

Pour la *ponte*, le problème est un peu plus compliqué ; il faut que la nourriture soit assez abondante, sans l'être trop ; les poules maigres, chétives, ne pondent pas plus que celles qui sont trop grasses. Pour obtenir un produit régulier et abondant, il faut un régime fixe, ni trop rafraîchissant ni trop échauffant, ni parcimonieux ni excessif, calculé exactement afin de compléter les ressources que, suivant la saison, la volaille trouve dans la cour de ferme et dans les champs voisins. Un excellent régime serait celui composé de grains mélangés d'orge, d'avoine et de chènevis, puis de son, de pommes de terre cuites, de navets, de choux, ou d'autres légumes ; ceci pour l'hiver. En été, on donne les mêmes grains, puis on y ajoute de la verdure, chicorée sauvage, salades, luzerne, trèfle, etc.

On se trouvera bien aussi de leur fournir un peu de nourriture animale, au moyen de verminières que l'on peut établir à peu de frais de la manière suivante : Dans un terrain léger on creuse une fosse d'environ un mètre de profondeur ; on y dépose d'abord un lit de $0^m 12$ à $0^m 15$ d'épaisseur de paille de seigle hachée très-fin, puis une égale couche de crottin de cheval, et on arrose le tout avec du sang pris dans les abattoirs ou dans les établissements d'équarrissage ; par-dessus, nouvelle couche de marc de raisin ou marc de cidre, mélangés d'un peu d'avoine, de son et de farine, puis de la viande d'équarrissage, des intestins, etc. ; on recommence

13

ainsi une nouvelle succession de couches comme il
a été dit, en élevant le tout de $0^m 30$ à $0^m 50$ au-
dessus du sol, et recouvrant la dernière de $0^m 15$ à
$0^m 20$ de terre légère, mais bien battue. Par-dessus
le tout, on place des épines, pour que les chiens ne
viennent point gratter et déterrer la viande. Au bout
d'un mois, les mouches de divers genres étant venues
pondre dans la verminière, on y voit fourmiller les
larves qui en sont résultées. On peut dès lors, avec
une bêche, enlever chaque matin la provision de la
journée, que l'on distribue aux volailles ; cette nourriture, précieuse en hiver surtout, est très-favorable
à la ponte, lorsqu'on n'en fait qu'un usage modéré ;
mais elle ne convient ni à l'élevage ni à l'engraissement. Il est bien entendu que la verminière doit
être établie loin des bâtiments, et que chaque fois
qu'on l'ouvre, il faut la recouvrir d'épines.

Un intelligent cultivateur de Seine-et-Marne,
M. Giot, fermier à Chevry-Cossigny, a eu l'idée de
faire servir ses poules à la destruction des insectes
nuisibles à ses cultures, tout en utilisant ces insectes
à la nourriture de ses poules. Voici en quels termes
M. Florent-Prévost, l'un des rapporteurs officiels de
l'Exposition universelle de 1867, appréciait cette
invention pratique : « Aujourd'hui, disait-il, ce n'est
plus seulement la chair de l'oiseau que l'éleveur
veut obtenir, il s'attache aussi à tous les autres produits, c'est-à-dire aux œufs pondus dans presque
toutes les saisons, à la plume du commerce, dont le
revenu est considérable, mais aussi à la plume de la
mue et à la fiente, qui forment un engrais très-fé-

cond : il faut tenir compte encore des services rendus sur les cultures par les volailles mises en liberté
dans le but de détruire les insectes et autres animaux
nuisibles dont elles font leur principale nourriture.
C'est à ce point de vue que l'agriculture doit une
véritable reconnaissance à M. Giot pour l'invention
de son poulailler roulant. C'est une sorte d'omnibus
aménagé pour loger les volailles, et muni par derrière d'une échelle donnant aux poules les moyens
de rentrer. M. Giot mène ce véhicule sur les terres
cultivées, et le change de canton selon la nécessité ;
la volaille, ayant la liberté de sortir et de rentrer,
purge le sol des insectes les plus nuisibles, particulièrement du ver blanc ou larve du hanneton. » Il a
été constaté que les œufs des poules ainsi traitées
sont plus nombreux, plus gros, à 'coquille plus
épaisse que ceux des volailles plus sédentaires; mais
la pratique a fait reconnaître aussi que les œufs et
la viande des poules et poulets ainsi nourris de substances animales, en contractaient un mauvais goût
particulier et se conservaient moins bien. »

Nous avons dit combien il était essentiel de fournir aux poules privées de liberté l'élément calcaire
dont elles ont besoin pour former la coquille de
leurs œufs, et les graviers si indispensables pour
qu'elles puissent digérer les grains. Enfin, nous
ajouterons que la volaille doit toujours, et dans tous
les cas, avoir à sa disposition de l'eau pure et en
quantité suffisante.

En parlant de l'*engraissement*, nous avons dit
quels aliments convenaient le mieux et sous quelle

forme il les fallait donner. Nous nous bornerons à
répéter qu'ici surtout la régularité dans les heures
de distribution des repas, la propreté la plus minutieuse dans le local et les ustensiles divers, sont plus
importantes encore, s'il est possible, que dans l'élevage et l'entretien pour la ponte.

§ 14. — Production des œufs.

Nous avons vu que, du temps de Buffon, la production moyenne en œufs n'était que de 100 par an,
du poids chacun de 44 grammes, soit ensemble
4 kilogr. 400; la statistique officielle ne fixe aujour-
d'hui le produit moyen annuel d'une poule qu'à
91 œufs, mais il est de 133 dans les Bouches-du-
Rhône et de 62 dans la Creuse; le poids moyen
étant de 64 grammes, le chiffre de 91 œufs donnerait un poids annuel de 5 kilogr. 824. Dans nombre
de basses-cours bien tenues, ce produit moyen s'élève
à 160 œufs par an, ou 10 kilogr. 240, ce qui est
plus du double que du temps de Buffon, et presque
le double de ce que nous indique, comme moyenne,
la statistique. Si nous admettons qu'une poule pondeuse consomme par jour 60 grammes d'orge (le
reste de la ration étant fourni par le parcours), et
que ce grain vaille 18 fr. les 100 kilogr., cette consommation s'élèvera par an à 21 kilogr. 900 d'orge,
représentant une somme de 3 fr. 94 c., ou 0 fr. 30 c.
par douzaine d'œufs, dont la statistique officielle
pour 1862 porte le prix de vente moyen à 0 fr. 56 c.
Il est vrai qu'à ce prix de revient il faut ajouter l'in-

térêt du capital et son amortissement, le loyer, etc.; mais il faut faire entrer aussi en déduction de compte l'engrais produit et la valeur des animaux à l'âge de réforme.

Cette même statistique de 1862 évalue le nombre total de nos poules pondeuses en France à 19,040,000 têtes, produisant ensemble 1,140,000,000 œufs, ou 92,000,000 de douzaines, valant en total 51,748,480 fr. Il faut déduire annuellement environ 10,000,000 d'œufs pour l'incubation, de sorte qu'il en reste 1,094,000,000 pour la consommation et l'exportation, ou 70,016,000 kilogr. De ce poids, une notable partie est vendue pour l'étranger. Cette exportation, qui ne s'élevait qu'à 130,915 kilogr. en 1815, qu'à 4,540,610 kilogr. de 1827 à 1836, à 6,182,973 kilogr. de 1837 à 1846, à 7,513,407 kilogr. de 1847 à 1856, a atteint depuis lors les chiffres et valeurs suivants :

1857. . . .	9,754,000 kilogr.,	valant	11,200,000 fr.
1858. . . .	10,418,000	—	11,500,000
1859. . . .	11,340,000	—	13,100,000
1860. . . .	12,966,000	—	16,200,000
1861. . . .	13,218,000	—	17,900,000
1862. . . .	14,087,000	—	17,600,000
1863. . . .	18,626,000	—	23,300,000
1864. . . .	22,379,000	—	28,000,000
1865. . . .	30,121,000	—	37,700,000
1866. . . .	33,869,000	—	39,000,000
1867. . . .	33,720,000	—	38,800,000

L'exportation totale se décomposait, comme il suit, par destinations, dans les années 1864 à 1866 :

DESTINATIONS.	1864	1865	1866
	kilog.	kilog.	kilog.
Angleterre....	22,095,262	29,765,361	33,458,539
Belgique.....	46,364	84,107	130,627
Allemagne....	15,767	35,743	»
Espagne.....	34,789	52,632	»
Italie......	14,799	16,117	»
États-Unis....	2,156	3,370	»
Suisse......	143,200	133,753	278,659
Autres contrées.	27,120	29,719	»
	22,379,457	30,120,802	33,867,825

L'Angleterre nous offre, on le voit, le principal débouché, et notre exportation d'œufs pour ce pays n'a cessé de s'accroître; elle se fait principalement par les ports du Havre, Calais, Cherbourg, Honfleur, Dunkerque, etc., et s'est élevée aux sommes et valeurs suivantes :

1859. . .	12,700,000 fr.	1864. . .	27,600,000 fr.
1860. . .	16,000,000	1865. . .	37,200,000
1861. . .	17,500,000	1866. . .	38,500,000
1862. . .	17,200,000	1867. . .	38,300,000
1863. . .	23,000,000		

Il faut noter que cette même exportation ne montait en 1836 qu'à 5,524,633 kilogr., représentant une valeur de 4,419,746 fr. 40 c., tandis qu'elle est arrivée aujourd'hui à 40 millions d'œufs, valant près de 40 millions de francs. En effet, le prix des œufs exportés de 1834 à 1836 était, en moyenne, de 0 fr. 80 c. le kilogr., il est aujourd'hui d'à peu près 1 fr. le kilogr. C'était donc respectivement 48 et 60 fr. le mille. A la halle de Paris, le prix de

ce même mille d'œufs ordinaires était de 45 fr. 73 c.
de 1823 à 1827, de 46 fr. 48 de 1828 à 1832, de
45 fr. 75 de 1833 à 1837; en 1873, il est d'à peu
près 80 fr., c'est-à-dire qu'il a presque doublé. Il
est vrai que la capitale, en 1856, consommait déjà
175 millions d'œufs, valant 50 fr. le mille, soit une
valeur de 8,750,000 fr.; en 1869, cette consommation devait s'élever à environ 225 millions d'œufs,
valant, à 70 fr. le mille, à peu près 15,750,000 fr.

Les départements de Seine-et-Oise, Seine-et-
Marne, Oise, Loiret, Loir-et-Cher, Yonne, Marne,
Mayenne, Sarthe, Maine-et-Loire, etc., fournissent
surtout à l'approvisionnement de Paris. Ceux de la
Normandie et de la Bretagne, et, depuis quelques
années, ceux de la Flandre, de l'Artois, du Périgord., de l'Angoumois et de la Saintonge, exportent
surtout en Angleterre. L'exportation pour l'intérieur
se fait simplement dans des mannes en osier, où les
œufs sont stratifiés par couches avec de la paille;
celle pour l'étranger se faisait autrefois en caisses,
avec du son, de la sciure de bois ou de la paille;
depuis quelques années elle se fait toujours en caisses, mais les œufs sont stratifiés avec des haricots,
des lentilles, de la graine de lin, etc., de telle sorte
qu'on n'a à transporter aucun poids mort. Quant au'
commerce des œufs, il se fait en gros par les coque-
tiers qui achètent soit dans les fermes, soit sur les
marchés, assortissent par grosseurs et expédient
après emballage en mannes avec de la paille ou du
foin. Sur les marchés de Paris, les œufs se vendent
en gros, en mille, en nombre, mais avec bonne

main de 4 pour 100, soit 1,040 pour 1,000 en paye.
On les y distingue en trois qualités : de choix ou
gros, ordinaires ou moyens, et petits ; les prix relatifs sont en général les suivants : de choix, 125 fr. ;
ordinaires, 100 fr. ; petits, 75 fr.

Les œufs étant rares et ayant une grande valeur
en hiver, on a depuis longtemps cherché les moyens
de les conserver pour cette saison. Pour cela, on
les dépose dans un endroit sec, où la température
soit régulièrement maintenue entre sept ou dix degrés centigrades, et où on les préserve autant que
possible du contact de l'air. Voici les procédés le
plus fréquemment employés. On dépose les œufs un
par un dans un petit baril rempli d'eau de chaux,
ou encore on les enduit d'un corps gras (huile
d'olive, saindoux, etc.); ou on les stratifie dans du
blé, de la graine de lin, du son, de la sciure de
bois, du charbon pilé; ou enfin on les trempe dans
de la cire fondue à basse température ou dans de
l'eau gommée; quelques personnes, qui ne conservent que pour leur propre consommation et non
pour la vente, plongent les œufs un à un, durant
quelques secondes, dans de l'eau bouillante, afin de
coaguler la couche la plus externe de l'albumine. On
peut reconnaître presque toujours les œufs conservés à
ce que la coquille, à sa partie interne, dans la chambre
à air du gros bout, offre de petites taches ou linéaments
noirâtres, qui ne sont autre chose qu'un cryptogame
plus ou moins développé. Nous avons déjà dit que
les œufs de poules vierges, que les œufs non fécondés, sont d'une conservation moins assurée.

§ 15. — PRODUCTION EN VIANDE ET ÉLÈVES.

Nous avons vu plus haut que la statistique officielle de 1862 évaluait la population galline, en
France, à 42,855,790 têtes, dont 12,040,000 poules pondeuses, ce qui suppose environ 2,142,789
coqs, à raison de 1 pour 20 poules ; c'est ensemble
14,182,789 volailles adultes ; nous aurions donc
28,673,001 élèves de tout âge, dont le dixième environ est élevé pour renouveler nos basses-cours,
soit 2,836,558 poulets d'élevage ; il reste pour la
consommation moyenne annuelle 25,836,443 poulets de tout âge, mais que nous pouvons considérer
comme étant tous adultes, parce qu'il y faut joindre
2,836,558 coqs et poules mis chaque année à la
réforme. Retranchons pourtant de ce chiffre de
25,836,443 volailles à consommer, 10 pour 100
pour la mortalité, et il nous restera net environ
23,252,799 poulets, poules et coqs, à consommer
par an. La statistique porte la valeur moyenne d'une
poule à 1 fr. 38 c. et celle d'un poulet à 1 fr. 26 c. ;
si nous prenons comme chiffre moyen 1 fr. 30 c.,
nous obtiendrons une somme de 30,223,638 fr. 70 c.
comme revenu de l'élevage de nos basses-cours,
quant à l'espèce galline seulement. Mais ce revenu
est en réalité beaucoup plus considérable, parce
que l'industrie de l'engraissement augmente dans
une forte proportion la valeur de la moitié au moins
de nos élèves. On le comprendra après avoir com-
paré les chiffres suivants :

	POULET MAIGRE.	POULET GRAS ORDINAIRE.	CHAPON.
Poids vif.	$1^{kil}200$	$1^{kil}850$	$4^{kil}000$
Viande.	70 p. $^0/_0$	75 p. $^0/_0$	80 p. $^0/_0$
Graisse.	4　　"	7　　"	9　　"
Os du squelette.	17　　"	9　　"	5 50 "
Plumes.	6　　"	4 50 "	5 75 "
Sang et intestins..	19　　"	12　　"	7　　"
Évaporation et perte..	1　　"	1 50 "	1 25 "
Valeur commerciale moyenne.	2^f 25	4^f	8^f

Paris à lui seul consommait, en 1853, ou du moins on y vendait sur le seul marché de la Vallée, 329,250 chapons et poulardes, et 2,607,248 poulets, ensemble 2,936,498 têtes; mais il faut, pour être dans le vrai, doubler ce chiffre pour les envois directs aux restaurateurs, marchands de comestibles, particuliers, et les entrées en fraude, soit 5,872,996 têtes. Si nous estimons ces volailles à un poids moyen de 1 kilogr. 500, la population de la capitale étant alors de 900,000 habitants, c'était tout près de 10 kilog. de viande de volaille par tête. Un chapon ou une poularde se vendaient en moyenne par tête 4 fr. 19 c., et un poulet ou une poule 2 fr. 66 c.; au taux moyen de 3 fr., ce serait une valeur totale de 17,618,988 fr.

Les départements de la Sarthe, du Calvados et de l'Ain sont surtout chargés de fournir les chapons et poulardes; les poules et poulets proviennent principalement de la Sarthe, de Seine-et-Oise, de l'Oise, de la Somme, d'Eure-et-Loir, du Loiret, de Seine-et-Marne, de la Seine-Inférieure et de la Loire-Inférieure. Le seul bourg de Lambey, dans Seine-et-Oise, expédie à Paris jusqu'à 1,000 volailles par semaine ; le marché de Houdan en envoie par an pour près de 3 millions de francs.

En 1862, la consommation de Paris montait à 20,300,000 fr. de volailles et de gibier ; le gibier n'entrant dans ce chiffre que pour environ un dixième, il reste 18,270,000 fr. pour la volaille seule. En 1868, cette même consommation en volaille et gibier était montée à 20,730,206 kilogr., représentant une valeur de 40,164,712 fr. ; mais si nous en déduisons le dixième pour le gibier, il ne reste que 18,656,186 kilogr. de volailles, valant 36,148,241 fr. Il est vrai que durant cet intervalle la population avait augmenté, par la suppression des barrières, de plus de 500,000 âmes ; mais c'était, à cette dernière époque, 12 kilogr. de viande de volaille et 24 fr. consommés par tête et par an.

§ 16. — Production en plume.

Nous avons vu dans le paragraphe précédent qu'un poulet ou une poule adulte pouvaient, suivant leur taille et leur poids, fournir de 70 à 120 grammes de plumes et duvet. Pour les utiliser ou les vendre, ces différentes plumes doivent être triées. Des grandes plumes de la queue des coqs et surtout des chapons on fait des ornements de coiffures, des plumets de schakos pour la troupe (chasseurs de Vincennes), ou des plumeaux ; de la plume moyenne du corps on fait des lits de plume ou des traversins, après l'avoir mise en sacs et l'avoir fait, à plusieurs reprises, sé-

journer plusieurs heures dans un four dont on vient
de retirer le pain; la plume la plus fine, après avoir
subi la même préparation, est employée à la confection d'oreillers; mais cette plume moyenne et fine
est beaucoup moins estimée que celle des oies et
des canards. La plume de mue se trouve mélangée
aux engrais et n'a pas d'autre valeur. Dans une
basse-cour importante, la plume bien traitée peut
fournir un produit d'environ 0 fr. 20 c. pour chaque
animal mort ou sacrifié, plus pour un coq ou chapon, moins pour une poule et un poulet.

§ 17. — PRODUCTION EN ENGRAIS OU POULETTE.

Les excréments du poulailler portent le nom de
poulette; ils sont mélangés de plumes de mue et de
quelque peu de sable employé comme litière. On
calcule, en général, que chaque poule adulte, convenablement nourrie et tenue constamment au poulailler, fournit 60 litres de cet engrais par an. Cet
engrais, bien qu'un peu moins riche que la colombine, contient encore environ 7 pour 100 d'azote,
et se vend environ 20 fr. les 100 kilogr., l'hectolitre
pesant 50 kilogr.; c'est donc un produit annuel
d'environ 6 fr. par tête adulte. On emploie la poulette ou poulaite après l'avoir desséchée à l'air libre
et l'avoir pulvérisée; on la sème alors à la volée sur
les plantes en végétation, à raison de 300 à 400 kilogr.
par hectare.

§ 18. — Produit de la basse-cour.

Si nous recherchons quel peut être le produit moyen de l'espèce galline entretenue en liberté dans nos fermes, mais convenablement nourrie et soignée, nous devrons supposer que l'installation du poulailler est à son début, et qu'il se compose simplement de 100 poules et 5 coqs. Sur les 100 poules, 75 seront exclusivement considérées comme pondeuses, et nous fourniront, à 160 œufs par tête, 12,000 œufs par an, à 0 fr. 05 c. l'un, soit. 600^f »^{c}

Les 25 autres poules seront destinées à l'élevage et, à deux couvées chacune par an, nous fourniront 500 élèves, dont 30 pour remplacer les bêtes à réformer, 100 qui seront enlevés à divers âges, dans l'année, par maladie ou accidents, et enfin 370 qui arriveront à bien, et vaudront en moyenne, à 1 fr. 25 c. 462 50

Ces 370 poulets vendus fourniront en plume une valeur d'environ. · . . . . 40 »

Les 105 poules et coqs et les 400 poulets élevés donneront en poulaite, à 30 litres par tête, 151 hectol. 50 ou 7,575 kilogr., valant. . . . . 1,515 »

Total des recettes. . . . . . 2,617^{f}50^c

Passons maintenant aux dépenses :

Nourriture complémentaire de 105 poules et coqs adultes à 145 grammes d'orge, sarrasin, avoine, etc.

ou autres grains, par jour et par tête, soit 52 kilogr.
925 par tête et par an, ou pour l'ensemble 5,557 kilogr.,
à raison de 16 fr. les 100 kilogr., soit. .   889ʳ12ᶜ

Nourriture de 500 poulets d'élevage à
divers âges, à raison de 50 grammes par
jour et par tête, soit 18 kilogr. 250 par tête
et pour l'année, et en total 9,125 kilogr.,
valant, à 16 fr. pour 100. . . . . 1,460 »

Loyer du poulailler, soit intérêt et
amortissement du capital de construction,
de mobilier, etc. 68 38

Soins donnés à la volaille, tiers des gages
et de la nourriture d'une femme à l'an-
née. . . . .   200 »

Total des dépenses. 2,617ʳ50ᶜ

Ne prétendant point enseigner le moyen de se
faire plusieurs mille livres de rente avec les poules,
nous avons réduit le produit aux strictes probabili-
tés, tandis que nous avons largement chiffré les dépenses en nourriture ; dépenses et recettes se balan-
cent. Dans de semblables circonstances, nous pensons que le profit doit surtout être cherché dans la
vente des élèves pendant leur jeune âge, à trois ou quatre mois, ou dans leur engraissement commercial, à
sept ou huit mois, enfin dans une vente plus avantageuse
des œufs par l'expédition vers un grand centre de
consommation. C'est ainsi qu'en ce moment, à Paris
(janvier 1873), les œufs moyens valent 100 fr. le
mille ou 0 fr. 10 c. pièce ; les poulets ordinaires,
2 fr. 50 c. ; les poulets gras, 4 fr. 50 ; les poulets

communs, 2 fr. 15 c. ; les chapons et poulardes,
7 fr. 50 c.

Prenons maintenant les résultats de la statistique
officielle de 1862.

Nous y constatons l'existence de 42,855,790 têtes
de poules, coqs, poulets, etc., de tout âge, d'une
valeur ensemble de 56,569,642 fr. 80 c. Les poules, au nombre de 12,040,000, produisent chacune, en moyenne, 91 œufs par an, ou ensemble 1,104,000,000 œufs, qui, au prix moyen de
0 fr. 56 c. la douzaine, représentent une valeur
de. . . . . 51,748,480^f »^{c}

Aux 12,040,000 poules adultes
il faut ajouter l'existence très-pro-
bable d'au moins 2,142,789 coqs,
ensemble 14,182,789 têtes, qu'on
doit renouveler tout au moins par
cinquièmes ; il faut donc élever,
dans ce but, au moins 2,836,558
poulets et poulettes par an.

Le reste des existences se
compose conséquemment de
25,836,443 poulets et poulettes
destinés à la consommation, et qui,
en les supposant âgés en moyenne
de six mois, valent, l'un dans
l'autre, 1 fr. pièce, soit. . . . . 25,836,443 »

Plus, chaque année, 2,836,558
bêtes adultes mises à la réforme,
et qui, au prix de 1 fr. 50 c.,

A reporter. . . . 77,584,923^f »^{c}

Report. . . .   77,584,923^f » ^{c}

représentent.   4,254,837   »

Admettons un produit en plume morte de 0 fr. 10 c. par tête pour le nombre de 22,673,000 têtes consommées par an, et nous obtiendrons.   2,867,300   »

Enfin, joignons-y un produit en engrais trop rarement utilisé, de 20 litres ou 10 kilogr. par tête moyenne et par an, à 20 fr. les 100 kilogr., ce sera encore. . . .   85,711,580   »

Nous aurons pour total des revenus de l'espèce galline. . . .   170,418,640^{f}00^c

Les dépenses peuvent à peu près se chiffrer par :

Une mortalité moyenne à tous les âges d'environ 15 pour 100, soit. . . . .   8,485,446^f » ^{c}

Pour obtenir 28,673,000 poulets par an, il faut faire couver au moins 43,000,000 d'œufs valant.   2,021,000

La nourriture de chaque tête de tout âge ne s'élève pas, à coup sûr, en moyenne, à plus de 10 kil. de grains divers, valant au maximum 16 fr. les 100 kilogr., soit.   68,569,264   »

Quant au loyer des bâtiments

A reporter. . . .   79,075,710^f » ^{c}

Report. . . . . 79,075,710^f » •

occupés par l'espèce galline, nous
nous déclarons incapable de l'é-
valuer d'une manière un tant soit
peu certaine, les poules logeant
parfois sous des hangars, dans les
étables, etc. ; mettons pourtant, au
hasard, nous l'avouons. . . . . . 5,500,000 ₹

Mêmes observations pour les
soins et la surveillance, la ménagère, dans la petite propriété et
la petite culture, ne dépensant
qu'une partie insignifiante de son
temps à surveiller le poulailler ;
portons cependant, afin de tout
compter, et pour les fermes de la
moyenne et grande culture, de ce
chef. . . . . 15,500,000 »

Total des dépenses. . . 100,075,710^{f}00^c

Le revenu net serait donc d'environ 70,000,000 fr.
ou 1 fr. 63 c. par tête. Nous n'avons pas cru devoir
calculer l'intérêt et l'amortissement du capital représentant la valeur de volailles qui se renouvellent
si fréquemment et pour lesquelles nous avons largement évalué la mortalité. Si nous appliquions les
résultats de ce calcul statistique à l'exemple particulier cité plus haut, le revenu net annuel de
505 poules, coqs et poulets, devrait s'élever à environ 824 fr. 78 c.

14

§ 19. — MALADIES DES POULES.

Nous répéterons, à propos de l'espèce galline, ce que nous avons dit pour les pigeons, savoir : que le plus souvent il est préférable de tuer et manger ou vendre l'animal que l'on soupçonne de maladie, ou qui vient d'être atteint par un accident. Il ne faut pas perdre de vue que plusieurs de ces maladies sont contagieuses et, dans ce cas surtout, il est indispensable de couper le mal dans sa racine. Nous nous bornerons ici à indiquer les maladies les plus fréquentes, et à indiquer les remèdes à la fois les plus simples et les plus certains.

La *pépie*. Le manque d'eau ou la malpropreté causent ordinairement cette maladie. Les animaux qui en sont atteints présentent, sur la langue, une petite peau blanche ou jaunâtre qui en entoure l'extrémité libre, empêche le malade de boire, et change très-notablement le son de sa voix. Il importe de s'y prendre à temps, parce qu'alors le remède est facile : on prend la poule entre ses jambes et on l'y maintient ; on lui ouvre le bec, puis avec l'ongle ou avec une aiguille, on arrache la petite peau ; on frotte ensuite la langue avec un peu d'eau vinaigrée, après quoi on la graisse avec un peu de beurre ou d'huile d'olive. L'animal est mis à part durant deux ou trois jours et nourri d'une pâtée de farine et de son. On attribue la pépie au manque d'eau ou à sa mauvaise qualité, enfin à la malpropreté du poulailler.

La *maladie du croupion* consiste en une petite

tumeur qui se développe sur cette région; la poule
devient triste, cesse de gratter et de manger. On la
séquestre, et quand cet abcès est devenu blanc,
c'est-à-dire quand il est mûr, on l'ouvre avec une
aiguille, on le presse pour en faire sortir le pus,
après quoi on lave la plaie avec de l'eau salée ou du
vin chaud. On donne un régime rafraîchissant jusqu'à guérison complète. L'animal est alors remis en
liberté.

La *constipation*, suite d'un régime trop échauffant, atteint souvent les poules couveuses. Pour la
faire disparaître, on donne du vert (laitue, épinards,
oseille, etc.) haché ou du son mouillé. La *diarrhée*,
produite, au contraire, par un régime trop relâchant,
doit être combattue par un régime de grains, par
du pain trempé de vin ou de cidre, par des œufs durs
hachés fin, par du riz cuit, du persil, de l'ortie, etc.

Le *catarrhe du gosier* ou *toux* paraît être une maladie vermineuse et contagieuse; la poule qui en
est atteinte change de voix, râle et renifle, fait des
efforts comme pour éternuer. Le mieux est de la
sacrifier dès le début. Si on tente de la guérir, il
faut avant tout la séquestrer et lui faire avaler un
peu de décoction de mousse de Corse et d'herbe aux
vers (*Tanaisie vulgaire*).

La *goutte* provient de l'humidité du poulailler,
du sol et de la saison, combinée avec le froid; c'est
un rhumatisme qui amène l'inflammation et le gon-
flement des membres et rend la marche pénible
et difficile. Il faut d'abord remédier à la cause, c'est-
à-dire assainir le poulailler, puis laver les jambes

des bêtes malades avec de l'eau-de-vie camphrée
additionnée de quelques gouttes de laudanum et les
oindre ensuite de saindoux.

La *roupie* ou *catarrhe du nez* consiste en un
écoulement d'humeur par les narines ; elle est contagieuse et à peu près incurable. Il faut tuer l'animal,
et l'on ajoute que sa viande est dangereuse à consommer.

La *gale* atteint rarement les poules ; lorsqu'elle
se déclare, il faut immédiatement blanchir le poulailler à la chaux, passer tous les ustensiles et le
mobilier à la vapeur de soufre, frotter les animaux
avec de la pommade soufrée. Les *poux* (*Ricinus
gallinea*) sont plus fréquents et plus à redouter ; ils
ne se multiplient pourtant au point de porter dom-
mage aux volailles que lorsque le poulailler est mal
tenu et les poules mal nourries ; on les lave alors
avec de l'eau savonneuse et on les saupoudre de py-
rèthre du Caucase.

Les *fractures* des membres sont rarement cu-
rables, elles font dépérir l'animal et exigent un long
traitement ; le mieux est de sacrifier la victime de
l'accident. Si c'est une bête précieuse pourtant, on
peut la renfermer dans une pièce où elle ne puisse
se percher, et l'y laisser au repos avec une nourriture rafraîchissante. Les jeunes poulets se guérissent souvent à l'aide de ces seules précautions.

La *chute du rectum* ou *fondement* est assez fréquente chez les très-bonnes poules pondeuses, à la
suite d'une constipation opiniâtre. On lave l'organe
venu au dehors avec de l'eau tiède de guimauve et

on le fait rentrer à sa place ; l'oiseau est placé dans un endroit obscur où il ne se puisse percher, et mis, pendant deux ou trois jours, à un régime rafraîchissant, après quoi on lui rend la liberté. Si l'accident se reproduit plusieurs fois, il faut sacrifier la poule.

Pustules ou *ulcères*. On remarque parfois des bêtes languissantes ; c'est que leur peau présente des pustules ou ulcères qui les font souffrir et les épuisent. Cette maladie est contagieuse. Il faut séquestrer les malades, puis les mettre à un régime rafraîchissant et à l'eau nitrée.

La *mue* est, non pas une maladie, mais une crise périodique qui se produit chaque année vers le mois d'octobre et coïncide avec la chute des plumes et leur remplacement. Les animaux, durant un mois environ, sont tristes et mangent peu. Il n'y a qu'à laisser agir la nature, donner un régime mixte, éloigner le froid et l'humidité du poulailler.

Le *choléra des volailles* est une épizootie contagieuse qui a fait d'immenses ravages en France en 1864, et a reparu, depuis lors, en divers lieux et à différentes époques. Il fait un grand nombre de victimes ; on ignore encore sa cause et les remèdes à y apporter.

Fig. 67. Dindon domestique.

CHAPITRE IV.

LE DINDON.

Le Dindon (*Meleagris*) appartient à l'ordre des Gallinacés, où il est rangé dans la famille des Gallinacés proprement dits, que quelques-uns appellent famille des Phasianés. Brehm le place dans son ordre des Pulvérateurs, et en forme la petite famille des Méléagridés, caractérisée par le haut de son cou nu et couvert de saillies verruqueuses vivement colorées ; une caroncule charnue, érectile, à la base de la mandibule supérieure ; des fanons membraneux

au-dessous de la mandibule inférieure ; la présence,
chez le mâle, d'un bouquet de crins au milieu du
thorax et la faculté dont il est doué d'étaler les
plumes de sa queue comme le fait le paon ; cette
queue se compose de quatorze rémiges.

On en connaît deux espèces sauvages dont est
descentlue notre race domestique et ses variétés :

Le *Dindon vulgaire* ou *ordinaire* (*Meleagris gal-
lopavo*) qui vit par troupes de plusieurs centaines
d'individus, les mâles séparés des femelles, dans les
forêts de l'Amérique septentrionale, s'y nourrit de
glands verts, de fruits et baies sauvages, d'insectes, etc. ; il perche sur les arbres. C'est un très-
grand et très-gros oiseau ; il a environ 1ᵐ 30 de hauteur, 1ᵐ 20 de longueur, 1ᵐ 50 d'envergure et 0ᵐ 55
de longueur de l'aile ; sa queue a 0ᵐ 40 de longueur ;
il pèse de 8 à 10 et jusqu'à 20 kilogr. ; son dos est
d'un brun jaunâtre à éclats métalliques, avec une
large bordure d'un noir velouté sur chaque plume ;
le bas du dos et les couvertures de la queue d'un
brun foncé, rayées de vert et de noir ; la poitrine
d'un brun jaunâtre, plus foncé sur les côtés ; le ventre
et les cuisses brunâtres, le croupion noirâtre, avec
des bordures peu accusées ; les rémiges d'un brun
noir, moirées, rayées et finement ponctuées de noir ;
les parties nues de la tête et du cou d'un bleu de
ciel clair, et bleu d'outre-mer au-dessous de l'œil ;
les verrucosités d'un rouge laque ; l'œil bleu-jaune ;
le bec couleur de corne blanchâtre ; les pattes d'un
violet pâle ou rouge-laque.

Le *Dindon ocellé* (*Meleagris ocellata*), de la baie

de Honduras, est de même taille que le précédent et a les mêmes mœurs. Il porte la base du cou, le dos, les scapulaires et tout le dessous du corps d'un vert bronzé, chaque plume étant bordée de deux lignes; l'une noire, l'autre, plus extérieure, d'un bronze un peu doré; le vert bronzé, en descendant vers le croupion, passe par degrés à un bleu de saphir, qui, selon les reflets de la lumière, se change en un vert d'émeraude, et la bordure bronze doré s'élargit de plus en plus, prend sur le haut du dos l'éclat de l'or, sur le croupion une teinte rouge-cuivre; les suscaudales et les rectrices offrent quatre rangées transversales d'yeux éclatants, séparés par des espaces gris et vermiculés; ces yeux sont formés par une tache bleue et verte qu'entoure un cercle noir, et sont bordés, en outre, du côté qui regarde l'extrémité de la plume, par une large bande couleur or changeant en cuivre. Ce plumage magnifique rend l'oiseau avantageusement comparable au paon.

Les dindons sauvages vivent, nous l'avons dit, en troupes plus ou moins nombreuses et par sexes isolés, hors de la saison des amours; ils émigrent à l'intérieur vers les forêts où la nourriture est la plus abondante. Vers le mois d'avril, les troupes de mâles et de femelles se rapprochent et s'apparient; peu après, les dindes préparent leur nid composé de quelques feuilles sèches, par terre, dans un trou, au pied d'une souche, sous un buisson, dans un champ de cannes, toujours en place sèche; elles y pondent de dix à quinze œufs, couleur de crème bouillie et pointillés de roux; chaque fois qu'elles

quittent le nid, elles le recouvrent soigneusement
de feuilles sèches, elles ne s'en rapprochent et ne
s'en éloignent qu'avec les plus minutieuses précautions. On fait à ces oiseaux une chasse acharnée
pour leur chair et leur plumes. Les dindons sauvages
se croisent volontiers avec les femelles domestiques ;
de ces croisements résultent des petits très-robustes
et dont la chair est excellente. Les œufs de la dinde
sauvage, couvés par une poule domestique, donnent
des produits très-recherchés. On remarque que,
quoique élevés avec tous les autres oiseaux de la
basse-cour, ils ne frayent point avec eux et font
toujours bande à part.

« M. Gould (*Proc. zool. Soc.*, 8 avril 1856,
p. 61), M. Gould, dit Darwin, paraît avoir suffisamment établi que le dindon domestique descend d'une
espèce mexicaine sauvage (*Meleagris mexicana*),
que les indigènes avaient déjà domestiquée avant
la découverte de l'Amérique, et que l'on considère
généralement comme spécifiquement distincte de
l'espèce sauvage commune des États-Unis. Quelques
naturalistes, toutefois, pensent que les deux formes
ne sont que des races géographiques bien accusées. » Quelques naturalistes, Michaux, Baird, assignent à notre espèce domestique une origine plus
méridionale, et donnent pour patrie à l'espèce sauvage dont elle serait descendue les Indes occidentales, d'où elle a disparu et où le dindon domestique
dégénère : mais tous sont d'accord pour en reconnaître la souche dans une espèce sauvage.

Le dindon étant originaire de l'Amérique que l'on

appela d'abord les Grandes Indes, on lui donna, en France, le nom de coq et poule d'Inde : en Angleterre, une semblable erreur le fit appeler coq de Turquie (*Turquey*). Oviedo, un historien espagnol, paraît être le premier qui ait parlé du dindon. On croit que les premiers de ces oiseaux furent introduits en Espagne par les missionnaires, vers le commencement du seizième siècle; vers le milieu de ce même siècle il était déjà connu en Angleterre (1552) et en Italie (1557). D'après les uns, il aurait été introduit pour la première fois en France, sous François Ier, par l'amiral de Brion, Philippe de Chabot, mort en 1543; suivant les autres, ce seraient les missionnaires jésuites qui l'auraient importé les premiers vers 1518; l'Amérique n'ayant été découverte qu'en 1492, l'honneur que font quelques historiens de l'introduction du dindon en France au roi René (mort en 1480), à Jacques Cœur (mort en 1461), est plus que problématique. Mais, d'un autre côté, c'est à tort aussi qu'on nous paraît faire remonter la première apparition de cet oiseau dans notre pays à 1570, aux noces de Charles IX; ils étaient déjà à la fois assez connus et assez rares pour que les magistrats d'Amiens en eussent offert douze à ce même roi à son entrée dans leur ville en 1566. En 1603, en 1619, ils étaient entrés déjà dans la consommation, mais c'est surtout dans la Bourgogne qu'on paraît s'être d'abord occupé de leur multiplication. Calomniés par Belon et Prudent le Choyselat, les dindons furent réhabilités par Olivier de Serres, et prirent définitivement leur rang dans nos basses-cours.

Le dindon sauvage (quelle que soit sa patrie originaire) a notablement perdu de sa taille et de son poids par l'acclimatation et la domestication; il est aussi devenu moins robuste et a conservé une certaine sauvagerie d'allures. Son plumage a également subi plusieurs modifications, dues, les unes au climat, les autres aux caprices de l'homme; il en est résulté plusieurs variétés de couleurs :

Le *dindon domestique ordinaire* (fig. 67) a le plumage noir avec quelques reflets métalliques et verdâtres dans le mâle, d'une teinte terne et tournant au roussâtre dans la femelle. Il y en a une *variété blanche,* albine, fixe, dont le croisement avec le dindon ordinaire produit une *variété grise* qui est également assez fixe. On connaît aussi une *variété rouge* ou plutôt chocolat, et une autre *variété jaspée-cuivrée,* appelée en Angleterre variété de Cambridge. La *variété de Norfolk,* anglaise, est noire avec des taches blanches sur la tête dans le jeune âge. D'après Temminck, il y avait autrefois, en Hollande, une magnifique race d'un jaune chamois avec ample huppe blanche sur la tête. Les variétés blanche et grise sont considérées comme donnant une chair plus délicate.

La femelle du dindon, ou dinde, est de taille inférieure à celle du mâle; elle ne porte pas d'éperons comme lui; la touffe de poils du poitrail n'apparaît que très-rarement chez elle; les tectrices caudales inférieures varient de nombre, et, d'après une superstition allemande, la femelle pond autant d'œufs qu'il y a de ces plumes chez le mâle; enfin, chez la dinde, la caroncule de la mandibule supérieure n'est pas érectile et les rectrices de la queue ne peuvent se relever comme dans le mâle. Le caractère du dindon domestique a conservé un reste de sauvagerie qui fait que la femelle cherche souvent à cacher sa ponte et à couver ses œufs en secret, ramenant d'ailleurs ses dindonneaux à la ferme aussitôt leur éclosion. La dinde est d'ailleurs une couveuse très-assidue et une mère précieuse pour sa sollicitude à l'endroit des jeunes oiseaux qui lui sont confiés.

Les dindons sont adultes à un an environ, c'est-à-dire au second printemps qui suit leur naissance. La dinde commence à pondre à dix ou douze mois, en mars ou avril; les œufs de cette première ponte sont un peu plus petits que ceux des pontes suivantes, bien que plus gros, en général, que ceux des poules et blancs comme eux. La femelle adulte donne à cette première ponte de quinze à vingt œufs, pondus généralement avec un intervalle d'un jour; elles demandent ensuite à couver; le plus souvent, on réunit les produits de deux femelles pour les faire élever par une seule d'entre elles; celle à qui on a retiré les dindonneaux fait, le plus souvent, dans ce cas, une seconde ponte de dix à douze œufs en août; celles enfin qui ne couvent pas, qu'on ne laisse pas ou qu'on ne fait pas couver à leur première ponte de printemps, en font une seconde, en juillet ou août, de quinze à vingt œufs, comme la première.

De sorte qu'une dinde peut fournir en moyenne,
par an, de trente à quarante œufs.

Le dindon, peu sociable avec les autres volailles,
doit habiter un compartiment spécial de la basse-
cour. Son logement doit être construit d'après les
mêmes principes d'hygiène que pour la poule, également garni de perchoirs et de pondoirs. C'est là
qu'on le renferme chaque soir; mais dans la saison
de la ponte, avant de rendre la liberté aux femelles,
le matin, il faut les tâter une à une, afin de tenir
renfermées celles qui doivent pondre dans la journée. On enlève chaque jour les œufs qui viennent
d'être pondus, sans quoi le désir de l'incubation se
produirait trop tôt; on les place dans un lieu frais
et sec jusqu'au moment où ils devront être couvés.

Les dindes qui ont terminé leur ponte s'obstinent
à rester sur leur nid, couvant le dernier œuf pondu;
il faut y en placer en tout quinze à vingt, suivant
l'âge et la taille de l'oiseau, mais transporter la
mère et les œufs dans un local séparé et où ne puissent pénétrer les mâles, qui chasseraient les dindes
et casseraient les œufs. Le mieux est de mettre à
l'incubation plusieurs femelles le même jour, afin
de pouvoir réunir leurs familles deux par deux
après l'éclosion. Les soins à donner à la couveuse
sont plus indispensables, plus minutieux encore
pour la dinde que pour la poule; il faut la faire
lever, manger et boire régulièrement deux fois au
moins par jour; sans ces soins, beaucoup mour-
raient de faim, de soif et d'épuisement sur leur nid
sans le quitter. Ce nid doit être composé de bruyère

15

recouverte de paille, et placé presque au niveau du sol. Les dindes de deux ans sont préférables, pour conduire et élever les dindonneaux, à celles plus jeunes ou plus vieilles. L'incubation dure de trente à trente-deux jours.

On emploie souvent la dinde, en Normandie, en Beauce, dans le Perche et le Maine, pour couver les œufs de poule; l'incubation dure alors de vingt à vingt-deux jours seulement, comme s'ils étaient placés sous une poule ; mais si on veut faire couver simultanément des œufs de dinde et de poule, il ne faut évidemment placer ces derniers sous la couveuse que dix jours après les autres, afin que l'éclosion se produise à la même époque.

Lorsqu'on élève les dindons en grand nombre, comme dans la Bourgogne, le Berry, la Picardie, la Lorraine, la Guyenne, la Brie [1], on s'arrange pour obtenir toutes les naissances à la même époque et à peu de jours près ; on réunit en une seule bande les dindonneaux de deux couvées, sous une même dinde chargée de les élever, et on forme ainsi deux troupeaux, l'un des éleveuses et de leur famille, l'autre des dindes qui devront faire une nouvelle ponte ; mais disons de suite que ceux-ci seront livrés à la consommation, beaucoup d'entre eux se trouvant clairs et la saison d'ailleurs n'étant plus favorable à l'élevage des dindonneaux.

L'éclosion nécessite la même surveillance et les

[1] Départements de l'Eure, Eure-et-Loir, Seine-et-Marne, Loiret, Loir-et-Cher, Indre-et-Loire, Cher, Aube, etc.

mêmes soins que pour les poulets. Dès que les petits sont éclos, ils ont besoin de chaleur ; aussi répand-on dans le local où ils sont placés 0^m10 à 0^m15 d'épaisseur de fumier de cheval, bien sec et bien divisé. Durant les deux ou trois premiers jours, on insinue deux fois par jour, dans le bec de chaque dindonneau, un peu de vin tiède, et on leur présente de la mie de pain blanc trempée dans du vin additionné d'un peu d'eau. Quelques personnes leur donnent des jaunes d'œufs durcis et émiettés finement. A partir du quatrième ou cinquième jour, on leur donne des feuilles d'ortie blanche, que l'on a trempées dans l'eau bouillante et hachées ensuite bien menu ; on y ajoute parfois un peu de fenouil également haché ; parfois on leur donne des œufs durs entiers et hachés, blanc, jaune et coquille. Un peu plus tard, on ajoute à la pâtée d'orties un peu de farine de maïs ou un peu de graine d'orties, et on continue à faire avaler un peu de vin de temps en temps. Lorsqu'on remarque que les fientes deviennent trop dures et sèches, on ajoute aux orties des feuilles de poirée ou betterave sauvage, de laitue, de lait caillé, etc.

Ce n'est guère que lorsqu'ils ont un mois environ que les dindonneaux sont en état de sortir, mais seulement lorsqu'il fait chaud et sec ; la pluie et le froid leur sont mortels ; jusque-là on n'a dû leur permettre que de courtes promenades dans quelque petit enclos situé près de la ferme et seulement durant une ou deux des heures les plus chaudes de la journée. On forme des mères et des petits un troupeau qu'un enfant, une femme ou un vieillard con-

duisent et surveillent aux champs, choisissant les
terres les plus légères, bien enherbées, marchant
lentement, veillant à ce que nul ne s'écarte de la
bande et ne reste en arrière, suivant les haies pour
en faire tomber les mûres de ronces, les senelles
(fruits de l'épine blanche), ou la lisière des bois,
conduisant le troupeau à l'aide d'une grande gaule
feuillue. Le conducteur doit éviter soigneusement
les terres labourées au printemps, les champs couverts de rosée en été ; il doit surveiller attentivement
les mouvements atmosphériques, de façon à ramener
toujours son troupeau au poulailler avant les pluies,
les brouillards ou même les vents froids. S'il prend
soin de ses bêtes, il recueillera, chemin faisant, les
faînes (fruit du hêtre), les glands, les châtaignes
qu'il trouvera, afin de les leur distribuer ; il aura
soin de ne pas les fatiguer par de trop longues courses, de les rentrer au milieu du jour pendant les
grandes chaleurs.

Les pâturages naturels, les trèfles, luzernes et
sainfoins, au printemps, sont les meilleurs parcours
pour les dindonneaux, qui ne leur font que peu de
tort et grand bien, mangeant les petites limaces et
une foule d'insectes nuisibles et quelque peu de
feuilles. On les conduit rarement sur les prairies
naturelles, qui leur conviennent peu et auxquelles ils
conviennent moins encore. Les chaumes de céréales
leur offrent en été une excellente nourriture, puis
à l'automne on retourne sur les pacages et les prés
artificiels, le long des chemins et des haies, dans
les futaies, etc. On doit avoir soin, suivant la saison

et le temps, de compléter, le matin, à midi et le soir, la
nourriture du troupeau par une distribution variable
de grains à la ferme; en automne et en hiver, on
donne souvent des carottes, des betteraves ou des
pommes de terre cuites, écrasées et mises en pâtée
avec un peu de son ou même de farine. Leur parcours est, à cette époque, aussi très-favorable aux
vignes.

Mais durant ce temps, les dindonneaux ont à traverser une crise funeste pour beaucoup d'entre eux.
Vers l'âge de deux mois, les caroncules se développent et causent ce qu'on appelle la maladie du
rouge, maladie qui dure de quinze jours à trois semaines et en fait périr un grand nombre, lorsque
surtout ils sont soumis à une hygiène défectueuse.
Nous dirons plus loin comment on les doit traiter
durant cette crise. Lorsqu'elle est achevée, les dindonneaux sont devenus beaucoup plus rustiques,
mais jusque-là il est important de les préserver de
la pluie, de l'humidité et du froid; aussi leur élevage est-il plus assuré sur les terrains siliceux, calcaires, légers, que sur les terres argileuses, fortes,
humides. On considère comme une réussite, dans
les meilleures conditions, une éclosion de 75 p. 100
des œufs mis à l'incubation, et l'arrivée sans accident à l'âge adulte, de soixante-quinze dindonneaux
sur cent naissances; mais la mortalité s'élève, dans
certaines années et dans certaines conditions, au
contraire, à 75 p. 100.

Les dindonneaux sont adultes, c'est-à-dire ont à
peu près terminé le développement de leur squelette

vers l'âge de six à sept mois, c'est-à-dire en novembre ou décembre. C'est alors qu'on peut commencer leur engraissement. Il doit se faire en
liberté. On marque d'un signe distinctif ceux du
troupeau qui doivent recevoir un supplément de
nourriture, qu'on leur distribue trois fois par jour :
avant le départ le matin, à la rentrée des champs,
à midi et le soir, en les appelant dans un parquet
isolé. Pour les reconnaître, on leur coupe quelques
plumes de la queue ou on leur attache un court ruban à la patte. Ce supplément consiste, pendant les
quinze premiers jours, en grains ou déchets de
grains, en racines cuites, en fruits (glands, châtaignes, noix, etc.); durant la seconde quinzaine, en
pâtées de racines cuites, écrasées, délayées avec de
l'eau ou mieux du lait écrémé, et mélangées de farines d'orge, maïs ou sarrasin. Pendant les quinze
derniers jours on les embocque, comme les poulets,
avec des pâtons de farine dont on augmente successivement le nombre; ou bien avec des grains trempés de maïs, ailleurs avec des noix entières, comme
en Provence. Les dindonneaux sont, on le voit, d'un
engraissement long et coûteux; les dindes adultes
prennent un peu mieux la graisse, pourvu qu'ils
n'aient pas dépassé l'âge de deux ans; mais, en
somme, ce sont des producteurs de viande moins
économiques que la poule, l'oie et surtout le canard.

Dans le Périgord et le haut Languedoc, l'engraissement des dindons est pratiqué en grand et poussé
très-loin; il se fait ainsi que nous l'avons indiqué,
mais dure environ deux mois et se termine par

quinze jours d'empâtonnement avec du maïs délayé
de lait. Ces volailles, d'un magnifique état de graisse,
sont généralement destinées à être farcies de truffes
pour la consommation de luxe des grandes villes, et
atteignent un très-haut prix. D'autres fois, on en
fait des conserves en pots, dans la graisse, ainsi que
nous le dirons des oies.

Un dindonneau d'un an, bien engraissé pour le
commerce, arrive, en moyenne, au poids de 5 kilogr.
vif; une dinde adulte, dans le même cas, pèse de 5
à 6 kilogr.; un dinde atteint 8 à 9 kilogr.; en Angleterre, pour la fête du Christmas (Noël), on engraisse, avec les graines de tournesol (*Helianthus
annuus*), des dindons du Norfolk qui pèsent jusqu'à 15 kilogr. vifs. Une dinde de 5 kilogr. poids
vif nous a fourni les rendements suivants :

Viande.	3^{kil} 550 ou 71 p. % du poids vif.	
Os (compris dans la viande).	0 425 ou 8 50	»
Graisse.	0 200 ou 4	»
Plumes.	0 300 ou 6	»
Sang et intestins.	0 850 ou 17	»
Évaporation et perte. . . .	0 100 ou 2	»
Prix de vente commercial. .	7^f 50 ou 1^f 50 le kilogr. vivant.	

Le produit en engrais des dindons est à peu près
le double de celui des poules, soit cent vingt litres
par an, ayant les mêmes qualités et la même valeur,
soit, à 10 francs l'hectolitre, 12 francs par an et par
tête d'adulte maintenue constamment au poulailler,
et la moitié, soit soixante litres et 6 francs par tête
et par an, lorsqu'elle est soumise au régime du parcours. Le produit en plumes diffère selon la variété

du plumage : celles d'un beau dindon blanc peuvent se vendre de 15 à 20 francs aux plumassiers, qui s'en servent pour imiter les plumes d'autruche, les réunissent, les montent, les teignent en toutes couleurs et en tirent eux-mêmes ensuite un très-grand bénéfice. Les plumes des dindons d'autres variétés atteignent à peine le dixième de cette valeur, soit 1 fr. 50 c. à 2 francs par tête d'adulte. Ces plumes se récoltent après le sacrifice de l'animal ; on peut encore tirer un léger parti de celles de la mue, en octobre. Les mâles fournissent beaucoup plus de plume, et plus estimée, que les femelles.

Si nous recherchons quels peuvent être les profits de cet élevage, nous trouverons, comme moyenne, les chiffres suivants :

Vingt dindes de deux ans produiront 350 œufs à 0 fr. 10 c. l'un, soit 35 francs. Ces œufs mis à l'incubation produiront 262 éclosions, sur lesquelles on peut espérer obtenir 195 dindonneaux adultes ayant une valeur, à dix mois, de 4 francs l'un, soit.. 780ᶠ »ᶜ

Les dix dindes qu'on n'emploie pas comme éleveuses fourniront en outre 100 œufs à 0 fr. 10 c. pour la consommation, soit.. . . . . 10 »

Le produit en engrais peut être évalué à 1,200 litres pour les vingt mères et à 5,000 litres pour les 195 dindon-

A reporter. 790ᶠ »ᶜ

Report.	790^f »
neaux, ensemble 62 hectol. à 10 fr., soit.	620 »

Le produit en plume pour les mères et les dindonneaux ne saurait être porté, l'un dans l'autre, à plus de 75 centimes par tête, que les animaux soient sacrifiés ou vendus, soit, pour 215 bêtes. . $\quad$ 161 25

Total des produits. . . . . $\quad$ 1,571^f 25^c

Les dépenses se composeront des soins à donner dans le jeune âge, et pour lesquels nous pouvons compter le temps entier d'une femme durant deux mois, soit . . . . $\quad$ 90^f »^c

De la nourriture consommée pendant ces deux mois : pain, vin, œufs, orties, son, millet, chènevis, oignons, etc., etc., approximativement. . . . . $\quad$ 120 »

Huit mois du temps entier d'un enfant ou d'une femme, pour conduire aux champs et soigner les dindonneaux, à 1 franc par jour . . . . $\quad$ 240 »

Supplément de nourriture donné à la ferme durant ces huit mois, à raison de 100 grammes de grain par tête et par jour, soit 1,482 kilogr. 500, à 16 fr., pour 100. . . . . $\quad$ 237 20

Loyer, intérêts, amortissement du local et des ustensiles, environ. . . . . $\quad$ 40 05

Total des dépenses. . . . . $\quad$ 727^f 25^c

15.

Le bénéfice net, dans ce cas, serait de 844 francs ; mais, nous l'avons dit, il faut faire entrer en ligne de compte l'incertitude du succès ; il arrive assez fréquemment que 20 ou 30 pour 100 des éclosions peuvent être amenées à l'âge adulte et meurent à diverses époques ; au lieu du profit indiqué, on se trouve alors en perte. Il suffit d'une pluie d'orage survenue à l'improviste, d'une négligence du conducteur, pour déterminer une mortalité considérable qui élève hors de toutes proportions le prix de revient des survivants. Aussi conseillerons-nous, surtout pour l'élevage des dindons, le poulailler roulant de M. Giot. (Voir chapitre III, § 12.)

Les dindons ne sont exposés qu'à un nombre assez petit de maladies, mais ils leur offrent peu de résistance ; bien mieux encore qu'avec les poules et les pigeons, conseillerons-nous le sacrifice de l'animal qui se montre triste, abattu, qui ne mange pas, suit le troupeau péniblement ou l'abandonne.

La *maladie du rouge,* nous l'avons dit, est une crise de développement ; elle se produit toujours et chez tous, mâles et femelles, vers l'âge de six à dix semaines, lorsque les caroncules de la tête et du bec apparaissent. Le premier soin est de tenir le troupeau au chaud, puis de donner une nourriture stimulante et tonique, c'est-à-dire des pâtées composées de farine d'avoine, d'un peu de son, de chènevis écrasé, du sel, auxquels on mêle du poivre en grains, un peu de persil haché très-fin, un peu d'ail et beaucoup d'oignons crus et coupés menus ; on fait boire chaque jour un peu de vin tiède et on ne laisse sortir qu'une ou deux heures par jour quand le temps est sec et chaud.

La *clavelée* est une éruption cutanée qui n'est pas sans analogie avec celle qui atteint les moutons; elle se montre parfois sur les troupeaux de dindons et apparaît sous forme de pustules sous les ailes, sous le ventre, autour et parfois dans l'intérieur du bec; elle est toujours dangereuse, et on la croit contagieuse. Il faut donc séquestrer successivement tous ceux qui en sont atteints et les placer dans un local chaud et sec; là on leur donne une nourriture tonique, la même que pour le rouge; pour boisson, de l'eau contenant en dissolution 15 grammes de sulfate de fer par litre, puis on touche les ulcères avec la pierre infernale (nitrate d'argent) ou avec du sulfate de cuivre. Ceux, nombreux, qui succombent malgré la médication, doivent être profondément enfouis.

La *constipation,* résultat d'un régime très-échauffant, atteint particulièrement les mâles adultes; des boissons nitrées, des pâtées de son délayé avec du petit lait et auxquelles on ajoute des feuilles d'oseille ou de laitue, en ont promptement raison. La *diarrhée,* résultat d'un pâturage humide de pluie ou de rosée, cède le plus souvent à un régime tonique composé d'avoine en grains, de chènevis, de pois grillés, etc., avec du vin ou des boissons ferrugineuses. L'*échauffement* est, pour les dindonneaux, une maladie du premier âge; ils deviennent tristes et languissants, leurs plumes se hérissent sur tout le corps; le bout de celles des ailes et de la queue blanchit. Les fermières les guérissent le plus souvent par une saignée, qui se pratique en arrachant deux ou trois des grosses plumes qui recouvrent le croupion.

Le *catarrhe nasal* est ordinairement le premier résultat du froid subi ou de la pluie reçue ; il consiste en un écoulement plus ou moins abondant qui s'établit par les narines ; on séquestre les malades, afin de les tenir au chaud, on lave fréquemment les narines avec une décoction tiède de racines de guimauve, et on donne une nourriture tonique.

. Le *catarrhe du gosier,* ou rhume, ou toux, est une affection vermineuse causée par le *Sclerostomum synganus* (Nematoïdes) ; cette maladie se reconnaît à un bâillement fréquent de l'oiseau, qui étend ensuite le cou comme s'il était pris d'une violente suffocation ; elle est contagieuse et sévit parfois d'une manière épizootique. Le *sclerostomum* se fixe sur la muqueuse de la trachée et du larynx, dont il peut déterminer une inflammation si violente qu'elle gagne les poumons et peut faire mourir l'animal d'asphyxie. On conseille de donner, trois ou quatre fois par jour, une pâtée farineuse délayée avec de l'urine humaine au lieu d'eau, et d'introduire dans la trachée une plume qu'on y retourne afin de la dégager des vers. D'autres personnes ont recommandé d'administrer, le soir, pendant trois ou quatre jours, un gramme de camphre par tête, et le matin, une gorgée de décoction d'absinthe. Il est présumable que le développement de ces entozoaires est dû aux défauts d'hygiène du logement, trop chaud, mal aéré, et à un régime débilitant, comme le parcours dans les pâturages humides.

La *goutte*, dans les pays argileux, dans les poulaillers froids et humides, atteint fréquemment les dindonneaux ; il faut remédier d'abord à la mauvaise installation du local, ne faire sortir le troupeau que par les temps secs et sur de sains pacages ; puis on place les malades dans une pièce chaude, sur une épaisse couche de paille ; on leur donne une nourriture tonique, on leur fait boire un peu de vin et on leur lave chaque jour les jambes et les pieds avec ce même liquide ; après quoi, jambes et pieds sont enveloppés de filasse ; enfin, on fait avaler de temps en temps un grain de poivre noir ou blanc.

Empoisonnement. Plusieurs plantes sont vénéneuses pour les dindonneaux, entre autres la ciguë, la digitale, la jusquiame, la plupart des champignons. Dans le cas d'empoisonnement, dont il est difficile de présumer la cause, mais facile de reconnaître les effets, on peut tenter de faire avaler de l'eau vinaigrée, de la décoction de café, de l'eau albuminée, etc., suivant que telle ou telle plante vénéneuse est plus ou moins fréquente sur le trajet parcouru par le troupeau.

Fig. 68. Pintade.

CHAPITRE V.

LA PINTADE.

La pintade, ou peintade, appartient, comme le coq et le dindon, à la famille des Gallinacés proprement dits, de la classification de Cuvier. Brehm en fait, dans son ordre des Pulvérateurs, le genre typique de la famille des Numididés, caractérisé par la présence, au sommet de la tête, d'un tubercule calleux plus ou moins prononcé, et à la mandibule inférieure, de deux caroncules ou barbillons ; enfin, par le cou plus ou moins dénué de plumes. On connaît trois espèces sauvages de pintades.

La *pintade commune* (*Numida Meleagris*) (fig. 68) paraît être propre à l'ouest de l'Afrique ; on la trouve en grand nombre à Sierra-Leone, dans l'As-

chanti, l'Aguapion, et dans les îles du cap Vert ; elle
est redevenue sauvage dans les Indes occidentales,
à la Jamaïque, à Cuba, etc. Elle a le haut de la
poitrine et le derrière du cou d'un lilas uniforme,
le dos et le croupion gris, parsemés de petites taches
blanches entourées d'un cercle foncé ; les couvertures supérieures des ailes également variées de
taches blanches, mais plus grandes et en partie confluentes ; les barbes externes des régimes secondaires marquées de raies transversales étroites ; la
face inférieure du corps d'un gris noir semé régulièrement de grandes taches rondes ; les rémiges
brunâtres, bordées de blanc en dehors, avec les
barbes internes irrégulièrement rayées et pointillées
de blanc : les rectrices d'un gris foncé, tachetées de
blanc, les latérales seules étant rayées ; les caroncules larges et assez longues ; l'œil brun foncé ; les
joues d'un blanc bleuâtre ; le bec d'un rouge jaunâtre ; le tubercule calleux qui surmonte le bec,
rouge ; les pattes d'un gris ardoisé sale, couleur de
chair vers la naissance des doigts.

La *pintade à casque* (*Numida Mitrata*) semble
être répandue sur une vaste étendue de pays, et se
trouve partout en grand nombre, principalement
vers le sud et l'est de l'Afrique, où on l'a souvent
confondue avec la précédente. Elle a le tubercule
calleux de la tête plus grand ; les caroncules minces
et longues ; le plumage noir mat, plus clair au
ventre, semé de grandes taches régulières ; les
plumes de la nuque et de la gorge transversalement
rayées de gris ; les barbes externes des rémiges

secondaires marquées de taches confluentes ; l'œil
gris brun ; la partie supérieure de la tête et la racine
du bec rouge laque ; une tache demi-circulaire en
arrière de l'œil ; la partie supérieure du cou et la
gorge d'un bleu vert ; le milieu du cou bleu foncé ;
les caroncules violettes à la base, rouge corail à
l'extrémité ; le casque jaune de cire ; le bec couleur
de corne ; les pattes d'un bleu noir.

La *pintade ptilorhynque* (*Numida Ptilorhyncha*)
habite tout le nord-est de l'Afrique, à partir du 16e degré de latitude. Les plumes roides qui lui forment une
collerette sont d'un noir velouté : elle a les plumes
du cou finiment moirées de gris cendré clair, sur un
fond gris brun ; celles du dos d'un gris brunâtre
foncé, semé de petites taches arrondies, plus prononcées sur les couvertures supérieures des ailes,
confluentes et en taches allongées sur les barbes externes des scapulaires, en larges raies blanches,
plus ou moins interrompues sur les grandes couvertures des ailes ; le ventre à reflets gris bleu ; la poitrine, les flancs et les couvertures inférieures de la
queue variées de taches grandes et bien arrondies ;
les rémiges secondaires d'un gris brun, marquées de
raies gris clair ou blanchâtres, plus prononcées sur
les barbes externes que sur les internes ; les rémiges
primaires marquées de taches très-nettes, mais se
confondant peu à peu, sur les barbes externes, avec
un liséré bleu clair, finement moiré de brun clair
et de brun foncé ; les rectrices également marquées
de taches nettes mais non parfaitement arrondies ;
l'œil brun ; les joues, ainsi que le lobe qui en naît,

d'un bleu clair; la gorge couleur de chair rougeâtre; le haut de la tête couleur de corne; le pinceau de poils roides et soyeux qui se trouve à la
base de la mandibule supérieure, d'un jaune clair;
le bec rougeâtre à la base, couleur de corne claire
à la pointe; les pattes d'un gris brun foncé.

Deux autres pintades, décrites, l'une sous le nom
d'*Agelastus Meleagrides*, l'autre sous celui de *Pha-
ridus niger*, habitent l'ouest de l'Afrique, mais sont
à peine connues. Quant à ce que la plupart des naturalistes nomment la pintade huppée, c'est la gut-
tère de Pucheran (*Guttera Pucheranii*) qui habite
le sud-est de l'Afrique et forme un genre différent
de celui des pintades, par sa tête ornée d'une huppe
complète, sa gorge nue, dépourvue de barbillons,
mais recouverte d'une membrane cutanée profondément plissée, son bec très-développé, sa queue
courte et parfaitement recourbée en dedans.

Toutes les pintades sauvages ont des mœurs sédentaires, un caractère timide plutôt que farouche;
elles sont monogames et vivent par troupes de
quinze à vingt individus, parfois de six à huit familles; elles courent au moins autant qu'elles volent; elles ont un cri strident comme le son de la
trompette et qu'elles font surtout entendre le matin
et le soir; elles se perchent sur le sommet des rochers ou à la cime des grands arbres, font leur nid
à terre, sur une simple couche de feuilles, au milieu
de buissons fourrés, et y pondent de douze à quinze
œufs; elles se nourrissent, suivant la saison, d'insectes, de graines, de baies, de bourgeons, de feuilles

même ; elles savent déterrer, avec leur bec, les graines en germination et les racines d'ignames ; aussi sont-elles souvent un fléau, à la Jamaïque, pour les planteurs.

Presque tous les naturalistes sont d'accord pour rapporter l'origine de la pintade domestique, appelée autrefois poule numidique, africaine, de Barbarie, méléagride, etc., à la pintade commune et sauvage, que l'on aurait, à une époque immémoriale, réduite en domesticité. Après avoir lu la description des trois précédentes espèces sauvages, le lecteur jugera s'il doit préférer à cette opinion celle de Darwin et des zoologues anglais : « La pintade domestique, dit-il, descend, suivant l'opinion de quelques naturalistes, de la *Numida Ptilorhyncha*, qui habite des régions très-chaudes et en partie très-arides de l'Afrique orientale ; elle a donc été, dans nos pays, soumise à des conditions extérieures bien différentes. Elle a néanmoins peu varié, si ce n'est par le plumage, qui est tantôt plus pâle, tantôt plus foncé. Cet oiseau, et le fait est singulier, varie davantage de couleur dans les Indes occidentales, sous un climat chaud, et humide, qu'en Europe. La pintade est redevenue complétement sauvage à la Jamaïque et à Saint-Domingue, et a diminué de taille ; ses pattes sont noires, tandis qu'elles sont grises chez l'oiseau africain. » Nous craignons que Darwin n'ait adopté cette origine que pour les besoins de sa cause et afin d'avoir à citer un exemple de variation de plus, car la ressemblance, moins la taille, est frappante entre la pintade sauvage et la nôtre.

En tous cas, la pintade est une conquête fort ancienne de la domestication et de l'acclimatation. Elle était connue des Grecs dès le temps d'Aristote et d'Athénée, qui en parlent comme d'un oiseau assez commun ; on présume qu'elle y avait été importée de Cyrène ou de Carthage. C'est de là sans doute aussi que la reçurent les Romains, à qui nous la devons. « On avait, même à Rome, et en abondance, dit Isidore Geoffroy Saint-Hilaire, deux espèces de pintades, la *Numida Ptilorynchus* à caroncules bleues, que l'Europe n'a pas conservée, et la *Numida Meleagris* à caroncules rouges, la même qu'on avait eue en Grèce, et qui est aujourd'hui si commune en Europe. » Les Romains, du temps de Pline, ne paraissent point, du reste, l'avoir tenue en bien haute estime. « La méléagride, dit ce naturaliste, est une sorte de poule d'Afrique, bossue et d'un plumage varié. De tous les oiseaux étrangers, elles sont les dernières qu'on ait admises sur les tables, à cause de leur goût désagréable. Mais le tombeau de Méléagre les a rendues célèbres. » C'est des Romains, et sans doute à l'époque de la conquête des Gaules ou peu après, que nous avons reçu cet oiseau. Mais, d'après Belon, nous en aurions perdu l'espèce durant le moyen âge, et elle nous aurait été de nouveau importée par les Portugais, à l'époque de leurs premières navigations sur les côtes d'Afrique, c'est-à-dire au quinzième siècle. La pintade était assez commune en Angleterre au treizième siècle, soit qu'elle y eût été introduite à l'époque des Croisades, soit qu'elle s'y fût conservée depuis la domination romaine.

Aujourd'hui, la pintade occupe presque partout une place dans la basse-cour, malgré son cri strident, répété, désagréable, malgré ses mœurs fuyardes, mystérieuses et tracassières ; c'est qu'on lui tient compte de la délicatesse de sa chair, fort estimée d'un certain nombre de gourmets.

Nous avons dit que la pintade domestique, que tout le monde connaît du reste, n'était que la pintade commune et sauvage, domestiquée et acclimatée ; elle en est la ressemblance exacte, moins la taille, qui a un peu diminué : elle est à peu près celle d'un coq ordinaire ou d'une poule moyenne, et pèse, vivante, de 2 kilogr. 500 à 3 kilogr. ; ralliée plutôt encore que domestiquée, elle n'accepte que la vie en plein air, perchant la nuit sur les murs, les toits ou les arbres, pondant à sa guise, en secret, souvent à une distance assez grande de la basse-cour, couvant assidûment, mais amenant rarement ses œufs à bien. On en élève, dans les basses-cours, trois variétés : la *noire marbrée,* que l'on regarde comme plus féconde, plus rustique, plus facile à élever, mais qui est aussi plus criarde et plus turbulente, moins sociable avec les autres oiseaux. La *grise cendrée,* un peu moins grosse, la plus répandue sans doute parce qu'elle est moins bruyante et moins querelleuse, mais de taille plus petite et plus délicate à élever. Enfin, la *variété blanche,* qui n'est qu'une sous-variété albine de cette dernière, dont elle ne diffère que par son plumage ; on dit qu'il y en a quelques individus précieux par leur complet mutisme, mais d'une extrême délicatesse de tempérament.

Pour former un troupeau de pintades, on se procure un mâle pour une dizaine de femelles. Celles-ci commencent à pondre vers le milieu du mois de mai, et à intervalles de deux ou trois jours ; elles fournissent de dix-huit à vingt œufs, plus petits que ceux de la poule et d'un rouge sombre sans taches. Si on peut enlever successivement ces œufs du nid et l'empêcher de couver, la pintade continue sa ponte et peut en fournir jusqu'à trente. Si on a pu continuer à les lui soustraire jusqu'à la fin, elle produit souvent, dans le Midi surtout, une seconde ponte de douze à quinze œufs, en juillet et août, soit en tout et au maximum, de trente à trente-cinq œufs. Ces œufs sont d'une extrême délicatesse et très-recherchés des gourmets ; mais leur prix est très-élevé. Les femelles ne commencent à pondre que lorsqu'elles ont l'âge d'un an au moins ; passé celui de cinq ans, leur fécondité diminue très-notablement ; aussi les réforme-t-on entre quatre et cinq ans. Nous avons dit qu'elles refusaient d'accepter le poulailler pour logement : elles vont déposer leurs œufs dans les buissons, les fourrés, les touffes d'herbe, les cachant très-soigneusement, employant une foule de ruses variées pour y aller et en revenir, afin de dépister ceux qui les voudraient observer. C'est pourquoi il faut planter quelques arbrisseaux buissonnants dans l'enclos qui leur est destiné, et leur y ménager quelques faciles cachettes où la récolte des œufs peut s'opérer à coup sûr, à la condition d'y en laisser toujours un.

Monogame à l'état sauvage, comme la perdrix, la pintade est devenue polygame dans nos basses-cours. Il est assez difficile de reconnaître le sexe de ces oiseaux; cependant le mâle a les joues d'un bleu plus foncé que la femelle, et lorsqu'il mange, il étale légèrement ses ailes; à l'époque de l'accouplement, les barbes prennent une teinte d'un rouge foncé, ses cris redoublent, presque continuels, et il donne, à l'endroit de ses femelles, les signes de la plus ardente jalousie.

Lorsqu'on peut soustraire les œufs de la pintade, le mâle les allant souvent casser dans le nid et les bêtes puantes en étant très-friandes, il est préférable de les faire couver par des poules, auxquelles on en donne quinze à dix-huit chacune. La durée de l'incubation est de vingt-cinq à vingt-huit jours. Les pintadeaux portent le dos brun, rayé et ponctué de fauve; le ventre blanchâtre, le bec et les pattes rouges. Dans le premier plumage qui succède au duvet, les plumes sont brunes, bordées de roux et de jaune roux. A leur naissance, les pintadeaux sont généralement petits, frileux, délicats; leur première nourriture doit se composer d'œufs de fourmi, et à défaut, d'œufs de poule durcis, hachés très-fin et mélangés de persil; ou encore d'une pâtée d'œufs durs et de mie de pain, de chènevis et de millet écrasés avec de la mie de pain. Un mois plus tard, on leur donne du chènevis entier, de l'avoine, du sarrasin, des déchets de blé, des pâtées de son, de pommes de terre cuites, d'oignons et d'aulx. La maladie du rouge, ou le développement des caroncules, ne se produit que vers le troisième mois ; on les traite, durant ce temps, ainsi que nous l'avons déjà dit pour les dindonneaux ; cette crise pourtant paraît moins dangereuse chez les pintadeaux. Quand ils ont quatre à cinq mois, leur mère ou leur éleveuse les abandonne, et ils sont en état de trouver seuls leur vie. Cet élevage, comme celui des dindons, réussit plus sûrement dans les pays méridionaux, sur les terrains sablonneux et secs, que dans les contrées humides et sur les sols argileux.

Les pintades grattent la terre comme les poules ; comme elles, elles aiment à se rouler dans la poussière, et, devenues adultes, elles sont omnivores ; les verminières peuvent rendre de grands services pour leur nourriture, surtout pendant le premier âge. Le moyen le plus assuré de réussir dans l'éducation de cet oiseau, ce serait de le traiter comme les faisans : établir, au milieu de grands parcs, des pintaderies comme on y fait des faisanderies, pour y élever les pintadeaux, et leur donner ensuite une demi-liberté, en leur distribuant, bien entendu, surtout en hiver, des suppléments de nourriture.

Les pintades sont adultes vers l'âge de quinze mois ; ce n'est qu'alors qu'on peut les engraisser. Douées d'un excellent appétit, il suffit pour cela de leur donner une ration plus abondante de grains, de pâtées de racines cuites et de farines, mais sans les renfermer. La castration, bien que facile et peu dangereuse, est à peu près inutile. Après quatre à

six semaines d'engraissement, les jeunes pintades
pèsent de 3 à 3 kilogr. 500. Leur viande, très-fine,
très-délicate, mais un peu sèche, se rapproche de
celle du faisan, mais elle a un fumet moins prononcé. Le prix sur les marchés varie de 4 à 5 fr.
pièce. Les plumes de cet oiseau, très-serrées sur le
corps, très-belles, sont cependant restées jusqu'ici
sans usage dans l'industrie.

La pintade adulte n'est exposée qu'à un petit
nombre de maladies, que, du reste, sa vie vagabonde permet difficilement de distinguer au début
et de soigner avec quelques chances de succès. Les
plus fréquentes sont la *pépie*, la *goutte* et la *congélation* des pattes en hiver; on les soigne ainsi que
nous l'avons indiqué pour les poules.

Fig. 69. Le paon.

CHAPITRE VI.

LE PAON.

Le Paon (fig. 69), dans la classification zoologique de Cuvier, prend place dans la famille des Gallinacés proprement dits, où il forme un genre distinct. Brehm en fait, dans son ordre des Pulvérateurs, une famille spéciale, celle des Pavonidés, caractérisée par les plumes suscaudales très-allongées, à barbes lâches et soyeuses, et pouvant se redresser pour s'étaler en roue.

On connaît quatre espèces de paons vivant à l'état

16

sauvage dans le sud de l'Asie ; ce sont : le *paon vulgaire* (*Pavo Cristatus*), qui habite les Indes et Ceylan ; l'espèce souche de notre paon domestique, il n'en diffère que par sa taille un peu plus grande et l'éclat plus vif de ses couleurs ; il est par conséquent trop connu pour que nous décrivions son magnifique plumage, monopole du mâle, à part la huppe qui caractérise les deux sexes.

Le *paon noir* (*Pavo Nigripennis*). Récemment, Sclater a décrit une nouvelle espèce sous le nom de paon noir. Ce paon différerait du précédent en ce que le mâle a les couvertures supérieures des ailes d'un bleu noir ou d'un bleu vert. La femelle aurait un plumage gris clair, semé de taches foncées. On ne connaît pas sa patrie. Quelques-uns le regardent comme le produit du croisement des *Pavo Cristatus* et *Muticus*.

Le *paon du Japon* (*Pavo Japonicus*), très-peu connu jusqu'ici, ne diffère guère du paon vulgaire que par sa huppe droite, composée de dix plumes étroites et étagées entre elles, par son cri et par sa livrée particulière, plus brillante encore s'il est possible.

Le *paon spicifère* (*Pavo Muticus*), paon mutique ou paon géant, habitant de l'Assam et des îles de la Sonde, est connu depuis plus longtemps que le paon vulgaire. Il surpasse ses congénères en beauté. Les plumes de sa huppe ont les barbes larges et disposées en épis ; le haut du cou et la tête sont d'un vert émeraude, le bas du cou d'un vert bleu, bordé de vert doré ; la poitrine est verte, avec reflets dorés ;

le ventre d'un gris brunâtre ; les couvertures des
ailes d'un vert foncé ; les rémiges brun cuir, avec
les barbes externes marbrées de gris et de noir ; les
rémiges secondaires noires , à reflets verdâtres ; les
grandes couvertures de la queue semblables pour la
longueur et la distribution des couleurs à celles du
paon vulgaire, mais encore plus belles ; l'œil gris
brun , entouré d'un cercle nu et bleuâtre ; les joues
jaune d'ocre ; le bec noir ; les pattes grises ; les tarses
hauts ; la forme du corps élancée. La femelle ressemble au mâle , moins la longueur de la queue.

Les paons sauvages vivent en petites troupes , sur
la lisière des grands bois ; ils recherchent, pour percher la nuit, les arbres les plus élevés. Malgré le
peu d'envergure de leurs ailes, ils peuvent , lorsqu'ils y sont contraints, franchir en volant des espaces considérables ; leur vol est lourd et bruyant.
Ils sont soumis à une mue d'automne qui prive le
mâle de sa queue. La femelle niche à terre sous
quelque grand buisson, dans un lieu sec et élevé ;
son nid, grossièrement construit , se compose de
quelques ramilles et de feuilles sèches ; elle y pond
une douzaine d'œufs et les couve assidûment.

Le *paon domestique* n'est autre que le paon vulgaire acclimaté et domestiqué depuis longtemps en
Europe. Il n'a fourni qu'une seule *variété blanche*
ou albine , plus délicate et peu constante.

La mythologie avait fait du paon l'attribut de
Junon , ce qui prouve qu'il était connu des Grecs
dès les temps héroïques. Certains historiens disent
qu'il fut importé de l'Inde en Europe par Alexan-

dre le Grand, qui l'aurait trouvé au pays d'Ophir ;
d'autres , qu'il fut introduit de l'Inde en Palestine
par les flottes de Salomon. Ce qui paraît certain,
c'est qu'il était connu en Grèce aux temps de Péri-
clès et d'Aristote. L'Italie ne le reçut de la Grèce que
vers la fin de la république ; Columelle , Varron et
Pline le mentionnent. « L'orateur Hortensius , dit
ce dernier auteur, fut le premier Romain qui fit tuer
un paon pour sa table, lorsqu'il donna son repas de
réception au collége des Pontifes ; et le premier qui
ait engraissé des paons est Aufidius Lurcon, vers le
temps de la dernière guerre des pirates. Il se pro-
cura par ce moyen un revenu de soixante mille ses-
terces. » Sous l'empire, le paon joua un rôle important dans la gastronomie : Vitellius, Héliogabale,
offraient à leurs convives, l'un des langues, l'autre
des cervelles de paon. Au moyen âge, il était d'u-
sage , parmi nous, de servir un paon rôti à tous les
dîners d'apparat. Aujourd'hui, la chair de cet oiseau
est fort peu appréciée, bien qu'elle soit réellement
fort bonne lorsque l'animal est jeune.

La paon est exclusivement un oiseau de luxe, de
volière ou de parc ; dans nos basses-cours , son caractère batailleur et impératif porte le trouble parmi
les volailles ; c'est avec les dindons qu'il est le plus
difficile de le faire vivre en bonne intelligence. Il
s'habitue difficilement, du reste , à un régime domestique ; il lui faut la liberté, l'espace, les toits ,
les murs ou les grands arbres pour se percher. La
femelle pond au printemps (en mai) une douzaine
d'œufs d'un blanc fauve , tachetés de points plus fon-

cés et de la grosseur de ceux de dindon. Elle recherche, pour les déposer dans un nid très-grossiè-
rement établi à terre, les lieux les plus secrets, afin
de les dérober au mâle, qui ne manquerait pas de
les casser. La ponte se succède, en général, à intervalles d'un jour, et il faut avoir soin de recueillir
ces œufs, la paonne ou panne les distribuant souvent en plusieurs endroits. Lorsque sa ponte est terminée, on lui rend ses œufs, mais on entoure son
nid d'une clôture pour en interdire l'accès au mâle
et aux autres volailles ; c'est là qu'on lui porte, à
plusieurs reprises, chaque jour, à manger et à boire.
C'est, du reste, une couveuse assidue, quoique un
peu maladroite ; aussi casse-t-elle souvent une partie de ses œufs. Après vingt-huit à trente jours d'incubation, les paonneaux ou panneaux éclosent.

Il est plus prudent, lorsque la paonne a couvé
déjà ses œufs pendant dix jours, de les lui enlever
et d'en placer cinq sous une poule domestique,
cinq sous une autre, en ayant soin de les retourner
chaque jour, leur volume étant trop considérable
pour les forces de la couveuse ; vingt jours plus
tard l'éclosion a lieu. D'autres personnes préfèrent
confier ces œufs à une dinde.

Les petits naissent couverts d'un duvet jaunâtre,
comme les poussins de la poule. La nourriture préférable pour eux à ce moment consiste dans de la
farine d'orge délayée avec du vin, du froment en
grains macéré dans l'eau tiède, de la bouillie d'orge,
froment et avoine, cuite et refroidie. Lorsqu'ils ont
un mois, l'aigrette commence à pousser, et c'est la

16.

cause d'une légère crise; à trois mois, on peut déjà distinguer les sexes; mais ce n'est qu'à la troisième année qu'ils acquièrent leur plumage définitif, et que leur queue a atteint toute sa longueur; ce n'est qu'alors qu'ils sont complétement adultes. Chaque année, vers la fin de juillet, commence la mue; les plumes de la queue des mâles tombent successivement pour ne reparaître qu'au printemps; cette mue s'étend, du reste, à toutes les plumes et aux deux sexes, comme chez les autres oiseaux.

Quand les paons ont pris leur aigrette, on les nourrit, suivant les lieux et les saisons, avec du grain d'orge ou de blé, des féverolles rôties, des pépins de pomme ou de raisin, du caillé pressé et frais, des vers de verminière, des insectes, etc. On ne réunit les jeunes aux vieux que lorsqu'ils ont sept à huit mois; plus tôt, ils seraient poursuivis, battus, chassés ou tués par les mâles; encore faut-il les surveiller dans les premiers temps pour intervenir en temps opportun et empêcher les accidents. La paonne ne fait qu'une ponte par an. On entretient d'ordinaire un mâle pour quatre ou cinq femelles. Celles-ci sont adultes et commencent à pondre au second printemps qui suit leur naissance; les mâles ne doivent être admis à la reproduction que lorsqu'ils ont trois ans. Les uns et les autres peuvent vivre, en moyenne, durant vingt-cinq ans. Lorsqu'ils ont dépassé six à huit ans, les mâles deviennent souvent méchants, même pour les hommes, et surtout pour les enfants. A tout âge ils ont contre eux leur cri désagréable.

CHAPITRE VII.

LE FAISAN.

Le Faisan, dans la classification de Cuvier, forme le type de la tribu des Faisans, dans la famille des Gallinacés proprement dits. Brehm en a formé, dans son ordre des Pulvérateurs, la famille des Nycthémères, caractérisée par une longue huppe à barbes décomposées et retombant en arrière; par une queue longue, conique, très-étagée, composée de deux plans qui s'inclinent en forme d'angle ouvert; enfin, par des ailes relativement courtes et dont la pointe ne dépasse pas la base de la queue. On connaît plusieurs espèces de faisans proprement dits, savoir:

Le *faisan argenté* ou *bicolore* (*Phasianus Nycthemerus*), qui porte le plumage blanc en dessus, avec des lignes noires très-fines sur chaque plume, et noir dessous; le dos blanc rayé; la nuque et la partie supérieure du cou d'un blanc pur; la huppe noire; les joues nues et d'un rouge écarlate; l'œil brun clair; le bec blanc bleuâtre; les pattes rouge laque ou mieux corail: tel est du moins le plumage du mâle. La femelle est d'un brun roux tacheté de gris, avec les joues et le menton blanchâtres; le ventre et le bas de la poitrine blanchâtres, avec taches d'un brun roux et rayures noires transversales; les rémiges primaires sont noirâtres; les rectrices externes sont marquées de lignes noires ondulées. Il est originaire du sud de la Chine, où il habite les montagnes boisées de l'intérieur. D'un caractère querelleur, le mâle cherche querelle non-seulement à ceux de son espèce, mais aux coqs, aux dindons, aux pintades, etc.; néanmoins, il est plus facile à apprivoiser à l'homme que les suivants.

Le *faisan commun* (*Phasianus Communis* ou *Colchicus*), originaire des côtes de la mer Caspienne et de l'Asie occidentale, particulièrement de la Colchide, est nombreux à l'état sauvage dans le Caucase. Le mâle est de la grosseur du coq de combat des grandes races. Ses formes sont élégantes, son port gracieux, son plumage agréablement varié. Il porte la tête dorée avec des reflets verts et bleus, et deux touffes au sommet; le cou vert foncé; le dos et les côtés d'un marron pourpre très-brillant; la queue gris olivâtre à bandes noires transversales. La femelle est plus petite, et ses couleurs moins brillantes sont : le brun, le roux, le gris et le noir; vers cinq ans, pourtant, elle ressemble davantage au mâle; on lui donne alors le nom de faisan-coquard. On en connaît deux variétés, qui paraissent assez fixes; ce sont : le *faisan rayé,* dans laquelle le mâle est de couleur plus foncée, porte des taches d'un noir moins foncé, et la teinte verte du cou rehaussée par une étroite bande blanche; le *faisan isabelle,* dont la teinte dominante est un gris jaune clair, chaque plume étant bordée d'un liséré foncé; le ventre est foncé, et parfois d'un noir uniforme. Les femelles ont la même teinte fondamentale que les mâles dans les deux variétés.

Fig. 70. Le faisan.

La *variété blanche* n'est qu'un cas d'albinisme non toujours constant ; la *variété panachée* paraît être le résultat d'un croisement entre le faisan commun et sa variété blanche.

Le *faisan à collier* (*Phasianus Torquatus*), considéré pendant longtemps comme une simple variété du précédent, est reconnu aujourd'hui pour une espèce distincte. Originaire de l'Asie orientale, il est nombreux sur les montagnes boisées de la Chine. Le mâle porte le plumage du faisan commun avec un large collier blanc; il en diffère encore par sa taille moindre et par sa queue proportionnellement moins longue. Ses œufs sont d'un bleu tendre plus ou moins verdâtre, et marqués çà et là de petites mouchetures plus foncées. La femelle est d'un rouge plus vif que celle du faisan commun.

Le *faisan versicolore* (*Phasianus Versicolor*), originaire du Japon, où il est très-commun dans certaines régions. Sensiblement plus petit que le faisan commun, il a la tête et le haut du cou verts, le bas du cou d'un bleu métallique; la nuque et le dessous du corps d'un vert foncé, tournant au vert noir sur les flancs et au milieu du ventre; les plumes du manteau d'un vert noir au milieu, marquées d'une étroite bande jaune roux en forme de fer à cheval, et rayées de roux; les couvertures supérieures des ailes et de la queue d'un vert bleuâtre; les rémiges brunes, avec une bordure plus claire; les rectrices rayées de brun rougeâtre et de noir; l'œil brun clair; le bec gris-blanc; les pattes gris brun clair. La femelle diffère de celle des autres espèces en ce que ses plumes sont d'un vert foncé au milieu, et largement bordées de gris brun clair ou de jaune clair.

Le *faisan de Sœmmering* (*Phasianus Sœmmeringii*) ou faisan cuivré, est originaire du Japon, comme le précédent. Il est de la taille du faisan commun. Le plumage du mâle est d'un beau rouge cuivré assez uniforme, chaque plume étant bordée d'un liséré clair; la femelle est de la même couleur, mais ses plumes sont marquées de lignes ondulées et de raies noires. Il est encore peu connu.

Le *faisan vénéré* ou *royal* (*Phasianus Veneratus*), originaire du nord de la Chine, est encore appelé *faisan superbe* (*P. Superbus*), *faisan de Rêves* (*P. Revesii*). Il est caractérisé par la longueur de sa queue, qui atteint 1^{m}30 à 2^m. Son plumage est excessivement bigarré de blanc, de noir, de jaune doré, de marron, de brun, etc., de manière à former des figures, des taches, des bordures extrêmement régulières. Il a à peu près la taille du faisan argenté.

Le *faisan de Wallich* (*Phasianus Wallichii*), originaire des régions de la frontière nord-est de l'Hindoustan, diffère des autres faisans par la brièveté relative de ses tarses armés d'un éperon très-long et très-pointu chez le mâle; son plumage est un beau mélange de gris, de brun clair et de noir, disposés avec beaucoup d'harmonie. Ses pattes, courtes relativement à sa taille, sont armées d'un éperon long et très-aigu chez le mâle. La femelle n'en diffère qu'en ce qu'elle ne porte ni éperons ni longues

plumes de la queue. Le naturel de cette espèce est
très-batailleur.

Le *faisan doré* (*Phasianus Pictus*) ou *thaumalé
peint* (*Thaumalea Picta*) nous paraît être, avec
raison, rangé par Brehm dans une famille distincte,
celle des Thaumalés, à cause de la collerette distinc-
tive que porte le mâle. On connaît maintenant deux
espèces de thaumalés. Le thaumalé peint, encore
appelé faisan tricolore, a la tête ornée d'une huppe
pendante d'un jaune d'or ; son cou porte une collerette orangée ; le ventre est rouge feu ; le dos vert ;
les ailes rousses ; le croupion jaune ; la queue longue, brune, tachetée de gris. La femelle a le plumage d'un rouge roux sale, passant sur le ventre,
ou jaune roussâtre ; les plumes du haut de la tête,
du cou et des flancs sont rayées de jaune brunâtre
et de noir ; les rémiges secondaires et les rectrices
médianes sont de même couleur, mais à raies plus
larges ; les rectrices latérales sont brunes, moirées
de gris jaune ; le haut du dos et le milieu de la poitrine sont unicolores. Ce magnifique oiseau est le
plus petit de tous ceux que nous possédons. Il est
originaire de la Chine centrale ; on le rencontre aujourd'hui dans le sud de la Tauride et dans l'est de
la Mongolie. Beaucoup moins farouche que le faisan
commun, il s'apprivoise facilement avec l'homme
et avec les volailles. Ses œufs, à peu près de la
grosseur de ceux de la poule, sont rougeâtres, et
ressemblent assez à ceux de la pintade. On en connaît une variété, le *faisan* ou *thaumalé obscur* (*Phasianus Obscurus — Thaumale Obscura*), à queue

Fig. 71. Faisan doré.

beaucoup ┌plus courte et à plumage plus foncé.

Le *Faisan* ou *thaumalé d'Amherst* (*Phasianus seu Thaumalea Amherstiæ*), récemment découvert, est également originaire de la Chine (Yu-nan occidental et Tibet). De même taille que le précédent et non moins beau, il porte la huppe noire en avant, rouge en arrière; la collerette blanche, avec bordure brune; le cou, le manteau, le dessus des ailes, d'un vert doré clair, avec étroite bordure foncée; le bas du dos d'un jaune doré avec hachures foncées; le ventre blanc; les ailes grises, plus ou moins rayées de noir; la queue d'un magnifique rouge corail.

Trois seulement de ces espèces : les faisans commun, argenté et doré, ont été depuis longtemps domestiquées dans nos volières et dans nos parcs. Toutes trois peuvent être croisées ensemble, et donnent des métis féconds. Elles se mélangent même sans difficulté avec la poule domestique, et on donne à ces métis, qui sont féconds aussi, le nom de *faisans-coquards*.

D'après la tradition, le faisan commun aurait été trouvé par les Argonautes, sur les bords du Phase, dans la Colchide (Mingrélie actuelle), d'où lui vient son nom. On ignore à quelle époque le faisan argenté a été pour la première fois introduit en Europe; mais on peut admettre que ce n'est pas avant le seizième siècle, les auteurs de cette époque, et en particulier Gessner, ne le mentionnant pas. Quant au faisan doré, son apparition dans nos volières ne remonte pas plus haut que la moitié du dix-huitième siècle; il y a tout lieu de croire que

c'est cet oiseau dont parlait Pline le Naturaliste, sous
le nom de Phénix, et que le sénateur Manilius avait
fait le premier connaître, en 98 avant Jésus-Christ,
comme un oiseau de l'Arabie. D'après Cornelius
Valerianus, le phénix passa en Égypte sous le con-
sulat de Q. Plautius et de Sext. Papinius; enfin, selon
Pline, il aurait été amené jusqu'à Rome même sous
la censure de l'empereur Claude, en 47 avant Jésus-
Christ; on le fit voir au peuple dans le comice.

Les faisans sont toujours restés oiseaux de luxe,
élevés tantôt en volière comme curiosité, et tantôt
dans les faisanderies pour le plaisir de la chasse.
Dans le premier cas, on choisit de préférence les
faisans dorés et argentés; dans le second, le faisan
commun. Cependant, des expériences tentées dans
quelques grandes faisanderies d'Allemagne, et des
tentatives toutes récentes faites par M. Place, dans
le département de Seine-et-Marne, au Buisson de
Massouri, près de Melun (1856-1860), semblent
ne laisser aucun doute sur la possibilité de multiplier le faisan doré dans nos parcs et nos bois,
comme on le fait pour le faisan commun. Cependant nous ne nous occuperons que de ce dernier dans
ce qui va suivre.

Le faisan commun s'élève en grand dans la faisanderie, d'où on le tire ensuite pour peupler. Il
peut vivre huit à dix ans, et se plaît de préférence
dans les plaines fraîches et boisées. A l'état de liberté, il est d'un naturel farouche et s'envole lourdement au moindre bruit, en jetant un cri assez
semblable à celui de la pintade; hors la saison des

amours, il vit solitaire; son intelligence est assez
bornée.

La poule-faisane pond, en mars ou avril, de douze
à vingt œufs, un peu plus petits que ceux de la poule
domestique, d'un gris verdâtre taché de brun, et à
coquille assez mince. L'incubation de ces œufs dure
de vingt-quatre à vingt-sept jours. Comme la faisane
est mauvaise couveuse, il faut, chaque jour, recueillir les œufs pondus, et les faire couver, moins de
quinze jours après leur ponte, par des poules domestiques, et surtout par de petites poules (courtes
pattes ou Bantam), à chacune desquelles on en
donne de huit à douze.

Pendant les vingt-quatre heures qui suivent l'é-
closion, les faisandeaux, placés avec la mère sous
une mue ou dans une boîte d'élevage, ne mangent
pas. Le lendemain de leur naissance, on commence
à leur donner, toutes les deux heures, un repas
composé d'œufs (larves) de petites fourmis, ou une
pâtée de mie de pain blanc avec des œufs durs hachés très-fin, un centilitre environ par jour. A partir du sixième et jusqu'au douzième jour, on double
cette ration, dans laquelle on augmente la proportion des œufs de fourmi, en y ajoutant en outre
quelques asticots (de verminière) triés. Du douzième
au vingt-cinquième jour, on augmente encore la ration, en forçant la proportion de pain et d'œufs durs;
du vingt-cinquième au soixantième, on donne une
quantité croissante de grains de millet, de blé, d'orge
et de sarrasin. A partir du deuxième mois, on ne donne
plus que deux repas de grains par jour; les autres

se composent de viande cuite refroidie et hachée
très-menu. A trois mois, on donne le régime ordinaire, du grain trois fois par jour. Mais pendant tout
ce temps on a dû tenir constamment à leur portée
de l'eau très-pure, dans un vase large et plat. C'est à
deux mois que les faisandeaux ont traversé leur
crise de développement, la pousse des plumes de la
queue, qui en fait périr un grand nombre. Il est bien
entendu que cet élevage difficile a dû s'accomplir au
milieu des plus grands soins de propreté.

On peuple la faisanderie avec des faisans de l'année, bien portants et de beau plumage. On les nourrit de blé, d'orge et de millet, auxquels on ajoute,
dès la fin de février, du sarrasin et du chènevis, pour
activer la ponte; on donne parfois aussi, à ce moment, des œufs durs hachés. Les meilleures pondeuses ont de deux à quatre ans. Au commencement de mars, on sépare les couples, chacun dans
un parquet. C'est au printemps qu'on donne la liberté aux faisandeaux de l'année précédente que l'on
ne veut pas réserver pour l'élevage.

L'élevage en grand ne peut se faire que dans une
faisanderie, vaste enclos d'un hectare parfois de
superficie, entouré de murs ou de treillages très-
serrés, partie boisé, partie en pelouses, partie en
culture, à l'abri des renards, des fouines, etc. Dans
un endroit protégé du vent et à bonne exposition,
on construit la volière, toujours entourée de murs
élevés d'au moins 2^m,50, et qui se compose de petits
parquets accolés ainsi disposés : au nord, un mur
d'abri; sur les trois autres côtés, des petits murs ou

des treillages en fil de fer garnis de paillassons, afin que les faisans ne puissent se voir. Le mur du fond supporte un petit toit avancé sous lequel sont disposés des juchoirs et des nids ; le sol des parquets est partie sablé et partie gazonné, et on y plante quelques buissons. La superficie de chacun d'eux est de 8 à 10 mètres carrés. Ces parquets sont recouverts d'un filet de corde goudronnée, ou mieux, d'un treillage assez fin de fil de fer, placé à $2^m,50$ de hauteur au moins, afin, d'un côté, de retenir les faisans, de l'autre, d'empêcher l'invasion des chats, des fouines et autres ennemis. L'élevage en petit se fait dans les volières et avec les mêmes soins.

Un faisan commun, argenté ou doré, se vend, mort, suivant son poids et selon la saison, de cinq à trente francs. Mais il faut tenir compte que l'élevage est très-cher, donne lieu à une mortalité parfois considérable, et ne réussit pas toujours. A la saison des amours, les faisans mâles et les poules même doivent être isolés les uns des autres, parce qu'ils se tuent fréquemment à coups de bec. La viande des faisans est très-recherchée pour sa délicatesse et son fumet.

Fig. 72. Perdrix rouge.

CHAPITRE VIII.

LA PERDRIX.

La Perdrix était rangée par Linnée dans le
grand genre Tétras des Gallinacés ; depuis, on en a
fait une famille subdivisée en sous-famille, celle-ci
comprenant les francolins, cailles, colins et perdrix
proprement dites. Brehm en fait, dans son ordre
des Pulvérateurs, la famille des Perdicidés, où elles
forment le genre Perdrix, caractérisé par la forme
arrondie de leur corps, leur bec assez fort, leurs
jambes courtes, la tête petite, la queue courte et
pendante, les tarses pourvus d'éperons courts et

mousses, ou simplement d'un tubercule corné, manquant chez la femelle.

Les perdrix habitent le sud de l'Europe, l'ouest et le centre de l'Asie, le nord et l'ouest de l'Afrique, Madère et les Canaries. On en connaît un grand nombre d'espèces, que nous ne décrirons que très-succinctement :

La *Perdrix grecque*, Bartavelle, Saxatile (*Perdix saxatilis*), qui ne diffère guère de la perdrix rouge que par l'absence totale des taches noires et blanches du cou, se rencontre, mais rarement, en France, dans le Jura, l'Auvergne, les Basses-Alpes et les Pyrénées. Elle est facile à apprivoiser, et s'accommode assez facilement de la domesticité.

La *Perdrix rouge* (fig. 72) (*Perdix rubra*), bien connue de nos chasseurs qui la voient, avec chagrin, devenir plus rare d'année en année, n'habite que le sud-ouest de l'Europe et le nord de l'Afrique. Elle est également facile à apprivoiser, et s'accommode même de la vie en cage.

La *Perdrix des roches*, ou Gambra (*Perdix petrosa*), qui tient le milieu entre la bartavelle et la perdrix rouge, est surtout caractérisée par son collier brun châtain, parsemé de points blancs. On ne la rencontre que rarement dans le midi de la France ; elle habite la Sardaigne, la Corse, l'Algérie, la Sicile, la Grèce, etc. Elle a été introduite et acclimatée vers 1858 en France, dans les forêts de Rambouillet et de Saint-Germain.

La *Perdrix grise* ou Starne (*Perdix* ou *Starna cinerea*), ou perdrix commune, originaire de l'Eu-

rope et d'une partie de l'Asie centrale, est trop
connue pour que nous la décrivions. Elle habite la
France, l'Angleterre, la Belgique, la Hollande, le
Danemark, l'Allemagne, et a été acclimatée jusqu'en Suède, il y a environ trois siècles et demi ; on
la rencontre au sud, en Espagne, en Crimée, en
Turquie et en Asie Mineure. Elle n'a été connue
des Romains que vers 69 après Jésus-Christ (Pline).

Toutes les perdrix sont monogames, mais ne s'accouplent qu'au printemps. La perdrix grecque pond,
suivant les climats, de février à juin, douze à quinze
œufs d'un jaune pâle, semés de taches très-fines
d'un brun clair. La perdrix rouge s'accouple et pond,
de mars à avril, de douze à seize œufs, d'un jaune
roux clair tacheté finement de brun, plus arrondis
que ceux de la grise et à coquille solide. La perdrix
des roches s'accouple de février à avril et pond de
quinze à vingt œufs, d'un gris jaunâtre tiqueté de
brun clair. Enfin la perdrix grise s'accouple de mars
à mai et pond de dix à dix-huit œufs piriformes,
lisses, ternes, d'un jaune verdâtre pâle. La durée de
l'incubation, d'après les naturalistes, serait, pour la
perdrix grecque, de dix-huit jours ; pour la perdrix
rouge, de dix-huit à vingt ; pour la perdrix des roches et la grise, de vingt-deux jours.

Les perdrix sont granivores et insectivores. Bien
que presque toutes faciles à apprivoiser et à domestiquer, elles ne pondent que rarement en captivité ;
on doit donc tâcher de se procurer des œufs de perdrix sauvages et les faire couver par de petites
poules Bantam. Les perdreaux doivent être élevés et

17.

nourris absolument comme les faisandeaux. Leur crise de développement se produit vers l'âge de six semaines, quand leur tête se couvre de plumes; ils sont alors exposés à une enflure dangereuse de la tête et des pattes; les meilleurs moyens préventifs sont le grand air et la liberté. Si l'on en veut peupler une contrée, on leur donne la volée à l'âge de trois mois environ; si l'on veut les conserver dans la basse-cour, il faut leur couper ou casser le fouet de l'une des ailes; enfin, si on veut les nourrir en volière, cette dernière précaution est inutile, mais le plafond de leur logement doit être en toile et tendu à 2^m,50 au moins de hauteur. Leur parquet, moitié couvert et fermé, moitié en plein air, sera disposé comme celui des faisans.

La perdrix rouge est plus difficile à domestiquer, plus délicate à élever que la perdrix grise. La viande des animaux élevés en captivité est plus tendre, plus succulente, mais moins parfumée, d'un moins haut goût que la chair des animaux sauvages.

Fig. 73. Caille commune.

CHAPITRE IX.

LA CAILLE.

La Caille forme un sous-genre du grand genre
Tétras, très-voisin des perdrix, dans l'ordre des Gallinacés. Brehm en a fait, dans les Pulvérateurs, la
famille des Coturnicidés, caractérisée par sa petite
taille, ses ailes pointues, sa queue cachée sous les
plumes du croupion, ses pattes courtes ou moyennes,
faibles et dépourvues d'éperons, son plumage abondant et la tête complétement couverte de plumes.

La *Caille commune* (fig. 73) (*Coturnix communis*
ou *vulgaris*) a le dos ondé de noir, une raie blanche
et pointue sur chaque plume, la gorge brune, les
sourcils blanchâtres. Elle habite toute l'Europe, une

partie de 'Asie et de l'Afrique ; c'est un oiseau migrateur qui voyage en troupes, vole lourdement,
mais marche bien ; arrivées à destination, sur les
continents, les troupes se divisent, s'isolent. La
caille est polygame. Elle a, du reste, presque les
mêmes mœurs que la perdrix, dont elle se rapproche
par tant de caractères qu'on lui a souvent donné le
nom de perdrix naine.

La *Caille naine de Chine* (*Excalefactoria sinen-
sis*) diffère de la précédente par ses ailes plus courtes
et plus arrondies, par sa taille plus petite, par la
différence du plumage entre le mâle et la femelle.
Elle habite les Indes, les Iles de la Malaisie et l'Australie.

En été, la caille s'établit dans les plaines fertiles,
couvertes de moissons ; elle évite les hauteurs et les
lieux humides ; elle s'établit de préférence dans les
champs de blé et de seigle ou dans leurs chaumes.
Ce n'est qu'alors qu'elle commence à travailler à son
nid ; elle creuse, à cet effet, une légère dépression,
la tapisse de quelques feuilles sèches et y pond de
huit à quatorze œufs, grands, piriformes, lisses,
d'un brun jaunâtre et parsemés de taches d'un brun
noir ou d'un brun foncé très-diversement disposées.
Elle couve dix-neuf ou vingt jours. Il est difficile de
lui faire abandonner ses œufs, et elle périt souvent
victime de son dévouement maternel. Pendant qu'elle
couve, le mâle court la campagne en quête de nouvelles amours, et sans aucun souci de sa progéniture.

A peine écloses, les jeunes cailles ou cailleteaux

courent avec leur mère, qui les conduit, les garde
et les abrite sous ses ailes quand le temps est mauvais, qui leur témoigne enfin la plus grande tendresse. Les cailleteaux se développent rapidement et
s'éloignent chaque jour davantage ; ils sont très-ba-
tailleurs et se livrent entre eux de sanglants combats.
A deux semaines ils volettent, à cinq ou six semaines ils sont assez développés, assez forts pour
abandonner la troupe et même pour émigrer. Quand
elles sont devenues adultes, les cailles s'engraissent
avec une grande rapidité et fournissent une chair
excellente, très-fine et très-délicate.

La caille s'apprivoise facilement et s'accoutume
promptement à la vie de la volière et même de la
cage, pourvu que celle-ci soit assez spacieuse et que
le plafond en soit formé par une toile tendue, parce
qu'aux époques de ses migrations accoutumées, elle
se tourmente beaucoup, cherche à fuir, et se briserait
la tête contre les barreaux supérieurs. Sa nourriture
est, à tous les âges, la même que celle de la perdrix, aussi bien dans la jeunesse que dans l'âge
adulte ; les soins et l'hygiène sont également semblables. Les Romains élevaient, dans leurs volières,
un grand nombre de cailles, mêlées avec les grives,
les merles, les ortolans, etc.

Fig. 74. Grive.

CHAPITRE X.

LA GRIVE.

La Grive appartient à l'ordre des Passereaux, à la
famille des Dentirostres, à la tribu et au genre des
Merles, où elle forme le sous-genre des Grives.
Brehm en a formé, dans son ordre des Chanteurs,
la famille des Turdidés, distincte par l'estomac peu
musculeux, les lobes du foie inégaux, la rate vermi-
culaire, les cœcums courts, l'humérus non pneuma-
tique, le squelette moins creusé de cellules aériennes.
On en connaît quatre espèces principales :

La *Grive viscivore* ou Draine (*Turdus viscivorus*),
originaire des grandes forêts de toute l'Europe,
surtout des forêts peuplées de conifères, émigre du
nord au sud en hiver, pour revenir au printemps.
C'est la plus grande de nos espèces indigènes. Elle
a le dos gris foncé ; la partie inférieure du corps
blanchâtre, semée de taches d'un brun noir, trian-
gulaires à la gorge, ovales à la poitrine ; les plumes
des ailes et de la queue noirâtres, à bord d'un gris-
jaune clair ; l'œil brun ; le bec jaunâtre à la base,
brun vers l'extrémité ; les pattes sont couleur de
chair ; la femelle est un peu plus petite que le mâle.
Chez les jeunes, les plumes du ventre sont marquées
de taches jaunes longitudinales et noirâtres à l'extrémité ; celles des couvertures supérieures de l'aile
sont jaunes le long de la tige. Elle recherche beaucoup les graines du gui (*viscum album*).

La *Grive musicienne*, Grive commune, Grive des
vignes (*Turdus musicus*), habite également toute
l'Europe, une partie de l'Asie et le nord-ouest de
l'Afrique. Elle a les parties supérieures du corps
d'un brun olivâtre, le dessous des ailes jaune, les
joues jaunâtres, la gorge blanche ainsi que les
flancs. Oiseau migrateur, elle voyage par troupes et
nous arrive ordinairement au temps des vendanges ;
une partie reste l'hiver chez nous, tandis que les
autres descendent vers le Midi pour revenir au printemps. Dans les temps ordinaires elle vit d'insectes
et de limaçons ; en automne, elle se nourrit de rai-
sins, de baies, etc., et devient alors très-grasse.

La *Grive litorne* ou Tourdelle (*Turdus pilaris*),

est originaire des grandes forêts de bouleaux du nord de l'Europe. Elle se distingue surtout par le cendré du dessus de la tête, du cou et du croupion ; la couleur brun châtain foncé du dos, des ailes et des épaules ; celle jaune roux foncé à raies noires longitudinales du devant du cou ; la poitrine brune avec raies blanches, le ventre blanc, les pattes brun foncé. Elle nous arrive également à l'automne pour passer l'hiver chez nous, et remonte, au printemps, vers le nord.

La *Grive mauvis* (*Turdus iliacus*) est à peu près de la même taille que la grive commune ; elle habite, comme la litorne, le nord de l'Europe ; elle ne vient chez nous qu'à l'automne, et une partie nous quitte aux premiers froids pour aller passer l'hiver dans le nord de l'Afrique. Elle porte le manteau brun olive ; le dessous des ailes et les flancs sont roux ; le bec est brun, les pieds grisâtres.

De ces quatre espèces, la grive commune est la plus estimée des chasseurs, pour l'excellence et la finesse de sa chair ; des amateurs de volières, pour le chant très-agréable du mâle. La grive commune fait son nid sur les arbres et y pond quatre ou cinq œufs bleu pâle, tachetés de noir et de brun ; le mâle et la femelle couvent alternativement ; l'incubation dure, en moyenne, seize jours. Les jeunes, à leur naissance, portent sur le dos des taches jaunes et brunes. La grive commune se nourrit des fruits du genévrier, de l'alisier, de la vigne, etc., d'insectes de tous genres, etc., de grains et graines.

Les Romains se livraient fréquemment à l'élevage

et à l'engraissement de la grive. Voici, d'après Varron, comment était organisée cette industrie : Sous une grande coupole, sorte de péristyle couvert de toiles ou de filets, on amène de l'eau que l'on y fait couler en nombreux petits ruisseaux sur un sol bien sablé ; les fenêtres sont peu nombreuses, et la lumière rare ; le pourtour des murailles est garni de perchoirs. Dans de petits plats, on dépose à terre une pâtée faite principalement de figues et de farine commune. Vingt jours avant de tuer ou vendre les grives, on leur donne une nourriture plus copieuse, une eau plus abondante, et on commence à faire entrer dans leurs aliments une farine de meilleure qualité. « Placez donc, ajoute-t-il, cinq mille grives « dans une volière, et vienne un repas public ou un « triomphe, vous en tirerez les soixante mille ses- « terces que vous désirez. » Columelle ajoute qu'on variait le régime des grives avec des graines de myrte et de lentisque, des fruits d'olivier sauvage, des baies de lierre et aussi des arbouses ; qu'on doit toujours tenir près d'elles des augets remplis de millet, qui est leur aliment préféré.

Les merles étaient estimés presque à l'égal des grives, engraissés avec elles et au même régime.

Fig. 75. Cygne.

CHAPITRE XI.

LE CYGNE.

Le Cygne est un oiseau de l'ordre des Palmipèdes, de la famille des Lamellirostres et de la tribu des Canards, distinguée par les lamelles dont le bec est garni. Brehm en fait, dans son ordre des Nageurs-Lamellirostres, la famille des Cygnidés et le genre Cygne. On en connaît quatre espèces principales, ce sont :

Le *Cygne à bec rouge,* Cygne sauvage (*Cycnus olor*), dont le plumage est devenu un type de la blancheur, a le bec rouge, bordé de noir, avec une protubérance arrondie à la base de la mandibule supérieure ; les pieds et les tarses sont noirs, et une large membrane en unit les trois doigts antérieurs. Il se nourrit de sangsues, de vers, d'insectes et de larves aquatiques, de petits poissons, de feuilles et

de graines de végétaux. Son vol est haut, lourd,
mais assez rapide ; il nage rapidement à l'aide de
ses membres vigoureux, tandis que ses ailes, soule-
vées légèrement et arrondies, font office de voiles ;
sa démarche à terre est lente, lourde, disgracieuse,
semblable à celle de l'oie. Il est originaire du nord
de la Prusse et de la Pologne.

Le *Cygne chanteur* (*Cycnus musicus*) diffère du
précédent par ses formes plus ramassées, son cou
plus court et plus gros, son bec jaune à la base, noir
à la pointe, élevé-à la racine, mais dépouvu de caroncule nasale. Inutile de dire qu'il n'est pas plus
chanteur que le cygne domestique n'est muet, et
que le cri monotone de l'un et de l'autre manque
complétement d'harmonie.

Le *Cygne à bec noir* (*Cycnus ferus*), très-sem-
blable au précédent, sauf la couleur du bec et le
plumage grisonnant, a été à tort nommé cygne
sauvage, ce qui semblerait n'en faire que l'état sauvage du *Cycnus olor*, et cygne chanteur, car il ne
chante pas plus que lui.

Le *Cygne noir*, dont le plumage est presque entièrement d'un noir brillant, est originaire des côtes
méridionales de la Nouvelle-Hollande et de la terre
de Van Diémen ; aussi lui donne-t-on souvent le
nom de cygne d'Australie (*Cycnus atratus*). Il a été
introduit pour la première fois en France vers 1807,
et fut placé à la Malmaison, du temps de l'impéra-
trice Joséphine ; un autre fut vu à Munich en 1825 ;
depuis une trentaine d'années, il est devenu nombreux en Angleterre, sur les rivières et lacs des jar-

dins publics et particuliers. Depuis une dizaine
d'années, on le multiplie en France au Jardin d'acclimatation et sur les lacs du bois de Boulogne. Il
vit très-bien en captivité et se reproduit aussi régulièrement que le cygne à bec rouge. Il a le cou relativement plus long que le cygne à bec rouge, la tête
petite et bien conformée, le bec de même longueur
que la tête et dépourvu de caroncule ; son plumage
est d'un noir brunâtre presque uniforme, le ventre
étant plus clair que le dos ; les rémiges primaires et
la plus grande partie des rémiges secondaires sont
d'un blanc éclatant ; l'œil est rouge écarlate, le bec
rouge carmin vif et les pattes noires. Il est un peu
plus petit que le cygne à bec rouge.

Le *Cygne à col noir* (*Cycnus nigricollis*) est un
peu plus petit que le *Cycnus olor*, et ne s'en distingue
guère ensuite que par la particularité qui lui a valu
son nom. Ses ailes courtes atteignent à peine la
naissance de la queue, et celle-ci est formée de dix-
huit rectrices seulement ; son œil est brun ; son bec
gris plombé ; ses pattes d'un rouge pâle. Il habite
l'Amérique du Sud ; on le trouve dans toute la con-
fédération Argentine, jusqu'au détroit de Magellan,
aux îles Malouines et sur les côtes de l'océan Pacifique, au Chili. Il ne pond que six œufs ; sa chair est
noire, dure et de mauvais goût. Le duvet qui se
trouve sous les plumes est des plus doux. Il a été
importé, pour la première fois, en Angleterre,
en 1851, et en France, en 1859. Il supporte bien la
vie semi-domestique et se reproduit régulièrement
dans nos jardins publics et privés.

Le *Cygne nain* (*Cycnus Beckwikii*) se distingue
du cygne chanteur par sa taille plus faible, son cou
allongé, son bec très-élevé à la racine, jaune sur
une moins grande étendue, sa queue formée de dix-
huit rectrices.

Le cygne sauvage vit en troupes d'une douzaine
d'individus. Il est monogame; vers la fin de février,
la femelle fait son nid, sur les rivages, dans une
touffe de grandes herbes, ou sur un tas de roseaux
couchés; elle le garnit intérieurement de plumes et
de duvet qu'elle s'arrache sous le ventre, et y pond
de cinq à huit œufs très-gros, oblongs, à coquille
épaisse et dure, d'un gris verdâtre clair. Après quarante à quarante-cinq jours d'une incubation pendant laquelle le mâle et la femelle se relayent, l'é-
closion a lieu. Les petits, qui courent en naissant,
sont couverts d'un duvet gris; les plumes ne leur
poussent que fort tard, et ce n'est qu'à deux ans que
leur plumage est devenu complétement blanc. Le
caractère du cygne est farouche, rusé, brutal; il
attaque et se défend à l'aide de ses ailes mues par
des muscles puissants, et dont il se sert pour frapper
de forts coups. D'un autre côté, il est courageux,
vigilant, et fidèle à sa compagne de l'année, car les
mariages ne sont qu'annuels dans cette espèce. Oiseau migrateur, il pond dans le nord et ne descend
au sud qu'en été ou dans les hivers excessifs. Il est
doué d'une très-grande longévité.

Le cygne sauvage était autrefois beaucoup plus
commun en France qu'il ne l'est aujourd'hui. L'Es-
caut, la Seine, la Charente, en recevaient chaque

année de nombreuses troupes. Nos pères le consi-
.déraient comme un magnifique et excellent gibier,
et l'estimaient à l'égal du paon. En Allemagne, le
goût pour l'élevage de cet oiseau est très-répandu,
et les eaux de la Sprée voient flotter un grand nombre de cygnes domestiques.

Ceux-ci proviennent du cygne sauvage à bec rouge ;
la demi-domestication à laquelle il est soumis a rendu
son corps plus ramassé, plus lourd, mais a diminué
son envergure. Les naturalistes donnent au cygne
domestique le nom de cygne muet (*Cycnus olor*);
nous avons dit que ce n'était autre que le cygne à
bec rouge domestique. Quelques-uns ont voulu faire
une espèce à part des cygnes qui naissent avec un
plumage blanc, sous le nom de *Cycnus immutabi-
lis* ; ce n'est qu'une variété, les blancs et les gris se
rencontrant dans la même couvée. La femelle domestique n'est adulte et ne commence à pondre que
vers deux ans et demi. Elle s'occupe, en février, de
construire un nid grossier de feuilles sèches, d'herbes ou de roseaux, non loin de l'eau, sur une petite
éminence, et y dépose, à intervalles de deux ou
trois jours chacun, de cinq à huit œufs blancs, longs
de 0^m,10, à coquille très-épaisse. Mâle et femelle
prennent part à l'incubation en se remplaçant mu-
tuellement sur le nid. On nourrit les jeunes cygnes
avec du pain trempé dans du lait, de la laitue cuite
et hachée par morceaux, de la farine d'orge, des
œufs durs et coupés fin ; plus tard, on leur donne
du pain, du grain, du son, des pâtées de farines et
de racines cuites, etc.

La chair des jeunes cygnes est, dit-on, assez
bonne; celle des adultes est noire et coriace; nous
ne saurions donc songer à en faire un oiseau de
table. Mais il peut fournir à l'industrie certains produits recherchés : les plumes des ailes sont excellentes pour écrire, pour dessiner, pour faire des
étuis de pinceaux; ses petites plumes et son duvet
sont d'une grande douceur et excellents pour la li-
terie; enfin, sa peau, préparée par la mégisserie
et conservant son duvet, sert à confectionner des
fourrures fort estimées dans la toilette des dames.

La domestication du cygne en Europe ne remonte
pas au delà du seizième siècle. Avant cette époque.
et dans toute l'antiquité, il est parlé du cygne dans
des termes qui ne paraissent s'appliquer qu'au cygne
sauvage. Pendant longtemps on a dit et cru que le
cygne exhalait avant de mourir un chant harmo-
nieux : on sait aujourd'hui qu'il ne peut faire entendre d'autre bruit qu'un sifflement plus prolongé
qu'aigu et dénué de toute poésie. Les anciens l'a-
vaient attelé au char de Vénus, et c'est la forme du
cygne que Jupiter revêtit pour séduire Léda. Enfin,
on le plaçait souvent comme emblème à la proue des
navires.

Fig. 76. Oie commune.

CHAPITRE XII.

L'OIE.

L'Oie est un oiseau de l'ordre des Palmipèdes, de la famille des Lamellirostres, de la tribu ou du grand genre des Canards, où il forme un genre ou sous-genre voisin du Cygne, d'un côté, et du genre Canard proprement dit de l'autre. Brehm en fait, dans son ordre des Nageurs Palmipèdes-Lamellirostres, la famille des Anséridés et le genre Oie, caractérisés par un bec à peu près aussi long que la tête, pourvu de lamelles espacées, saillantes, en forme de dents

sur tout le bord de la mandibule supérieure, jusqu'à
l'onglet, qui est presque aussi large que l'extrémité
du bec et médiocrement convexe; par des tarses
épais, des doigts médiocrement allongés, et surtout
par un plumage sans éclat, peu varié, dans lequel
les teintes grises dominent. On en connaît plusieurs
espèces sauvages :

L'*Oie ordinaire*, oie sauvage, oie première (*Anas
Anser*), ressemble beaucoup à notre oie commune et
domestique; elle est un peu plus petite, plus svelte,
et a les ailes plus longues; son plumage est d'un gris
assez uniforme, le dos gris brunâtre, le ventre gris
jaunâtre, les plumes des parties supérieures bordées
de blanchâtre, celles des parties inférieures de gris
foncé; la teinte générale du plumage passe, sur les
ailes, au gris cendré, au blanc sur le croupion; les
rémiges et les rectrices sont noirâtres, à tiges blanches; ces dernières ont en outre leur extrémité
blanche; l'œil est brun clair, le bec jaune de cire,
les pattes d'un rouge pâle; plusieurs naturalistes la
regardent comme n'étant qu'une variété de l'oie
cendrée.

L'*Oie cendrée*, oie sauvage (*Anas* ou *Anser Cinereus*), est grise, à manteau brun ondé de gris, à
bec orangé, et de même taille que la précédente. La
plupart des naturalistes la regardent comme étant la
souche de notre oie domestique.

L'*Oie des moissons*, oie sauvage, oie à fève (*Anas*
ou *Anser Segetum*), a les ailes plus longues que la
queue, quelques taches blanches au front, le bec
orangé, noir à la base, portant à l'extrémité anté-

18

rieure une tache noire semblable à une féverolle. Elle nous arrive en France dès l'automne.

L'*Oie rieuse* ou à front blanc (*Anas* ou *Anser albifrons*) habite l'extrême nord de l'Europe, d'où elle émigre à l'automne vers la Californie et le centre de l'Europe pour y passer l'hiver; très-commune en Hollande, elle est plus rare en Allemagne et davantage encore en France. Un peu plus petite que celles ordinaire, cendrée et domestique, elle est grise, avec le ventre noir et le front blanc; son bec, fort à la base, est jaunâtre, avec l'extrémité blanche. Elle a un cri particulier, qui lui a valu son nom.

L'*Oie des neiges* (*Anser hyperborea*) est un peu plus grande que l'oie cendrée; son plumage est blanc, avec l'extrémité des pennes de l'aile noire, le bec et les pieds orangé. Elle habite les mêmes contrées que l'oie rieuse. Brehm en fait un genre distinct, le *Chen hyperboré* (*Chen hyperboreus*), à cause de son bec mince à l'extrémité, plus élevé au niveau des narines qu'à sa base, large, très-membraneux, et couvert de rides obliques à l'origine de la mandibule supérieure, terminé par un onglet très-large et peu recourbé; de ses tarses plus élevés, bien plus longs que le doigt médian; de son plumage, qui est le même dans les deux sexes, savoir : chez les jeunes, la tête et la nuque rayés de blanc grisâtre, avec les parties supérieures d'un gris noirâtre et les inférieures plus pâles; chez les adultes, d'un blanc de neige, sauf les dix premières rémiges qui sont noires, avec leur tige blanche à la base; de son œil brun foncé ; de son bec d'un rouge clair, sale, noirâtre sur les bords ; de ses tarses d'un rouge carmin pâle.

L'*Oie du Canada* ou oie à cravate, Cygnopsis du Canada (*Anser Canadensis, Cycnopsis Canadensis*), est plus grosse que l'oie domestique ; le cou et le corps en général sont plus longs et plus déliés ; elle porte une tache blanche et noire sur la gorge. Elle habite le nord de l'Amérique septentrionale, d'où elle émigre à l'automne vers le sud du même continent, et jusque dans les Carolines. L'oie du Canada, dont la chair est très-délicate et préférée par un grand nombre de personnes à celle de l'oie domestique, a été depuis longtemps introduite en France, car on en voyait autrefois beaucoup sur les pièces d'eau de Versailles et de Chantilly. On l'élève aussi avec succès en Angleterre et en Allemagne. Elle est nombreuse dans les basses-cours américaines.

Les oies sauvages habitent spécialement le nord de l'Europe, de l'Asie et de l'Amérique, d'où elles sont originaires ; mais elles émigrent avant les grands froids vers le centre ou même le sud. Elles voyagent en troupes plus ou moins nombreuses, et disposées en triangle, dont le sommet est en avant. Leur vol est très-élevé, très-soutenu et peu bruyant. Elles nagent peu, plongent rarement, marchent assez bien. Lorsqu'elles sont arrivées à destination, elles s'abattent le jour dans les marais et les prairies, où elles se nourrissent de plantes aquatiques, de graines, d'insectes, de vers, etc. Souvent elles descendent dans les champs ensemencés, qu'elles dévastent, soit en déterrant les grains sous la neige, soit en dévorant les feuilles vertes. Le soir, après le coucher du soleil, elles se rendent sur les étangs et les rivières pour y passer la nuit. Leurs voyages de migration s'accomplissent surtout la nuit et par le clair de lune. Leur vue est très-perçante, leur ouïe très-fine, leur sommeil très-léger ; le moindre bruit leur donne l'alarme. D'un naturel extrêmement méfiant, elles sont toujours sur leurs gardes ; l'approche du moindre danger est aussitôt signalée par des cris répétés, et la troupe s'envole à tire-d'aile ; aussi est-il très-difficile de les surprendre, soit sur terre, soit dans l'eau. La femelle, un peu plus petite que le mâle dans toutes les espèces, pond au printemps de douze à quinze œufs blancs, plus gros et plus arrondis que ceux de la poule.

L'oie domestique est, de l'aveu de tous, descendue, par domestication, de l'oie sauvage ; mais les uns lui donnent pour souche l'*Anser Ferus* ou *Anser Anas*, et les autres, l'*Anser Cinereus*. Il nous paraît probable que l'oie commune descend de l'*Anas Anser*, et que l'oie de Toulouse provient plutôt de l'*Anser Cinereus*.

L'oie cendrée comme l'oie ordinaire ont été réduites en domesticité dans les temps les plus reculés ; ceci nous est affirmé par plusieurs vers d'Homère, par la consécration de ces oiseaux à Junon, par les oies conservées au Capitole et qui sauvèrent Rome des Gaulois (365 avant Jésus-Christ). Les petits de l'*Anser Ferus* s'apprivoisent facilement d'ailleurs, et sont souvent domestiqués par les Lapons. Cependant

dans l'espèce domestique les mâles sont d'ordinaire
plus blancs que les femelles, et deviennent invaria
blement blancs quand ils sont vieux ; ce qui n'est pas
le cas de l'*Anser Ferus*, mais bien celui de l'oie de
rocher (*Bernicla antartica*), qui est, non plus une

Fig. 77. Oie de Toulouse.

oie proprement dite, mais appartient au genre voisin des *Bernicles* ou *Bernaches*.

On connaît, en France, deux races d'oies domestiques : l'oie commune et l'oie de Toulouse.

L'*Oie commune* (fig. 76), un peu plus grosse, sinon
plus grande que l'oie sauvage, a le plumage blanc
cendré de gris clair sur le cou, les ailes, le man-

18.

teau ; elle a le bec et les pattes d'un jaune orangé
clair. Elle a conservé des formes assez sveltes, a le
ventre soutenu et marche assez librement.

L'*Oie de Toulouse* (fig. 77) est de taille un peu plus
grande et surtout de poids plus élevé que l'oie commune, à cause de ses formes épaisses et ramassées,
de ses pattes plus courtes, de son ventre tombant. Elle
a le bec jaune orangé, les pattes couleur de chair, le
plumage d'un gris ardoisé, marqué de raies brunes,
et quelquefois rehaussé de noir. Elle a fourni, en
Angleterre, la *variété d'Embden*, qui n'en diffère
que par sa couleur, qui est presque complétement
blanche.

L'*Oie du Danube* est une variété blanche de l'oie
commune, remarquable en ce que les plumes de la
partie postérieure de la tête, du cou et des ailes,
sont renversées comme chez les poules frisées et les
variétés de pigeons inverses ; elle a les pieds et le
bec jaunes, les jambes courtes, et sa station est plus
horizontale. On croit qu'elle est la même que l'oie
à quatre ailes des anciens auteurs.

On a importé de Sébastopol en Angleterre (en
1859) une variété remarquable en ce que ses plumes scapulaires, très-allongées, frisées et même tor-
dues en spirale, ont un aspect duveteux, par suite
de la divergence des barbes et des barbules ; ces plumes sont encore remarquables par leur tige centrale
mince, transparente, et comme refendue en minces
filaments, qui, distincts sur une certaine étendue,
se ressoudent plus loin ensemble ; ces filaments sont
garnis régulièrement et de chaque côté d'un duvet

fin ou de barbules identiques à ceux qui se trouvent sur les vraies barbes des plumes. Cette structure des plumes se transmet fidèlement aux produits du croisement de cette variété avec la race commune.

Quelques oies portent des huppes et ont alors la partie sous-jacente du crâne perforée, ainsi que dans les races gallines huppées; il serait aisé d'obtenir par sélection une variété huppée constante.

Il se produit assez fréquemment dans chaque race des *variétés blanches* ou albines, dont les plumes atteignent une plus haute valeur, et dont la viande est plus délicate. Déjà, anciennement, les Romains estimaient davantage les foies d'oies blanches que ceux d'oies grises, et en 1555, Pierre Belon, naturaliste français, parlait des oies blanches comme plus fécondes et plus grandes que les autres. D'après Pline, les oies de la Germanie étaient blanches, mais plus petites.

L'oie domestique a été plus nombreuse en France vers le quinzième siècle que de nos jours; on croit que l'importation et la multiplication des dindons ont été les motifs de la restriction mise à son élevage. Le dindon pourtant ne prospère que sur les sols secs, siliceux ou calcaires, et l'oie ne se plaît que dans les contrées humides, à sol argileux et compacte. Nous pensons que le développement de l'espèce galline, mieux traitée et devenue plus productive, a été une cause plus efficiente.

En résumé, l'oie commune est celle qu'on rencontre plus fréquemment dans nos basses-cours,

surtout du Centre, du Nord, de l'Est, de l'Ouest, et
en particulier dans le Loiret, Seine-et-Marne, la
Sarthe, l'Orne, Eure-et-Loir, la Manche, le Calvados, le Pas-de-Calais, la Somme, le Nord, et à
l'est, dans l'Alsace et la Lorraine. L'oie de Toulouse
est plus nombreuse au contraire dans le sud, et en
particulier dans le sud-ouest, notamment dans les
départements du Tarn, de la Haute-Garonne, de
l'Aude, de Lot-et-Garonne, des Landes, de la Gi-
ronde, de la Dordogne, etc.

L'oie domestique a conservé en grande partie le
caractère de l'oie sauvage. Farouche et sauvage, elle
se laisse difficilement approcher; l'une d'elles, toujours la tête levée, même au pâturage, semble faire
le guet, pousse un cri au moindre objet suspect, et
toute la bande prend sa course en s'aidant des ailes,
ou s'envole au besoin. Aux époques de migration
des oies sauvages, il n'est pas très-rare de voir une
partie des oies domestiques adultes se joindre à leurs
bandes et déserter la ferme. Très-voraces, elles ont
besoin d'espace pour pouvoir paître et se nourrir
économiquement; du reste, on peut les dire omnivores : grains et graines, racines cuites ou crues,
herbages divers, insectes et limaçons, pâtées et farines, viande même, elles acceptent tout. Pourvu
qu'elles aient un bassin pour boire et se baigner,
elles se passent fort bien d'étangs, de ruisseaux et
de rivières, n'étant pas des oiseaux essentiellement
nageurs. Enfin, on peut leur faire faire d'assez longues courses à pied lorsqu'elles sont jeunes et maigres, et Pline constatait avec étonnement que les

troupeaux d'oies de la Morinie (Boulonais) venaient
à pied jusqu'à Rome.

L'oie sauvage est monogame, ou du moins le mâle
n'a qu'une seule femelle chaque année, bien que
l'union soit le plus souvent bornée à ce laps de
temps. L'oie domestique est polygame, et dans nos
basses-cours nous n'entretenons qu'un mâle ou jars
pour cinq à huit femelles. Celles-ci commencent
d'ordinaire à pondre en février, mars ou avril, selon
le climat ou la température; cette première ponte se
compose de huit à douze œufs, blancs, gros, allongés, à coquille solide et du poids moyen de cent
cinquante grammes chacun; chaque œuf est séparé
par un intervalle d'un jour au moins. Dans le haut
Languedoc, l'oie de Toulouse commence à pondre
en janvier; pour l'y exciter, on lui donne alors du
pain de froment non bluté. Chacune produit de janvier à fin de mai une centaine d'œufs, qui se vendent de 1 fr. 50 c. à 1 fr. 75 c. la douzaine pour
l'incubation. Sa ponte terminée, l'oie demande à
couver. Il est rare qu'elle établisse son nid dans le
local commun; on la voit aux approches de la ponte
transporter dans son bec des brins de paille ou de
foin vers l'endroit qu'elle a choisi; il est donc aisé
de le connaître et d'en retirer, tous les deux jours,
les œufs moins un, pour ne les lui rendre qu'en
temps opportun.

Lorsqu'on veut soumettre ces œufs à l'incubation,
on prépare, dans un local salubre et tranquille, un
nid de paille, dans lequel on dépose douze à quatorze œufs, et on y apporte l'oie, qui les adopte pres-

que toujours sans difficulté. Elle est bonne couveuse, et il n'est pas moins urgent que pour la dinde de la lever, afin de la faire manger et boire deux fois par jour. L'éclosion a lieu du vingt-septième au trentième -jour. Le plus ordinairement on préfère faire couver les œufs d'oie par des poules communes, à chacune desquelles on en confie six à huit, ou par des dindes, auxquelles on en livre douze à quatorze; dans le premier cas, l'éclosion n'a pas lieu avant le trentième ou trente et unième jour; dans le second, elle se produit du vingt-huitième au trentième jour.

Les oies qu'on n'a pas laissé couver font une seconde ponte en mai, et dans le Midi, une troisième en août, chacune composée encore de dix à quatorze œufs; c'est donc un total de trente à quarante œufs, ou en poids, de 4 kilogr. 500 à 6 kilogr. d'œufs par an. Ces œufs, quoique moins délicats que ceux de la poule, sont excellents à manger et très-recherchés pour la pâtisserie, à cause de la couleur plus foncée de leur jaune; mais la proportion en poids des coquilles y est aussi élevée, au moins, que dans ceux de la poule.

Dans l'incubation par l'oie, il faut avoir la précaution de lui retirer les oisons du nid à mesure de leur éclosion, sans quoi elle abandonne souvent les autres œufs; on ne lui rend sa famille complète, qu'on a durant ce temps placée dans un panier garni de laine et dans un lieu chaud, que lorsque l'éclosion est terminée; la mère en prend dès lors le plus grand soin. Les oisons, à leur naissance, sont couverts d'un duvet jaune brun ou jaune verdâtre ; ils sont frileux, et craignent l'humidité jusqu'au moment où les plumes remplaceront le duvet. Ce n'est que vingt-quatre heures après leur naissance qu'on leur donne à manger un mélange d'œufs durs hachés et de jeunes feuilles d'orties blanches coupées très-fin. Vers le quatrième jour, on remplace cette nourriture par des pâtées de son ou de recoupe, ou mieux encore de farines et de pommes de terre cuites et écrasées, d'orties hachées, de mie de pain blanc, etc., qu'on leur distribue cinq ou six fois par jour. Quand les oisons ont de huit à dix jours, on les laisse sortir avec leurs mères, dans le milieu de la journée, si le temps est beau ; mais il faut les garantir soigneusement du froid, de la pluie et de l'ardeur du soleil. Lorsqu'ils ont quinze jours, on peut les laisser une bonne partie du temps dehors, dans un petit pâturage voisin, mais en les surveillant toujours. A un mois, on commence à former le troupeau, qui, sous la conduite d'un enfant, d'une femme ou d'un vieillard, et guidé par quelques mères, ira chercher une partie de sa nourriture au dehors ; le soir, on donne un supplément de nourriture, qui consiste en feuilles d'orties grossièrement coupées et en un peu de déchets de grains. La moisson terminée, les chaumes offrent un excellent parcours aux oisons, déjà âgés alors de deux mois à deux mois et demi. Durant ce temps, ils n'ont besoin d'aucun supplément. Mais ce n'est qu'à l'âge de deux ans que le mâle et la femelle sont devenus adultes et doivent être employés à la reproduction ; pourtant les jars

de l'année précédente sont d'ordinaire employés dès
le printemps qui suit leur naissance à féconder les
femelles de même âge, qui commencent ainsi à pondre avant d'avoir atteint un an.

Dix mères et deux mâles produisent en moyenne
300 œufs par an, mais seulement une centaine à la
première ponte, la seule qui puisse être utilisée pour
l'élevage. Ces 100 œufs fournissent en moyenne
75 oisons, qui forment avec les 12 parents un troupeau de 87 têtes, suffisant pour justifier la dépense
d'un jeune ou d'un débile conducteur. Mais nous ne
devons pas dissimuler que le parcours des oies est
sensiblement nuisible aux vignes, aux vergers, aux
prairies naturelles et artificielles; elles coupent les
bourgeons des arbres fruitiers, leur fiente brûle
l'herbe, enfin elles perdent des plumes qui, se
retrouvant dans les fourrages fauchés et fanés, peuvent causer de graves accidents au bétail. Il faut
leur réserver, donc, des pâturages spéciaux, des
prairies qui doivent être défrichées, les chaumes,
les chemins enherbés, etc.

En novembre, les oisons sont âgés d'environ huit
mois; ils ont été préparés à l'engraissement par le
régime abondant des chaumes : on en engraisse
quelques-uns; les autres ne le seront qu'aux mois de
juillet et d'août suivants. L'engraissement d'hiver,
néanmoins, est le plus profitable, tant à cause du
jeune âge des bêtes qu'à cause de la température;
l'engraissement d'été, sur les chaumes, est, d'un
autre côté, plus économique. Les mâles atteignent,
en général, un poids plus lourd, mais les femelles

obtiennent un prix relativement plus élevé, à cause
de la finesse de leur chair.

L'oie, pour l'engraissement d'hiver, doit être sé-
questrée. Dans un local obscur, où la température
est à la fois un peu humide et chaude, on dispose
un nombre variable de cases ou épinettes dont la
hauteur et la largeur sont calculées de façon que
leur prisonnier soit obligé de se tenir accroupi et ne
puisse faire aucun mouvement. Sur le devant de
chaque case, qui est à claire-voie, est placée une
augette qui recevra la nourriture et la boisson ; le
plancher est garni d'une litière (sable ou paille)
renouvelée chaque jour. Avant de placer les oies
dans les cases, on leur arrache une partie des plumes
du ventre qui seraient souillées par les excréments.
Trois fois par jour, on place les augettes et on y
verse de l'avoine en grains, à laquelle succède pour
boisson de l'eau blanche (eau et farine d'orge, de
sarrasin ou de maïs); le repas terminé, on enlève
l'augette. Lorsque l'oie a consommé environ 20 litres
d'avoine, elle est mi-grasse et peut être livrée ainsi
à la consommation ou au commerce; c'est affaire de
quinze à vingt jours environ.

Lorsqu'on désire pousser l'engraissement plus
loin, il faut ajouter ensuite à l'avoine des pâtées de
racines cuites et de farines délayées avec du lait
écrémé; on termine par des pâtées de farines d'orge,
de maïs ou de sarrasin, données pendant huit à dix
jours, ou mieux encore, on empâte comme les poulets et les dindons, avec des pâtons de farine ou des
grains de maïs macérés dans l'eau tiède et salée.

L'engraissement ainsi conduit dure trente à trente-cinq jours.

Lorsqu'on commence l'engraissement par des bouillies de farines d'orge, de maïs ou de sarrasin délayées avec du lait écrémé, auxquelles on ajoute, après cinq ou six jours, des racines cuites, et un peu plus tard du grain d'avoine, toujours avec du lait doux pour boisson, on arrive au même résultat en quinze à vingt jours.

Quand enfin on désire pousser l'engraissement plus loin, et développer la maladie qui produit les foies gras, on peut choisir entre les procédés usités à Strasbourg et ceux mis en œuvre à Toulouse.

Strasbourg et ses environs se livrent depuis long-temps, et sur une grande échelle, à l'engraissement des oies pour la fabrication des pâtés de foie gras si renommés. Voici comment cette industrie s'y pratique : On place les oies dans une case d'épinette dont le plancher est à claire-voie et dont le panneau antérieur est percé d'une ouverture longitudinale pour que le patient y puisse passer la tête et boire dans l'augette qui y est accolée et contient de l'eau pure et propre. On embocque les oies deux fois par jour, matin et soir, avec des grains de maïs macérés pendant vingt-quatre heures dans de l'eau salée, et on y ajoute parfois une petite gousse d'ail. Après chacun de ces repas, on laisse les animaux en liberté dans la chambre d'engraissement, durant quelques minutes, avant de les replacer dans l'épinette. Après vingt à vingt-cinq jours de ce régime, on administre, à chacun des deux repas, une demi-cuillerée à bouche d'huile d'œillette. Au bout de dix-huit à trente jours, le résultat cherché est obtenu : l'oie a considérablement engraissé, son foie s'est développé au point que le jeu des poumons est devenu difficile et qu'un certain nombre périraient asphyxiés, dans les derniers jours, si une surveillance minutieuse ne permettait de les sacrifier avant l'accident. Le foie d'une oie ainsi traitée pèse de 400 à 600 grammes et se vend aux pâtissiers de 3 à 8 francs pièce. Il reste encore la viande et la graisse ; la viande est livrée à la consommation, soit fraîche et crue, soit rôtie ; dans ce dernier cas, on a recueilli et on vend la graisse à part : la viande a une valeur de 2 fr. 50 à 4 francs, la graisse de 4 à 7 francs. On engraisse chaque année, à Strasbourg et environs, 3 à 400,000 oies qui sont apportées sur le marché de cette ville en décembre, janvier et février.

Toulouse se livre à la même industrie depuis longtemps, sur une échelle un peu moindre, mais avec plus de succès encore, grâce, sans doute, aux qualités de sa race indigène. L'engraissement commence en octobre et dure de quatre à six semaines. Les oies sont placées en épinettes dans une chambre à température douce et un peu humide, où on ne donne de jour que pendant la durée des repas. Ceux-ci se composent de grains de maïs, le plus souvent à l'état normal, parfois préalablement gonflé dans l'eau et dont on gave successivement chaque animal deux ou même trois fois par jour, l'abreuvant chaque fois ensuite d'un peu d'eau salée. Lorsque l'oie a consommé ainsi environ trente litres de maïs,

elle pèse de 8 à 11 kilogrammes ; le foie pèse également de 4 à 600 grammes ; l'animal se vend de
12 à 20 francs tel quel ; mais son foie vaut de 4 à
6 francs, sa viande de 3 à 5 francs, la graisse de
5 à 9 francs.

Le foie gras est une hypertrophie de cet organe,
déterminée par une alimentation surabondante et
un engraissement exagéré ; le foie décuple presque
de volume et de poids, vient presser mécaniquement
sur le diaphragme et les poumons, rend la respiration difficile d'abord, l'hématose incomplète ensuite,
et souvent fait périr l'animal d'asphyxie. Cette plé-
thore graisseuse, cette hypertrophie, sont en outre
accompagnées d'un état anémique, cachectique, qui
rend la viande plus blanche, sinon plus nourrissante
et surtout plus saine. La principale qualité du foie
consiste dans son volume et dans sa couleur, qui doit
être le plus pâle possible.

Dans la Gascogne et le Languedoc, on engraisse
en outre, pour le commerce et la consommation,
beaucoup d'oies, mais que l'on pousse alors beaucoup moins loin. En été, la viande fraîche de ces
oiseaux se vend au détail sur les marchés, pour une
consommation immédiate ; en hiver, ils sont destinés à faire des conserves d'oies salées, ou d'oies
dans la graisse. Une oie de commerce du poids vif de
8 kil. fournit en moyenne les rendements suivants :

Viande, 3 kil. 500, à 1 fr. 25. . . . . . . 4f 35
Graisse, 2 kilos, à 2 fr. 30. . . . . 4 60
Foie, 200 grammes. . . . . 1 »   11f 15
Intestins, membres, tête (abatis), 2 kil. 50. 0 75
Plumes et duvet, 250 grammes. 0 45

C'est donc un rendement en viande de 43,75 p. 100 du poids vif, et en graisse et foie, de 27,50 p. 100, soit en somme et en poids utile, de 71,25 p. 100 du poids vivant; le déchet, dans lequel sont encore compris les abatis, la plume et le duvet, ne s'élève donc qu'à 28,75 p. 100. Paris seul consomme plus d'un million d'oies par an.

La plume forme encore un produit assez important de l'élevage et de l'engraissement de l'oie, et il faut distinguer la plume et le duvet.

On plume les jeunes oisons, c'est-à-dire qu'on arrache une partie du duvet qui garnit l'abdomen, lorsque leurs ailes se croisent sur le dos, en juin ou juillet; si on ne les destine pas à être engraissés en automne, on fait une seconde récolte à la fin de septembre. On plume les vieilles oies trois fois par an, en mai, juillet et septembre, et chacune d'elles fournit ainsi en tout environ 0 kilogr. 300 de plumes et 0 kilogr. 075 de duvet, qui, à 2 francs le kilogr. de plume sèche et à 7 francs le kilogr. de duvet, forment un produit d'à peu près 1 fr. 10 par tête. Les oies qui ont couvé et élevé ne produisent guère que la moitié de cette somme, et les oisons à peine un tiers. Avant de plumer les oies, il faut les baigner en eau claire et les laisser se ressuyer sur le gazon; on arrache ensuite, à la main, une partie des plumes et du duvet du ventre, sans nulle part dénuder la peau. On dépose plume et duvet dans un endroit sec, on les remue fréquemment; après une quinzaine de jours, on met le tout dans un sac que l'on dépose dans un four une ou deux heures après en avoir retiré le pain. Reste ensuite à trier la plume et le duvet. Autrefois, on arrachait les plumes des ailes au moment de la mue, pour l'industrie des plumes à écrire, industrie presque perdue aujourd'hui.

Il nous reste pourtant dans la banlieue de Paris, à Joinville-le-Pont, une manufacture très-importante où sont traitées les plumes de toutes sortes et surtout d'oie, tirées principalement de Russie. Le tuyau y est employé à la fabrication de plumes à écrire, découpées à l'emporte-pièce, à l'usage de quelques personnes qui les préfèrent aux plumes de fer et s'en servent de la même façon. Les quatre côtés de la tige sont enlevés, débarrassés de leurs barbes, et employés à la confection d'excellentes brosses et de balais inusables ; les pennes, teintes de diverses couleurs, servent à fabriquer des fleurs artificielles pour l'exportation ; restent la partie centrale de la tige et la moelle du tuyau, qui constituent une sorte d'engrais assez riche.

Les volailles mortes ou tuées donnent encore leur plume et leur duvet, mais de qualité moindre. Une oie grasse peut fournir : 1° les bouts d'aile ou plumeaux, qui valent ensemble 0 fr. 05 c. à 0 fr. 15 ; 2° les plumes du corps, 0 kilogr. 200 à 1 franc, soit 0 fr. 20 c. ; 3° le duvet, 0 kilogr. 050 à 3 francs, soit 0 fr. 15 c., ou, en tout, environ 0 fr. 45 c. Ailleurs, comme dans le département de la Vienne, on écorche l'oie grasse avant de la livrer à la consommation, et on fabrique de sa peau garnie de duvet des imitations de cygne ; pour cela, on fend la peau par le dos et on la soulève avec les plus grandes précautions. Une belle peau d'oie, bien fourrée et sans déchirures, se vend de 2 à 3 francs ; mais le corps a perdu un cinquième à peu près de sa valeur. Ces oies, dépouillées et expédiées à Paris, trouvent un placement avantageux sur les marchés des quartiers populeux, et ne subissent qu'une dépréciation peu sensible.

Des intestins de l'oie, on fabrique souvent des cordes à violon.

Le fumier des oies est à la fois peu considérable et assez mal estimé ; on le mélange d'ordinaire avec celui du gros bétail.

Bien que très-rustiques, les oies sont exposées à peu près aux mêmes accidents et maladies que la plupart des autres volatiles. Elles *s'empoisonnent* parfois en mangeant des feuilles de la grande ciguë, de la douce-amère, de la belladone, de la jusquiame ; il faut, dans ce cas, leur administrer immédiatement du lait avec de la rhubarbe. On dit que les feuilles d'ortie atteintes de la miellée ou du puceron sont aussi pour elles un poison, contre lequel on leur fait avaler un peu d'eau de chaux tiède. La *pépie,* la *diarrhée,* la *constipation,* se traitent chez l'oie comme chez la poule. Le *vertige* ou l'*apoplexie* proviennent le plus souvent d'insolation ; il faut saigner les malades en leur ouvrant avec une grosse aiguille la veine assez apparente placée sous la palmure des pattes, ou mieux encore une veine plus grosse et fort visible sous l'aile ; cette saignée, faite en temps utile, sauve souvent le malade. Ce sont les soins d'hygiène et de propreté dans le logement qui peuvent seuls éloigner des oies la vermine, poux, acares, etc., très-difficile à détruire lorsqu'on n'a pas empêché son invasion.

On sait que Strasbourg et Toulouse font un commerce considérable de pâtés de foies gras en terrines, avec ou sans truffes. Ce mets est de date ancienne : « Plus philosophes que Laude, nos Romains, dit Pline, distinguent l'oie pour la bonté de son foie. Cette partie devient prodigieusement grosse dans les oies qu'on engraisse. On l'augmente encore en la faisant tremper dans du lait miellé ; et ce n'est pas sans raison qu'on cherche quel est l'auteur de cette belle découverte, s'il faut en faire honneur à Scipion Metellus, personnage consulaire, ou à Seius, chevalier romain, qui vécut dans le même temps. Mais, du moins, on ne conteste pas à Messalinus Cotta, fils de l'orateur Messala, d'avoir trouvé le secret de rôtir les pattes d'oie et d'en composer un ragoût avec des crêtes de poulet. » Mais les Romains mangeaient les foies frais ; il paraît que l'invention des conserves ou pâtés de foies ne remonte qu'à la fin du siècle dernier, et serait due à un nommé Clore, un Normand, cuisinier du maréchal de Contades, qui fut commandant de Strasbourg de 1762 à 1788.

Fig. 78. Canard commun.

CHAPITRE XIII.

LE CANARD.

Le Canard forme dans l'ordre des Palmipèdes, dans la famille des Lamellirostres, dans le grand genre des Canards, divisé en trois sous-genres (Oies, Cygnes et Canards proprement dits), un groupe caractérisé par son bec grand, large et garni sur ses bords d'une rangée de lames saillantes, minces, transversales, qui paraissent destinées à laisser écouler l'eau quand l'oiseau a saisi sa proie; le bec est moins haut que large à sa base, et autant ou plus large à son extrémité que vers la tête; les jambes sont plus courtes et placées plus en arrière du corps que chez les oies, et rendent ainsi la marche plus facile; le cou est aussi relativement plus court; la trachée-artère se renfle à sa bifurcation en capsules

19.

cartilagineuses. Brehm range les Canards dans les
Nageurs Lamellirostres, dans la famille des Anatidés,
où ils forment un genre spécial, qu'il distingue par
l'onglet fortement recourbé de son bec, ses pattes
insérées vers le milieu de la longueur du corps, ses
doigts longs, ses ailes assez longues, sa queue
arrondie, avec les couvertures supérieures moyennes
frisées et redressées chez le mâle, enfin le plumage variable suivant le sexe.

On connaît plusieurs espèces de canards vivant à
l'état sauvage :

Le *canard sauvage* (fig. 78) ou commun (*Anas
Boschas*), souche de toutes ou au moins de la plupart de nos races domestiques, habite tout le nord
de la terre, depuis le milieu du cercle polaire
boréal jusqu'aux tropiques. C'est un oiseau migrateur, qui pourtant ne gagne le Midi que pour
éviter les hivers trop rigoureux du Nord. Il a la tête
et le haut du cou verts; la partie antérieure de la
poitrine brune; le haut du dos d'un brun cendré,
finement rayé d'un gris bleuâtre; les épaules moirées de gris blanc, de brun et de noirâtre; la face
supérieure des ailes, grise; le miroir, d'un superbe
bleu, bordé de chaque côté d'une bande blanche;
le bas du dos et le croupion, vert noir; le dessous du
corps gris blanc, très-légèrement moiré de noirâtre;
une bande blanche étroite sépare le vert du cou du
brun châtain de la poitrine; les couvertures supérieures des ailes, d'un vert noir; les inférieures,
d'un noir velouté; les rémiges, gris foncé; l'œil,
brun clair; le bec, jaune verdâtre; les tarses, d'un

rouge pâle. La femelle porte la tête et le cou gris
fauve, semés de taches plus foncées; le haut de la
tête, brun noirâtre; le dos, brun, semé de taches
de brun noirâtre, grises, brunes et d'un brun roux;
la partie inférieure du cou et la gorge, brun châtain clair, marqués de taches circulaires noires;
le dessus du corps, brun châtain clair, à taches
brunes. Le jeune mâle, sous son plumage, ressemble à la femelle.

Le *canard musqué* (*Anas Moschata*), canard
turc, canard de Barbarie, canard muet, dont Brehm
fait un genre à part sous le nom de Cairina (*Cairina Moschata*), n'est originaire ni de Turquie ni
de Barbarie, mais bien d'Amérique méridionale, où
on le trouve à l'embouchure des fleuves, sur les
cours d'eau, dans les marais des savanes, dans les
marécages qui sont au milieu des déserts. C'est de
là qu'il a été apporté en Europe par les Espagnols,
quelque temps après la conquête; depuis lors, il
est devenu entièrement domestique. Le mâle porte
le haut de la tête d'un vert brunâtre; le dos, les
ailes et le reste de la face supérieure du corps, d'un
vert métallique, à reflets violet pourpre; les rémiges vertes, à reflets bleu d'acier foncé; les couvertures des ailes en grande partie blanches; le
dessous du corps d'un brun noirâtre terne; les couvertures inférieures de la queue, d'un vert brillant;
l'œil jaune; les parties nues de la ligne naso-ocu-
laire, d'un brun noirâtre; les verrucosités nasales,
d'un rouge foncé tacheté de noir; le bec noirâtre,
avec une bande transversale d'un brun bleuâtre en

avant des narines, et la pointe couleur de chair. La femelle, beaucoup plus petite que le mâle, porte la même livrée.

Le *canard de la Caroline* (*Anas Sponsa*), que Brehm range dans un genre distinct, celui des Aix (*Aix Sponsa*), habite tous les États-Unis, depuis la Nouvelle-Écosse au nord jusqu'au Mexique au sud, depuis le Canada jusqu'à la Floride. En hiver, il émigre dans toute l'Amérique septentrionale; en été, il se dirige vers les régions glaciales. Il vit de préférence dans les cantons boisés où se trouvent de petites rivières. Il perche quelquefois sur les arbres, dans les troncs desquels il place son nid. Sa ponte est de 8 à 12 œufs. En France, il se reproduit facilement dans nos volières, pourvu qu'on ait soin d'y placer quelques arbrisseaux. Le mâle porte le haut de la tête et les joues, entre l'œil et le bec, d'un vert foncé brillant; les côtés de la tête et une grande tache sur les côtés du cou d'un vert pourpre à reflets bleuâtres; les plumes de la huppe, retombantes en arrière de la tête, d'un vert doré, marquées de deux bandes blanches, étroites, se prolongeant en avant, l'une au-dessus, l'autre au-dessous de l'œil; les côtés du haut du cou et du haut de la poitrine, d'un brun châtain vif, parsemé de petites taches blanches; les ailes, mélangées de reflets bleu pourpre, verts et noir velouté; quelques plumes de la queue, rouge orangé; la gorge, le menton, une bande qui entoure le haut du cou, le milieu de la poitrine et du ventre, blancs; les flancs, d'un gris jaunâtre, finement moiré de noir; quelques plumes plus longues que les autres, noires et bordées d'un large liséré blanc; l'œil, rouge vif; les paupières, rouge orangé; le bec, assez court, mince, un peu plus court que la tête, à onglet fortement recourbé, surplombant un peu la mandibule inférieure, de couleur jaunâtre au milieu, d'un rouge brun foncé à la base, noir à la pointe; les tarses courts, épais, insérés assez en arrière, d'un jaune rougeâtre. La femelle, un peu plus petite que le mâle, n'a pas de huppe : elle a le dos d'un brun verdâtre foncé, à reflets pourpres, varié de grandes taches; la tète verte; le cou gris brun; la gorge blanche; la poitrine blanche aussi, mais tachetée de brun; le ventre entièrement blanc; l'œil entouré d'un large cercle blanc qui se prolonge en arrière, en une ligne de même couleur, jusque dans la région auriculaire. La chair de ce canard passe pour être excellente; il s'apprivoise vite et facilement, et se reproduit bien en captivité.

Le *canard mandarin,* canard à éventail, ou sarcelle de la Chine (*Anas Galericulata*), que Brehm range dans le même genre que le précédent (*Aix Galericulata*), est originaire du nord de la Chine, et se trouve principalement dans la province de Nankin; il existe aussi au Japon, mais on pense qu'il y a été importé; l'hiver, il émigre vers le sud de la Chine. Domestiqué depuis longtemps dans ce pays, il y est considéré comme oiseau de volière. Il a été importé en Hollande en 1848, en Angleterre en 1850, en France en 1858. Il est remarquable par la beauté et la vivacité des couleurs de son plumage,

par la richesse de la huppe verte et pourpre qui
ombrage sa tête, par une collerette latérale, simu-
lant une crinière, d'un beau rouge cerise ; par deux
sortes d'éventails, formés sur le dos par les rémiges
du bras, élargies et disposées verticalement, et
dont les barbes externes sont de couleur bleu
d'acier, les internes jaune brun bordé de blanc et
de noir ; par son œil rouge jaunâtre ; son bec rouge,
blanchâtre à la pointe ; ses tarses d'un jaune rouge.
La femelle ressemble presque complétement à celle
du canard de la Caroline.

Le *canard microptère* (*Anas Brachyptera*) ou
Microptère d'Eyton (*Micropterus Brachypterus*),
présente cette particularité que ses ailes sont telle-
ment courtes qu'elles ne peuvent lui servir qu'à
battre la surface de l'eau, et non à voler. Il est originaire de l'Amérique méridionale.

Le *canard Casarka* (*Anas Casarca*), canard des
brahmanes, canard roux, canard cannelle, canard
citron, cassart, etc., dont Brehm fait un genre distinct, le Casarka roux (*Casarca Rutila*), est originaire de l'Asie centrale et s'étend, vers l'est, jusqu'au bassin supérieur du fleuve Amour, vers
l'ouest, jusqu'au Maroc. Il émigre en hiver vers le
sud, en Grèce, en Italie, en Égypte, en Tunisie,
en Algérie, aux Indes, en Perse, en Turquie. Il est
très-commun, en hiver, en Sibérie. Cet oiseau, qui
se rapproche de l'oie par les pieds, a la taille du
canard ordinaire, la démarche plus libre et plus
gracieuse, vole légèrement, et ne vit pas en troupes,
mais par couples. Sa femelle niche dans les cavernes

et les fentes de rochers, où elle pond 8 à 10 œufs
blancs, à coquille lisse, un peu plus gros que ceux
du canard sauvage. On dit leur chair détestable. Ils
s'apprivoisent facilement et se reproduisent bien en
captivité. Le mâle a la tête, la moitié supérieure du
cou d'un gris de souris, avec un collier vert foncé
métallique dans la saison des amours; le reste du
cou, le dessus et le dessous du corps, roux rougeâtre; les ailes, le croupion et la queue, noir à
reflets métalliques; l'œil brun clair; le bec noir; les
tarses gris plombé. La femelle, plus petite que le
mâle, porte un plumage plus terne, la face blanche
et pas de collier.

Tous les naturalistes sont d'accord pour admettre
que le canard sauvage est la souche de la forme du
canard domestique ordinaire, c'est-à-dire de la
plupart de nos races de basse-cour. Mais la domestication de cet oiseau paraît fort ancienne, et, jointe
à l'acclimatation et aux croisements sans doute,
elle a donné lieu à un grand nombre de races, sous-
races et variétés.

Le canard sauvage est monogame, les mariages
ne sont qu'annuels; le mâle ne couve pas, mais
surveille et défend sa femelle et sa famille; hors le
temps des amours et de l'éducation, les canards
sauvages vivent en troupes et émigrent, à l'automne
et au printemps, en grandes bandes qui figurent en
volant des triangles réguliers. La cane sauvage ne
fait qu'une ponte par an; dans un nid formé de
branches mortes, de brindilles, de feuilles sèches,
lâchement entrelacées, qu'elle tapisse intérieure-

ment de duvet, elle pond, en mars, de 8 à 16 œufs allongés, à coquille épaisse, d'un blanc verdâtre ou jaunâtre, luisants, qu'elle couve de vingt-quatre à vingt-huit jours. Tantôt, elle établit ce nid sur les arbres, dans la couche abandonnée par une corneille, le plus souvent à terre, sur un petit monticule, une touffe d'herbes ou de roseaux, sous un buisson, mais toujours non loin de l'eau douce, ruisseau, rivière ou étang. Les jeunes canards, ou halbrands, naissent couverts d'un duvet jaune avec taches brunâtres; dès le lendemain de leur éclosion, ils vont à l'eau, nageant au bord et entre les herbes; les plumes ne commencent à leur pousser qu'à six semaines, et ils ne sont point en état de voler avant l'âge de deux mois et demi environ. Les œufs qu'on a dérobés à la cane sauvage pour les faire couver par une poule domestique, produisent des canetons qui s'élèvent sans difficulté au milieu des habitants de la basse-cour, qui, après leur première ponte, ont le plus souvent perdu l'idée de reprendre leur liberté, mais qui, parfois aussi, rejoignent leurs congénères sur les étangs ou les rivières à l'époque des migrations.

Le canard resta inconnu aux anciens Égyptiens, aux Hébreux, aux Grecs de la période homérique. Columelle et Varron en parlent comme d'un oiseau non encore domestiqué. Les Chinois paraissent nous avoir de beaucoup précédés dans cette conquête comme dans un grand nombre d'autres. Néanmoins, le canard sauvage ou les différentes espèces sauvages nous ont déjà fourni un grand nombre de races, sous-races et variétés domestiques, dont nous décrirons seulement les principales.

Parlons d'abord du *canard musqué* ou *de Barbarie,* qui descend de l'*Anas Moschata* sauvage et non pas de l'*Anas Boschas*, et qu'on rencontre souvent dans nos basses-cours, principalement dans le midi de la France. Beaucoup plus gros que le canard domestique ordinaire, il en diffère par un assez grand nombre de caractères zoologiques. L'un de ses noms provient de l'odeur de musc que répand sa chair, et qui est due à une humeur huileuse sécrétée par plusieurs petites glandes placées sur le croupion. La domesticité a terni sensiblement l'éclat de ses couleurs et un peu modifié ses mœurs. La femelle pond au printemps (avril et mai) de 12 à 15 œufs arrondis et d'un blanc verdâtre, pour lesquels la période moyenne d'incubation est de vingt-quatre à vingt-six jours; elle établit toujours son nid à terre et va rarement à l'eau. Le canard de Barbarie se croise facilement avec le canard ordinaire et produit ainsi des hybrides appelés Mulards, le plus souvent stériles entre eux, mais féconds avec l'une ou l'autre des espèces parentes pures, dont la voix est moins bruyante que celle des canards ordinaires; plus gros, mais d'un développement plus tardif; moins aptes à prendre la graisse, mais dont on peut rendre la chair très-mangeable en enlevant, immédiatement après les avoir tués, la tête et le croupion. Il y en a une variété blanche plus petite, mais qui convient bien pour l'ornement des pièces d'eau. Le canard de Barbarie, de Guinée

ou de l'Inde, est l'espèce que l'on élève de préférence dans les basses-cours de l'Amérique méridionale. Elle a été introduite en France au commencement du quinzième siècle, et aujourd'hui elle donne
par an deux ou trois pontes de 10 à 18 œufs chacune,
soit en tout 20 à 50.

Le *canard barboteur commun* n'est autre que le
canard sauvage captivé et domestiqué; il a conservé
le même plumage dans les deux sexes, bien que les
teintes en aient un peu pâli; son poids a augmenté,
et atteint, lorsqu'il est devenu adulte, environ
1 kilogramme; les pattes sont devenues plus grosses
et ont pris le plus souvent la couleur noir brunâtre
au lieu de jaune orangé. Cette race réclame presque
indispensablement de l'eau, ne fût-ce qu'une mare;
elle est un peu coureuse et même vagabonde. Sa
chair est ferme, un peu noirâtre, manque de délicatesse et de tendreté le plus souvent. Son développement est un peu tardif, son élevage peu coûteux,
mais non toujours assuré. La femelle donne, en
trois pontes, de 30 à 60 œufs par an; ces œufs,
produits à intervalle d'un jour chaque, sont plus
gros que ceux de poule, plus allongés et d'un diamètre presque égal à chacune de leurs extrémités,
d'une coloration jaune verdâtre, excellents pour la
consommation et la pâtisserie. Ce canard engraisse
bien, mais ne dépasse pas un certain état d'embonpoint; on le croise souvent avec le canard sauvage.
Il y a une variété blanche, très-jolie, mais plus
petite et plus délicate à élever.

Le *canard de Rouen* (fig. 79), ou canard normand,

n'est autre que la précédente améliorée ; elle en a conservé le plumage, mais elle a pris du poids et de la
taille et pèse en moyenne 2 kilogr. 500 environ.
Elle a le bec vert marbré de noir, le sac abdominal
bien développé. Plus facile à élever que le canard
barboteur, moins exigeant sur l'eau, il est très-pré-

Fig. 79. Canard de Rouen.

coce, très-fécond, et donne une chair très-délicate.
La femelle, excellente pondeuse, donne environ
soixante-quinze œufs en trois pontes. C'est surtout
aux environs d'Yvetot, et dans les vallées de l'An-
delle, de la Touque, de la Dive, de la Rille, qu'on
se livre à son éducation pour la vente à Paris ou
l'expédition en Angleterre. C'est cette même race
qui, transportée en Picardie, aux environs d'Amiens,
d'Abbeville, etc., fournit ses éléments à l'industrie

des pâtés de canard. Il y en a une variété de même couleur et huppée; une autre toute blanche, plus petite, moins apte à l'engraissement et plus difficile à élever. La cane pond souvent des œufs aussi blancs que ceux de la poule, mais plus arrondis aux extrémités.

Le *canard d'Aylesbury* est une variété anglaise du canard sauvage; elle est presque aussi grosse que la précédente, mais elle a le plumage tout blanc, avec le bec et les pattes d'un jaune pâle, le sac abdominal fortement développé, les ailes très-courtes et presque impropres au vol. Les plumes blanches ayant plus de valeur que les autres, cette variété fournit, de ce chef, un produit un peu plus élevé. Elle est en outre précoce, très-disposée à l'engraissement, et fournit une chair très-délicate.

Le *canard chanterelle* est une variété française du canard sauvage dont elle a conservé la coloration; mais elle est de taille beaucoup plus petite, a le bec notablement et proportionnellement plus court, et sa femelle est douée d'une loquacité extraordinaire. On l'emploie comme appelant dans la chasse à la hutte, aux filets ou au fusil, du canard sauvage. Il y en a une variété blanche.

Le *canard à bec recourbé* est une race ancienne, car il en est fait mention en Angleterre dès 1676; en outre, elle prouve l'antiquité de sa domestication par sa fécondité remarquable, car elle pond presque constamment. La courbure inférieure de son bec lui donne une apparence extraordinaire. Sa tête est souvent huppée. Sa coloration est celle du canard sauvage ; il y en a pourtant une variété blanche.

Le *canard Labrador*, canard du Canada ou de Buenos-Ayres, pourrait bien plutôt provenir de l'Inde. C'est sans doute une espèce sauvage domestiquée. Elle a le plumage entièrement noir, avec de magnifiques reflets sur la tête et le dos ; le bec, plus large relativement à sa longueur que dans le canard sauvage, est noir, ainsi que les pattes. Les œufs que la femelle pond au commencement du printemps sont noirs ; ceux des pontes postérieures le sont moins et ne sont à la fin que grisâtres. Cette coloration noire de l'œuf n'est que superficielle, elle disparaît lorsqu'on gratte la coquille. Il y en a deux variétés, l'une de la taille du canard barboteur, l'autre plus petite et volant très-bien. Cette race, dont la domestication doit être assez récente, a conservé plusieurs caractères de l'état sauvage : son vol est soutenu, son caractère farouche et vagabond ; elle recherche de préférence la nourriture animale. On dit sa chair supérieure à celle du canard sauvage.

Le *canard pingouin* a reçu ce nom à cause de ses longues jambes, placées très en arrière du corps, et de la brièveté de ses ailes, qui lui donnent, lorsqu'il est à terre, la tournure et la démarche de cet oiseau. Il marche avec le corps très-redressé, le cou tendu et relevé. Son bec est assez court ; sa queue, formée de dix-huit rectrices, est retroussée. Sa chair est très-estimée. Il paraît être originaire de l'archipel malais. Dans le croisement, le canard pingouin transmet fortement à ses produits la forme particulière de son corps et sa démarche.

Enfin nous nous contenterons de mentionner les variétés dites : *Canard de Hollande*, peu différend du normand ; *canard polonais*, petit, très-élégant, et dont une sous-variété est huppée, blanc ; avec le bec et les pieds jaunes, le bec étant sensiblement recourbé en bas ; *canard mignon*, blanc ou gris, avec ou sans huppe, très-petit, oiseau d'ornement ; *canard plombière de la Chine*, de très-petite taille, très-fécond, d'un élevage facile et n'exigeant pas d'eau, oiseau de volière ; cet oiseau pourrait bien former une race spéciale et appartenir à un autre type sauvage que l'*Anas Boschas*, type qui serait indigène de la Chine probablement.

En devenant domestique, le canard sauvage est devenu polygame ; un mâle suffit à cinq ou six femelles ; l'un et l'autre, le mâle et la femelle sont adultes, aptes à se reproduire dès l'âge de douze à quatorze mois. La cane entre la première en amour, pond souvent en hiver, dès la fin de janvier ou de février, quelques œufs inféconds, le mâle n'étant point encore entré en rut, et qu'elle ne tarde pas à abandonner. La véritable ponte, celle qui donne des œufs fertiles, n'a lieu qu'en mars, avril ou mai, suivant le climat et la température et suivant l'âge des animaux, la femelle ne pondant jamais avant le printemps qui suit sa naissance, mais d'autant meilleure heure qu'elle est née plus tôt dans l'année précédente. En avril donc, elle pond de douze à vingt-cinq œufs, à un jour d'intervalle, puis s'arrête.

Si on ne la fait point couver, elle donnera une seconde ponte de dix à vingt œufs en juillet et août; et parfois encore huit à douze œufs en septembre; en tout de trente à cinquante œufs par an. La cane normande fournit presque le double d'œufs à chaque ponte et conséquemment aussi en total.

Ces œufs, comme ceux d'oie, conservent pendant trois à quatre semaines leur faculté germinative, si on les place, à mesure de leur production, dans un lieu frais, à température moyenne et régulière, sèche surtout. Un grand nombre de canes pondent de préférence dans une cachette qu'elles ont découverte et où elles se livrent à l'incubation. Comme la ponte a presque toujours lieu dans la matinée, il faut les épier, les suivre, et lorsqu'on a trouvé leur nid, en enlever tous les œufs moins un ; on peut encore, chaque matin, avant de leur rendre la liberté, tâter toutes les femelles et retenir dans le poulailler celles qui doivent pondre dans la journée. Ces couvées mystérieuses, en effet, sont exposées à beaucoup de chances de destruction.

La cane est bonne couveuse, lorsqu'elle consent à couver ; mais en général on préfère, afin de prolonger sa ponte, donner ses œufs à une poule, à laquelle on en confie une douzaine, que l'on voit éclore après vingt-six à vingt-neuf jours pour les canards ordinaires, trente-trois à trente-cinq pour ceux de la Caroline, vingt-quatre à vingt-six pour le canard de Barbarie, et trente à trente-deux pour le canard mandarin. La poule élève fort bien les canetons, leur témoigne la plus grande tendresse, les

entoure de la plus vive sollicitude. Il en est de même
de la dinde, qu'une aussi longue incubation fatigue
moins que la poule et à laquelle on peut confier
quinze à seize œufs. Les soins à donner à la cane
couveuse sont les mêmes que pour la poule, mais
les œufs de cane sont plus sensibles au refroidissement que tous autres. Pour obtenir des animaux
rustiques et d'un beau développement, il ne faut
admettre à la reproduction que des animaux de deux
ans au moins et de quatre au plus, bien que le canard ait la vie plus longue que le coq, et que la cane
conserve sa fécondité jusqu'à dix ou douze ans.

Les Chinois, qui sont grands éleveurs de canards,
leur appliquent le procédé d'incubation artificielle.
Dans l'île Chusan, voici, d'après le voyageur Ro-
bert Fortune, comment il est pratiqué : Les œufs
apportés dans l'établissement sont disposés dans des
paniers en paille tressée, extérieurement recouverts
d'argile, où ils reposent sur une brique et sont recouverts d'un couvercle. Ces paniers sont placés chacun sur un petit fourneau, à l'extrémité d'un bâtiment en terre recouvert de chaume. Après quatre ou
cinq jours d'exposition à une température de 35
à 38° C., ces œufs sont mirés au jour, puis replacés
pour neuf ou dix jours dans les mêmes paniers. Après
un nouveau laps de neuf ou dix jours, soit après
quatorze ou quinze jours en tout, on les retire des paniers pour les placer sur des tablettes en bois placées à l'autre extrémité du bâtiment et recouverts
d'une pièce d'étoffe de coton ; quinze jours plus tard
a lieu l'éclosion, le chauffage ayant pendant ce

temps maintenu l'atmosphère à la même température. Les canetons sont rendus aux propriétaires des
œufs moyennant une légère indemnité, ou vendus
au détail à des spéculateurs qui possèdent des maisons flottantes établies sur bateaux et habitent sur
une rivière ou un fleuve; un escalier permet aux
canetons d'aller à l'eau et de rentrer dans le bateau,
où un local spacieux leur est réservé. Presque tous
les cours d'eau de la Chine sont couverts de ces maisons à canards, et sont la source d'une industrie
lucrative.

M. de la Gironnière nous décrit une pratique un
peu différente en usage à Payteros, chez les Indiens
Tagales de Luçon (Philippines) : « Les habitants de
ce bourg, situé à l'entrée du lac, sur un des bras du
Parig, se livrent particulièrement, dit-il, à l'éducation du canard. Chaque propriétaire a un troupeau
de 800 à 1,000 canes, qui lui produisent chaque
jour de 800 à 1,000 œufs, un par cane. Cette grande
fécondité est due à la nourriture qu'on leur donne.
Un seul Indien est chargé de pourvoir à la subsistance de tout le troupeau. Il pêche tous les jours,
dans le lac, une grande quantité de petits coquillages, il les concasse et les jette dans la rivière,
dans un lieu circonscrit par des bambous flottants
qui servent de limite à son troupeau et empêchent
les canards de se mêler à ceux des voisins. Les canes
vont au fond de l'eau chercher leur nourriture : et le
soir, au premier son de l'*Angelus*, on les voit sortir
d'elles-mêmes de l'eau et se retirer dans une petite
cabane pour y pondre leurs œufs et y passer la nuit.

20

«Après trois ans, la stérilité succède à cette
grande fécondité, et il faut alors complétement renouveler le troupeau. Ce n'est pas l'opération la
moins curieuse de cette industrie, qui rappelle les
fours des Égyptiens pour l'éclosion des œufs. Cependant la méthode des Indiens est toute différente;
elle est de leur invention, comme on va pouvoir en
juger. Quelques Indiens ont pour unique profession
de faire éclore des œufs; c'est un métier qu'ils ap-
prennent comme ils apprendraient celui de menui-
sier ou de charpentier; on pourrait les nommer des
couveurs.

«Près de la maison de celui qui a réclamé les
soins d'un couveur, dans un lieu choisi, bien abrité
du vent et exposé toute la journée au soleil, le couveur fait construire une petite cabane de paille, de
la forme d'une ruche; il n'y laisse qu'une petite ouverture, celle absolument nécessaire pour s'introduire dans la ruche. On lui confie mille œufs, maximum qu'il puisse faire éclore en une seule couvée,
de mauvais chiffons et de la balle de riz séchée au
four. Il sépare ses œufs de dix en dix, les renferme
par dix dans un chiffon avec une certaine quantité
de balle. Après cette première opération, il place
une forte couche de balle au fond d'une caisse de
bois de cinq à six pieds de longueur sur trois de largeur, ensuite une couche d'œufs; et il continue en
alternant, jusqu'à ce qu'il y ait logé les cent petits
paquets. Il termine par une épaisse couche de balle
et une couverture. Cette caisse doit lui servir de lit
et la cabane de prison pendant tout le temps néces-

saire à l'incubation. On introduit tous les jours par l'ouverture, qne l'on referme ensuite avec soin, les aliments qui lui sont nécessaires.

« Chaque trois ou quatre jours il change ses œufs de place ; il met en dessus ceux qui étaient en dessous. Le dix-huitième ou le dix-neuvième jour, lorsqu'il croit que l'incubation est à sa dernière période, il pratique une petite ouverture à sa cabane. pour y laisser pénétrer un rayon de lumière ; il y présente quelques œufs, les examine, et juge, au plus ou moins de transparence, et à des signes que ceux qui exercent cette industrie connaissent seuls, si l'incubation est complète. Lorsqu'il en est ainsi, son travail est presque terminé, il n'a plus de précautions à prendre. Il sort de la cabane, il retire ses œufs de la caisse et il les casse un par un. Les petits canards, aussi forts que s'ils étaient éclos sous leur mère, courent immédiatement à la rivière.

« Le lendemain, l'Indien sépare soigneusement les mâles des femelles. Ces dernières seulement sont conservées ; les mâles sont rejetés. Les huit premiers jours on nourrit les jeunes canes de petits papillons de nuit, qui voltigent le soir en si grande quantité en suivant le cours de la rivière, qu'il est facile de s'en procurer autant qu'il est nécessaire. On leur donne ensuite des coquillages, et aussitôt qu'elles commencent à pondre, elles ne s'arrêtent plus pendant trois ans. » Cette influence d'une nourriture animale sur la ponte peut aisément être mise en œuvre par nos fermières, à l'aide des verminières dont nous avons déjà décrit la fabrication ; nous ne répondons point pourtant que cet aliment ne nuira point à la délicatesse de goût et à la durée de conservation des œufs.

Mais revenons en France. Nos canetons viennent d'éclore; on les place avec leur mère naturelle ou adoptive sous une mue en osier, dont un des côtés soulevé leur permet d'aller boire et se baigner dans un plat placé à proximité et tenu constamment rempli d'eau; on leur donne sept ou huit fois par jour des pâtées de son, de farine et d'orties hachées fin. Ils craignent fort la pluie et le froid, aussi les couvées précoces réussissent-elles rarement. Ce n'est que lorsqu'ils ont cinq ou six jours qu'on peut les laisser aller à l'eau, soit dans un baquet enterré à fleur de terre, soit dans une mare, un ruisseau, une rivière ou un étang. En Gascogne, on leur donne du vermicelle trempé dans l'eau et un peu de viande hachée fin. Lorsqu'ils ont atteint l'âge de deux mois, on leur donne des déchets de grains, des pâtées de son, de farine, de pommes de terre, betteraves ou navets cuits, de l'herbe, de l'orge, du gland, des limaçons, du frai de poisson, etc. Voraces et presque omnivores, les canetons profitent rapidement; ils ont croisé leurs ailes, c'est-à-dire sont devenus adultes, à l'âge de quatre à six mois, suivant la race, et peuvent dès lors être mis à l'engrais.

Les procédés d'engraissement sont les mêmes que pour l'oie : du grain ou des pâtées de farines, ou du grain de maïs échaudé, des racines cuites, des faînes, des glands, des châtaignes concassées, etc. Dans le Languedoc, aux environs d'Agen et de Nérac,

pour obtenir des foies gras, on prend, au commencement de l'hiver, des canards déjà en bonne chair,
et on les met en épinettes dans un local obscur,
tranquille, chaud et légèrement humide, une cave
ou un cellier parfois. Trois ou quatre fois par jour
on les embocque jusqu'à satiété d'une bouillie de
farine de maïs, et on leur donne à peine à boire un
peu de lait écrémé. Après quinze à vingt jours on
reconnaît que l'opération est terminée à l'écartement
des plumes de la queue, qui, en se relevant, forment l'éventail. Les animaux doivent être dès lors
surveillés comme les oies, avec la plus constante
sollicitude, parce qu'ils périssent souvent d'asphyxie.
Cet engraissement forme en Languedoc une industrie importante, les terrines et pâtés de Nérac ayant
été, à l'origine, fabriqués exclusivement de foies de
canards; il en est de même en Picardie, aux environs d'Amiens et d'Abbeville, dont les pâtés sont
presque aussi estimés. La viande qui reste après en-
lèvement du foie a encore une valeur presque égale,
et peut servir aux mêmes usages que celle de l'oie.

Un canard de race commune, adulte et engraissé
pour le commerce, pèse environ 1 kilogr. 500 de
poids vif; un canard de Rouen ou de Toulouse
(normand) engraissé pour le foie pèse souvent jusqu'à 4 et même 5 kilogr. Le premier se vend de 3 à
5 fr.; le second, de 5 à 8 fr. Le foie seul du dernier
vaut, suivant les années, de 2 fr. 50 c. à 4 fr., et
pèse de 200 à 350 grammes.

Enfin, le canard donne, comme l'oie, un produit
en plumes et duvet moins élevé comme quantité, au

moins égal comme qualité. Aux époques de mue naturelle, c'est-à-dire en mai et septembre, on arrache aux mâles une partie du duvet qui garnit le cou et le dessous du ventre ; quelquefois même on fait, entre deux, une autre cueillette en juin ou juillet ; mais on nuit beaucoup ainsi à l'état des oiseaux et à leur fécondité. En Normandie, on ne plume jamais les canes ni les mâles adultes, et seulement les canetons à la mue d'automne. Dans les deux cueillettes, un canard adulte peut fournir de 150 à 200 grammes de duvet, valant 1 fr. 50 c. à 2 fr. ; un canard de grosse race plumé trois fois peut aussi fournir jusqu'à 500 grammes de duvet valant 4 fr. Celui du canard normand est préféré, comme plus souple et plus fin, à celui du canard ordinaire et même de l'oie. Lorsqu'on sacrifie un canard, on récolte encore des plumes et du duvet qui seront traités ainsi que nous l'avons dit pour la poule et l'oie. Les canards des variétés blanches, et notamment celui d'Aylesbury, fournissent un produit plus estimé et supérieur d'un tiers environ en valeur commerciale.

Les canards logent d'ordinaire dans le même local que les poules, mais doivent être placés dans un compartiment séparé où on répandra, deux ou trois ois par semaine, de la paille fraîche, après avoir soigneusement enlevé l'ancienne et les fientes, et avoir répandu à la place un peu de sable fin. Ce logement doit être mis, comme celui de toutes nos volailles, à l'abri des incursions des bêtes puantes et des chats maraudeurs. Il faudra aussi entourer les canetons d'une certaine surveillance, et ne pas leur permettre de s'éloigner de la ferme, parce que, dans les pays de bois surtout, les pies leur font une guerre acharnée, les tuent impitoyablement et les emportent dans leur nid; les renards ne seraient pas moins à craindre dans ces contrées.

Lorsqu'il a atteint l'âge adulte, le canard est exposé à fort peu de maladies; la crise de développement est très-bénigne chez les jeunes, et se produit au moment de la pousse des premières plumes.

Paris seul consomme un million de canards par an, qui proviennent surtout des départements de l'Eure, de Seine-et-Marne, Seine-et-Oise, Loiret, Indre-et-Loire, Loir-et-Cher, Sarthe et Seine-Inférieure.

Fig. 80.- L'agami bruyant.

CHAPITRE XIV.

L'AGAMI.

L'*Agami bruyant* ou *Agami trompette* (*Psophia Crepitans*) est un oiseau de l'ordre des Échassiers, famille des Cultrirostres, tribu des grues. Brehm en a fait un genre distinct de sa tribu des Arvicolidés, famille des Paludicoles, ordre des Échassiers. Ce genre est caractérisé par un corps épais, un cou de longueur moyenne, une tête médiocre; un bec court, bombé, à crête dorsale convexe, à pointe crochue, un peu comprimé latéralement; les tarses longs; les doigts courts, l'externe relié au médian par une courte palmure; les ongles crochus, très-acérés; les ailes courtes, bombées, obtuses, la quatrième rémige étant la plus longue; la queue courte, à plumes faibles; les plumes larges, celles du cou et de la tête veloutées, et celles du dessous du corps duveteuses.

L'*agami bruyant* (fig. 80), l'espèce la plus connue de ce genre, a la tête, le cou, le haut du dos, les ailes, le bas de la poitrine, le ventre et le croupion noirs; le pli des ailes d'un noir pourpre, à reflets bleus ou verts; les plumes de l'aisselle d'un brun olivâtre chez les jeunes, d'un gris de plomb ou gris argenté chez les adultes; le bas du cou et le haut de la poitrine bleu d'acier, à reflets bronzés; l'œil brun roux, entouré d'un cercle nu couleur de chair; le bec d'un blanc verdâtre; les tarses d'un jaune orangé clair. Il a environ $0^m,75$ de hauteur, $0^m,55$ de longueur du corps, $0^m,30$ de longueur d'aile. Il habite l'Amérique du Sud, au nord du fleuve des Amazones, dans les grandes forêts, où il se nourrit de graines et de fruits. Il doit son surnom au son profond et sourd qu'il fait entendre dans son estomac, et que l'on croirait volontiers provenir de l'anus; aussi lui a-t-on donné le nom vulgaire de poule péteuse. Son vol est lourd, peu étendu, et ne lui permet que difficilement de traverser le fleuve qui le limite au sud, mais il nage et court surtout très-vite. L'oiseau adulte vit de fruits, de grains et d'insectes; les jeunes préfèrent à tout autre aliment des vers et des insectes; les vieux s'habituent facilement à vivre de grains et de pain.

Selon Brehm et la plupart des naturalistes, l'agami niche à terre, creuse une légère dépression au pied d'un arbre, et y pond ordinairement une dizaine d'œufs d'un vert clair. Suivant M. Bataille, il nicherait dans le tronc des vieux arbres, où il entre par le sommet pour y déposer quinze à dix-huit œufs sur un lit de feuilles. Les jeunes qui viennent d'éclore abandonnent le nid dès qu'ils sont secs, et suivent leurs parents. Pendant plusieurs semaines ils restent uniquement couverts d'un duvet très-serré, long et mou. Les jeunes que les Indiens peuvent dérober à leurs parents restent libres autour des huttes et sont nourris d'un peu de manioc humecté avec de l'eau. M. Bataille, à Cayenne, nourrit ses jeunes oiseaux avec du pain trempé, du vin bouilli, et des bananes, qu'ils aiment beaucoup ; il leur donne en outre du poisson, de la viande coupée en petits morceaux, et généralement tous les restes de sa table. L'agami est, par instinct, ennemi des serpents, et il déploie pour les attaquer toutes les forces de son intelligence et de son corps ; si le serpent est de petite taille, il le combat seul, et remporte presque toujours la victoire ; s'il est gros, l'agami jette son cri d'alarme, et, aidé des siens, qui accourent nombreux, ils ont bientôt anéanti l'ennemi, auquel ils ne touchent plus ensuite.

L'*agami à ailes blanches* (*Psophia Leucoptera*) habite le même pays que le précédent, mais ne dépasse pas l'Amazone au nord. Il a les mêmes mœurs que l'agami bruyant, il vit comme lui en troupes nombreuses de mille à deux mille individus ; mais son cri est moins prolongé et surtout moins retentissant. Le genre *Psophia* renferme encore deux autres espèces moins connues et originaires des mêmes pays.

L'agami est facile à apprivoiser, à domestiquer, à acclimater. Les Indiens en ont fait un gardien précieux pour leurs troupeaux de volailles. Il aime l'homme, recherche ses caresses, se montre intelligent et docile ; il joue près de nous le même rôle désintéressé que le chien. Dans la basse-cour, il veille à la bonne harmonie, protége le faible, réprime le fort qui veut abuser de sa puissance, partage à tous la nourriture, fait enfin une police exacte et équitable. Aux champs, il conduit les troupeaux qu'on lui confie, veille à ce que personne ne s'écarte, ne reste en arrière, ne se livre au pillage ; il défend ses sujets contre tout ennemi, chien, chat, oiseaux de proie, grâce à son bec et à ses ongles aigus et puissants. Il a enfin, suivant l'expression de Daubenton et de Bernardin de Saint-Pierre, la fidélité du chien. M. E. de Tarade a raconté les faits et gestes de Robin, un agami élevé par un médecin d'Angers, et chargé par lui de conduire, surveiller et défendre un troupeau d'oies. La Société zoologique d'acclimatation a importé l'agami en 1858, et l'a vu se reproduire dans ses volières.

Les pays où l'élevage des oies et des dindons se fait en nombreux troupeaux, et avec le système du pâturage, trouveraient dans l'agami un surveillant précieux, sûr et économique.

Fig 81. Coq de bruyère ou grand Tétras.

CHAPITRE XV.

DE QUELQUES GALLINACÉS NOUVEAUX A ACCLIMATER ET DOMESTIQUER.

Le zèle des naturalistes, l'extension des rapports internationaux, la création de stations zoologiques d'acclimatation dans les pays les plus avancés de l'Europe, nous ont fait connaître, dans les trente dernières années, un assez grand nombre d'oiseaux dont les uns, remarquables par la beauté de leur plumage, peuvent enrichir nos volières ; les autres, précieux par leur fécondité et les qualités de leur chair, peuvent peupler nos forêts et accroître nos ressources cynégétiques et alimentaires ; d'autres enfin, plus rustiques, plus familiers, doivent s'adjoindre au personnel de nos basses-cours, et nous offriront des produits variés, nouveaux et économiques. Ce sont ces nouvelles conquêtes de la science que nous allons succinctement décrire, en indiquant les ressources qu'ils offrent et l'emploi qu'ils peuvent recevoir. Commençons par les gallinacés.

Parmi la famille des pigeons et le genre des colombes, la *colombe lumachelle* ou pigeon bronzé, oiseau très-gros, remarquable par les brillantes couleurs de ses ailes, qui offrent les reflets de l'opale et le chatoiement de la lumachelle, d'où il tire son nom ; il est indigène de la terre de Van-Diemen et de l'île de Norfolk ; il est monogame et migrateur, se nourrit de baies et de graines de toutes sortes. Il se tient à terre ou sur les branches basses des arbres, dans les endroits sablonneux et arides ; c'est pourquoi les Anglais lui ont donné le nom de pigeon de broussailles. Il fait son nid, tantôt à terre, tantôt dans des trous d'arbres, à l'aide de quelques brindilles grossièrement entrelacées. La femelle pond, en octobre, deux œufs blancs, qu'elle couve alternativement avec le mâle durant quatorze à seize jours. Cet oiseau se reproduit en captivité. Brehm en fait le genre Phaps, Phaps lumachelle (*Phaps Chalcoptera*). La *colombe Labrador* (*Columba Elegans*), plus petite que la lumachelle, originaire comme elle de la terre de Van-Diemen, au plumage

21

non moins élégant, a à peu près les mêmes mœurs. La *colombe grivelée* (*Columba Picata*), dont Brehm a fait le type de son genre Leucosarcie (*Leucosarcia Picata*), et appelée par les indigènes *wonga-wonga;* presque aussi grosse que la lumachelle, originaire également de la Nouvelle-Hollande, elle nous offre un plumage moins riche, mais un gibier beaucoup plus savoureux; par malheur elle s'apprivoise et s'acclimate plus difficilement que les autres. Elle a le bec noir, les pattes rose tendre; le plumage général mélangé par taches de roux, de gris, de blanc et de noir. Elle n'habite que les buissons le long de la côte, vole peu, mais court assez rapidement. La *colombe Longup* (*Columba Lophotes*), que Brehm range dans son genre Ocyphaps (*Ocyphaps Lophotes*), est encore indigène de l'Australie; elle porte une huppe noire; son plumage est un mélange de brun olivâtre sur le dos, de rose tendre sur les côtés du cou, de vert bronzé, bordé de blanc sur les grandes couvertures des ailes, qui sont brunes. Monogame, ce magnifique oiseau vit en grandes bandes, vole rapidement, niche sur les arbres et se reproduit facilement en volière, même sous nos climats. La *colombi-galline à tête bleue* (*Columba Cyanocephala*), que Brehm range dans son genre Starnœnas (*Starnœnas Cyanocephala*), est originaire de l'île de Cuba, d'où il se répand au nord jusque dans la Floride, et au sud jusqu'au Venezuela, et parfois jusqu'au Brésil. Son plumage est couleur chocolat, passant au noir sur la face, la nuque et la gorge; au rouge vineux à la poitrine; au rouge brun sur le

ventre; il porte un étroit collier blanc; a le bec
rouge corallin à la base, bleuâtre à la pointe; les
pattes rose tendre, avec les écailles carminées et les
doigts bleuâtres. On lui donne en Amérique le nom
de perdrix. Sa chair est excellente, elle s'apprivoise
et s'acclimate bien; enfin, elle se reproduit volontiers dans nos volières. La *colombi-galline poignar-
dée* (*Columba Cruentata*) ou pigeon de terre des
Américains, dont Brehm a fait le type de son genre
Pyrgitænas (*Pyrgitænas Passerina*), est originaire
des îles Philippines, et principalement de Manille,
d'où elle s'est répandue à la Jamaïque, aux Indes
occidentales et dans le sud des États-Unis. La teinte
générale de son plumage est un brun grisâtre, avec
la tête gris cendré, la gorge blanchâtre, une tache
rouge de sang au milieu de la poitrine, les rémiges
brunes, les rectrices noires, les externes bordées de
blanc en dehors; les couvertures supérieures de l'aile
semées de taches arrondies, à reflets couleur d'acier;
l'œil orange; le bec rouge pâle; les pattes couleur
de chair. Sa chair est très-délicate, son apprivoise-
ment facile; elle s'accoutume bien à la volière et s'y
reproduit comme nos pigeons. Le *nicobar à camail*
(*Calænas Nicobarica*) est originaire de l'Océanie; il
habite depuis les îles Nicobar (dans le golfe du Bengale, au sud-ouest de Sumatra) jusqu'à la Nouvelle-
Guinée (Mélanésie), et jusqu'aux Philippines (Malaisie). Il porte un plumage d'un noir verdâtre, à reflets
bleus et dorés, la queue blanche, le bec noir et les
pattes rouge pourpre. Il est au moins aussi gros que
la lumachelle, vit et niche à terre, vole peu et mal,

mais marche vite et longtemps; il est monogame et se rassemble en petites bandes. Il se reproduit assez bien en volière. Enfin, le genre Goura nous fournit deux espèces : le *goura couronné*, dont la tête est entièrement recouverte d'une huppe de plumes sans barbes, dont le plumage est bleu ardoisé, avec une raie blanche sur le milieu des ailes, l'œil rouge, les pattes roses, la taille très-grande. Le *goura de Victoria* (*Goura Victoriæ*), indigène de la Nouvelle-Guinée, du même plumage que le précédent, mais avec les plumes de la huppe pennées à l'extrémité, le ventre roux, la bande transversale de l'aile gris bleu, la taille un peu plus grande. Tous deux s'apprivoisent et s'acclimatent facilement, et se reproduisent en volière.

Parmi les Gallinacés proprement dits ou Pulvérateurs de Brehm, mentionnons : le *ganga chata* (*Pterocles Setarius* ou *Pterocles Alchata*), qui porte dans le midi de la France les noms de grandoule, d'augel et de gélinotte des Pyrénées, en Afrique celui de chata, paraît être l'oiseau dont les anciens ont parlé sous le nom d'*attagen*. Originaire d'Espagne, il s'est dispersé dans toute l'Europe méridionale, et on le rencontre en Sicile, dans le Levant, jusqu'en Perse; en France, au sud des Pyrénées et dans la plaine de la Crau (Bouches-du-Rhône). Son plumage est d'un brun jaunâtre tournant au rouge sur la gorge et la poitrine, au vert sur la nuque et le dos, au jaune sur les taches de l'aile et de la queue; avec le ventre blanc et des taches de même couleur sur les ailes et la queue. Il habite les déserts

garnis de buissons, vit en bandes isolées plutôt que
réunies, et est monogame. La femelle pond au printemps dans le sud de l'Europe et le nord de l'Afrique,
à l'automne dans l'Afrique centrale, de décembre à
mai dans les Indes, trois ou quatre œufs dans une
légère excavation qu'elle a formée dans le sable. Ces
œufs sont d'un jaune brun clair, la femelle les couve
seule sous la garde du mâle. Le ganga s'apprivoise
facilement, vit en bonne intelligence avec les hôtes
de la volière, ne redoute que la pluie et l'humidité, et se reproduit volontiers. La chair des jeunes est très-estimée; celle des adultes est au contraire noire, dure et peu recherchée. Le *syrrhapte
paradoxal (Syrrhaptes Paradoxus)*, appelé vulgairement poule des steppes, est à peu près de la taille
du précédent, mais ses formes sont plus arrondies ;
il n'a que trois doigts, le postérieur manquant; ces
doigts et les tarses sont emplumés ; les doigts, larges,
sont entièrement réunis par une palmure verruqueuse. Son plumage général est d'un ton gris cendré, nuancé de jaune, de brun et de fauve, avec
une bande pectorale blanche et noire qui manque
chez la femelle. Il habite les steppes à l'est de la
mer Caspienne, est monogame, vit par petites bandes, fait deux couvées par an, et émigre vers le sud
en hiver. Sa domestication, commencée en Europe
en 1863, n'est pas encore complète, et il ne se reproduit que difficilement en volière.

Le *petit coq de bruyère*, coq de bouleau, lyrure
des bouleaux, tetra à queue fourchue (*Tetra Tetrix,
Lyrurus Tetrix*), a la tête, le cou, le bas du dos

d'un bleu azuré à reflets métalliques; des bandes
blanches transversales sur l'aile; les sous-caudales
blanches; tout le reste du plumage noir. La femelle
porte un plumage jaune et brun roux. Il habite l'Europe septentrionale et l'Allemagne centrale. Il vit
bien en captivité et s'y reproduit aisément, si on lui
donne les soins convenables. Le *tétra huppecol*
(*Tetrao Cupido*) ou cupidon des prairies (*Cupido-
nia Americana*) est indigène de l'Amérique septentrionale, mais ne se rencontre plus aujourd'hui qu'au
Texas et sur les bords du Missouri. Il a le derrière
de la tête et du cou orné de deux longues touffes latérales de plumes brunes; son plumage est mélangé
de noir, de blanc, de gris, de rouge et de jaune.
Il recherche les plaines dépourvues d'arbres, est polygame et vit en troupes. La femelle ne fait qu'une
couvée, en mai, de dix à douze œufs presque globuleux, plus petits que ceux de la poule, colorés
comme ceux de la pintade. Il est facile à apprivoiser
et se reproduit souvent en volière, avec de bons
soins.

Le *lagopède ordinaire,* lagopède des Alpes (*Lagopus Alpinus*), (fig. 82), appelé encore perdrix de
neige, perdrix des Pyrénées, ptarmigan, se rencontre dans les Alpes suisses et dans les Pyrénées, dans
le nord de l'Europe et de l'Amérique; il est un peu
plus gros que la perdrix grise; son plumage d'été
est fauve, maillé et vermiculé de noir; son plumage
d'hiver est entièrement blanc, avec un trait noir sur
les yeux. Il se nourrit de feuilles, de bourgeons, de
baies, de fruits et d'insectes. La femelle pond, en

juin, dix à douze œufs d'un jaune, d'ocre tacheté
de brun foncé. Cet oiseau supporte bien la captivité,
mais ne s'y reproduit que difficilement. Il en est de
même du lagopède rouge ou d'Écosse (*Lagopus
Scoticus*), qui vit exclusivement dans les îles Bri-
tanniques, et dont le plumage d'été est roux vermiculé de noir, et ne change pas en hiver ; du lagopède
des saules (*Lagopus Saliceti*), habitant de la Hon-
grie et de la Suède ; du lagopède à doigts courts

Fig. 82. Lagopède des Alpes.

(*Lagopus Brachydactylus*), de la Russie septentrionale, et du lagopède blanc ou lagopède hyperboré (*Lagopus Albus* ou *Islandorum*), originaire
des contrées hyperboréennes des deux hémisphères.
   La *gélinotte des bois*, gélinotte proprement dite,
ou poule des coudriers (*Tetrao Bonasia* ou *Bonasia
Sylvestris*), dépasse à peine la taille de la perdrix

rouge. Son plumage est varié de brun, de blanc, de gris et de roux, avec une large bande noire près du bout de la queue. Le mâle a la gorge noire et porte une petite huppe. Cet oiseau habite les bois, depuis le cercle polaire jusqu'aux Alpes. La femelle niche à terre dans des touffes de bruyères, sous des coudriers bas, pond de douze à seize œufs et les couve durant vingt et un jours. C'est un excellent et magnifique gibier qu'on pourrait multiplier dans nos forêts. Il supporte bien la captivité et s'y reproduirait avec des soins convenables aussi bien que le faisan. Il y en a une variété blanche (*Tetrao Canus, Bonasia Cana*) albine. La *gélinotte noire* (*Tetrao Canadensis*), originaire de l'Amérique septentrionale, est un peu plus petite que celle des bois.

Les francolins appartiennent aussi au grand genre Tétra, mais au groupe des Perdrix. Le *francolin vulgaire* ou à collier et à pieds rouges (*Tetrao Francolinus* ou *Francolinus Vulgaris*) se rencontrait il n'y a pas très-longtemps dans le midi de la France, en Sicile et à Chypre; aujourd'hui, on ne le trouve guère qu'en Asie Mineure, en Syrie, sur la côte sud de la mer Noire et dans le nord des Indes. Il a le plumage noir avec des rayures rouges et blanches derrière la tête, le tour des oreilles blanc, un collier brun roussâtre, des bordures rouges et de petites taches blanches sur le dos, la poitrine et le ventre, l'œil brun et le bec noir; la femelle est d'un jaune brun clair. Il s'apprivoise, s'acclimate et se reproduit aisément en volière. Le *francolin ensanglanté* (*Perdix Cruenta* ou *Francolinus Cruentus*) du

Népaul (Indes) porte un plumage élégant, aux vives couleurs; il a trois et jusqu'à quatre éperons; l'abdomen et la queue sont rouge de sang.

Les colins forment un genre voisin du précédent. Le *colin de Virginie* ou *colin Houi* (*Ortix Virginianus*), appelé encore perdrix d'Amérique, poule colin, coyoleos, etc., se trouve depuis le Mexique jusqu'au Canada inclusivement. Il est plus nombreux dans le sud et le centre des États-Unis, et se plaît surtout dans le Maryland, la Louisiane et la Virginie. Son plumage, qui se rapproche sensiblement de celui de la perdrix rouge, est d'un brun variant au rouge, au jaune, au noir, avec des taches blanches à la tête et au cou, gris bleu aux ailes, noir, blanc et brun à la poitrine et au ventre. Monogame, il habite les buissons, les halliers, les haies vives, se nourrit de graines, de fruits, de baies et d'insectes. La femelle niche à terre dans les touffes d'herbes, pond, en mai, de dix à vingt œufs, qui éclosent après vingt-deux à vingt-quatre jours; les poussins courent en naissant, et sont conduits et élevés par le père, tandis que la femelle fait une seconde couvée, qui se réunit à la première. Introduit en France dès 1816 par M. Florent Prévost en 1837, par M. Albert de Cassette, le colin de Virginie est aujourd'hui complétement acclimaté et domestiqué dans nos volières, et même dans certains bois de la Bretagne. Le *colin de Californie* (fig. 83), lophortix de Californie ou caille huppée (*Ortix* ou *Lophortix Californianus*), un peu plus petit que le précédent, s'en distingue par l'élégante petite huppe noire, composée de plu-

21.

mes légères et recourbées en avant, qui orne sa tête. Découvert pendant le voyage de circumnavigation de la Pérouse, il a été introduit en France, en 1852, par M. Deschamps, qui l'a acclimaté dans un bois de la Haute-Vienne. Il se reproduit très-bien en captivité, et serait, comme le précédent, une excellente acquisition pour nos forêts et nos parcs. Le *colin* ou *lophortix de Gambel* (*Ortix* ou *Lophortix Gambelii*), appelé encore caille à casque, ne diffère de celui de Californie que par la couleur presque entièrement noire de sa tête, avec une seule petite tache blanche au front et des couleurs généralement plus vives. Il a la même patrie et les mêmes mœurs.

Les Lophophores appartiennent au genre paon de Linnée, à la famille des Lophophorides de Brehm. Le *lophophore resplendissant* (*Lophophorus Resplendens*) ou faisan Impey, est originaire des hautes montagnes de l'Hindoustan. C'est un des oiseaux les plus remarquables de l'ordre des gallinacés. Sa tête est ornée d'un panache élégant, composé de plumes dont la tige, droite et mince, est terminée par une sorte de palette allongée et dorée. Tout le dessus du corps offre les plus belles et les plus éclatantes nuances de vert bronzé, à reflets dorés, pourpres et azurés ; c'est ce qui l'a fait appeler l'oiseau d'or. La femelle a le plumage d'un brun jaune variant jusqu'au noir, avec la gorge blanche. La femelle pond cinq œufs d'un blanc sale, tachetés de brun rougeâtre, en avril ou mai. Importé en Angleterre, vers 1825, par lady Impey, il a été acclimaté et domestiqué en volière par lord Derby, vers 1850, et se reproduit assez fréquemment aujourd'hui dans nos jardins zoologiques. Le *lophophore de la Chine ou de Lhuys* (*L. Lhuysii*), découvert en 1866 dans les montagnes de l'empire chinois, ne diffère guère du précédent que par l'absence de huppe chez le mâle et la couleur verdâtre de la queue.

Fig. 83. Colin de Californie.

Les Tragopans sont rangés dans le groupe des faisans, dont ils se distinguent par la tête presque nue, une petite corne cylindrique, grêle, située derrière chaque œil, par une espèce de fanon placé sous la gorge et capable de s'étendre. Le *tragopan satyre* (*Tragopan Satyrus*, *Meleagris Satyrus*, *Ceriornis Satyra*), appelé aussi népaul, faisan cornu, habite l'est de l'Himalaya, le Népaul et le Sikim. Il est de la taille d'un coq de combat et porte un plumage d'un beau rouge, semé de petites larmes blanches. Le *tragopan à tête noire* ou jewar (*Tragopan ou Ceriornis melanocephalus*), qui habite l'ouest de l'Himalaya à partir du Népaul, porte le ventre et la tête noirs, le manteau brun foncé, rayé de noir et semé de blanc, les cornes d'un bleu clair, le milieu de la gorge rouge pourpre. Tous deux s'apprivoisent, s'acclimatent, et se reproduisent en volière comme le faisan.

L'*euplocome prélat* ou de Cuvier (*Euplocomus ou Diardigallus Prælatus, seu Cuvieri*), porte le sommet de la tête noir, les joues rouges lisérées de blanc, le cou, le haut du dos et de la poitrine d'un gris cendré; les plumes du milieu du dos d'un jaune vif, celles du croupion noires bordées de rouge, celles des ailes grises, celles de la queue de vert foncé, enfin celles de la poitrine noir foncé à reflets verts. L'*euplocome kirrik* ou à tête noire (*E.* ou *D. Melanotus* ou *Gallophasis Melanotus*) a le plumage plus terne, noir sur la tête et le dos, gris sur le cou et la poitrine, brun sur le ventre et les ailes, avec les joues rouges et les pattes grises. L'*Euplocome à huppe blanche* porte la tête, le cou, le manteau et la queue d'un bleu noir brillant; le croupion, d'un blanc sale, transversalement ondulé de noir, la poitrine bleue, le ventre gris foncé; les joues rouges et la huppe blanche. Ces trois espèces habitent le versant sud de l'Himalaya. Ils se reproduisent facilement en Angleterre et en France, dans nos jardins zoologiques, et seraient une précieuse acquisition pour nos parcs, à cause de leur beauté, de leur taille et de la qualité de leur chair, égale à celle du faisan.

Les Hoccos sont rangés parmi les Gallinacés, dans la tribu des Alectors et la sous-famille des Cracinés. Ils sont remarquables par un bec presque aussi long que la tête, comprimé latéralement, courbé de la base à la pointe, qui est crochue, pourvu d'une cire qui embrasse la moitié de la longueur des deux mandibules; une queue assez longue, ample et arrondie; une huppe en forme de cimier, constituée de plumes minces, roides, légèrement inclinées en arrière, puis recourbées en avant; les joues couvertes de duvet. Tous sont habitants de l'Amérique tropicale. Le *hocco alector*, originaire des forêts de la Guyane et du Brésil et que l'on trouve jusqu'au Mexique, est de la taille d'un petit dindon. Son plumage est entièrement noir à reflets verdâtres, avec la cire et la couronne charnue de la base du bec jaunes. Il perche, vole bruyamment et lourdement, et marche mal; il vit de graines, de fruits, de baies, de bourgeons et surtout des fruits du thoa piquant, qu'il avale tout entiers. La femelle ne fait qu'une couvée par an, durant la saison des pluies; elle niche tantôt à terre et tantôt sur les arbres, d'autres fois dans les rochers. Elle pond de cinq à huit œufs blancs et de la grosseur de ceux du dindon. Il a été introduit en France en 1807 et s'y reproduit très-bien aujourd'hui en volière, de même que dans l'Angleterre, l'Allemagne et la Hollande. Sa chair est très-délicate; il doit devenir avant peu l'un des hôtes de nos basses-cours. Le *hocco caronculé* ou à barbillons (*Crax Caruncu-lata*), du Brésil et du Paraguay, ne diffère guère de l'alector que par sa cire rouge et sa taille un peu plus petite. Le *hocco roux* (*Crax Rubra*) du Pérou et du Mexique, a le plumage brun châtain, avec le dessus de la tête et le haut du cou rayés de bleu et de noir, la queue rayée de jaune clair avec bordures noires; la cire d'un blanc noir. Le *hocco globicère* (*Crax Globicera*) du Mexique, le plus grand de tous, porte à la base du bec un tubercule globuleux de la grosseur d'une cerise. La femelle ressemble beaucoup au mâle, et les petits ne prennent leur plumage définitif qu'après la seconde mue. Mêmes mœurs que l'alector.

Les Pénélopes font partie de la tribu des Alectors; Brehm en fait une famille à part, celle des Pénélopes. Le *pénélope à sourcils*, ou peoa, ou yacupeoa (*Penelope Superciliaris*) du Brésil, n'a qu'une huppe moyenne, une bande blanche au-dessus de l'œil; le plumage gris ardoisé rayé de gris; le dos, les ailes et la queue, vert bronzé rayé de jaune. Le *pénélope à huppe blanche* (*P. Leucophos*, ou *Pileata*, ou *Cristata*) vulgairement yacou, pipile, etc., a la tête blanche, ornée d'une longue huppe de même couleur, le plumage mélangé de noir, de blanc et de gris, la queue et les ailes noires à reflets bleus, l'œil rouge-cerise, la gorge rouge clair; il habite aussi le Brésil. Le *pénélope marail*, des forêts de la Guyane, a tout le plumage vert à reflets métalliques et une huppe très-courte.

Fig. 84. Cigogne.

CHAPITRE XVI.

DE QUELQUES ÉCHASSIERS
NOUVEAUX A ACCLIMATER
ET DOMESTIQUER.

Jusqu'à présent, cet ordre d'oiseaux n'a fourni aucun hôte à nos basses-cours, on pourrait même dire à nos volières privées. Nous allons voir pourtant que d'importantes conquêtes nous y pourrions faire au point de vue de l'agrément et de l'utilité.

Dans la famille des Brévipennes d'abord, nous trouvons l'*autruche chameau* ou autruche d'Afrique (*Struthio Camelus*), le plus grand des oiseaux connus, que l'on a commencé

à domestiquer et à faire reproduire en captivité dans
l'Algérie, et qui serait triplement précieuse par ses
plumes, ses œufs et sa chair ; la femelle pond de douze
à quinze œufs du poids de 1 kilog. 500 chacun. Le *nandou* ou autruche d'Amérique (*Rhea Americana*), plus
petit que le précédent, a trois doigts au pied, le plumage moins fourni et moins précieux. La femelle pond
de vingt-cinq à trente et parfois jusqu'à soixante œufs,
du poids d'environ 0 kilog. 800 chacun ; sa chair vaut
celle de l'autruche d'Afrique. Il habite l'Amérique méridionale, du Brésil jusqu'à la Patagonie, et notamment la République Argentine et l'Uruguay. Le *dro-
mée*, Emou ou Casoar de la Nouvelle-Hollande, est
encore plus petit que le nandou ; il habite l'Australie,
au delà des montagnes Bleues. Il se reproduit très-
bien en France ; sa chair est comparable, pour le
goût, à celle du bœuf ; la femelle pond de douze à
seize œufs, du poids de 0 kilog. 600 chacun ; sa peau
sert à confectionner de beaux tapis en fourrure, et
ses plumes sont fort recherchées pour la parure des
dames.

Dans la famille des Pressirostres, mentionnons :
l'*outarde barbue*, grande outarde, oie outarde, ou
autruche d'Europe (*Ovis Tarda*), commune en Espagne, en Italie, en Dalmatie, en Allemagne, en
Crimée et dans la Russie méridionale ; on la rencontre, mais rarement, en Angleterre et en France,
où elle était autrefois commune. Son plumage est
mélangé de gris cendré, de roux et de blanc. C'est
le plus gros des oiseaux d'Europe. L'outarde est
polygame, vit en troupes peu nombreuses, dans les

plaines ; elle vole lourdement, rarement, et à une faible hauteur ; elle marche et court très-bien ; elle se nourrit d'herbes, de graines diverses, de vers et d'insectes. La femelle, au printemps, fait son nid dans un champ de blé ou de seigle ; c'est un simple trou qu'elle creuse, et dans lequel elle dépose deux ou trois œufs de la grosseur de ceux de l'oie, d'un brun olivâtre avec des taches plus foncées, et qu'elle couve pendant vingt-huit à trente jours. Les jeunes outardes s'apprivoisent facilement et s'habituent sans peine à vivre dans la basse-cour, mais on n'y a encore pu obtenir qu'exceptionnellement leur reproduction. L'outarde peut atteindre le poids de 10 kilogrammes, et sa chair est très-délicate. La *canepetière* ou outarde canepetière (*Tetrax Campestris* ou *Otis Tetrax*) a à peu près la taille du faisan commun ; indigène de l'Europe, on la rencontre surtout en Italie, en Sardaigne, en Grèce, et jusque dans l'Asie Mineure ; peu commune en Angleterre et en Allemagne, elle est assez fréquente, en France, dans le Maine, le Poitou et le Berry. Le mâle a le cou noir avec un collier blanc, le plumage mêlé de blanc, de gris, de brun, de roux, avec le manteau tacheté et ondulé de noir, le ventre et la queue blancs et les pattes jaune paille. La canepetière est polygame et vit isolément ou par couples dans les champs d'avoine ou d'orge, de luzerne ou de sainfoin, ce qui lui a valu le nom de poule des prés ; c'est là que la femelle niche et pond, au printemps, de trois à cinq œufs d'un vert brillant. Elle s'apprivoise un peu moins facilement que la grande outarde,

mais doit devenir comme elle, tôt ou tard, l'hôte
de nos basses-cours.

Le *vanneau commun* ou vanneau huppé (*Vanel-
lus Cristatus*) se fait remarquer par les beaux
reflets vert cuivré de son plumage presque complétement noir et par l'aigrette élégante, composée
de plumes longues et effilées d'un noir brillant, qui
orne sa tête et retombe sur son cou en se relevant à
son extrémité. C'est un oiseau voyageur qui, des
contrées septentrionales de l'Europe, arrive en
France au printemps et nous quitte en automne. Il
vit par bandes près des marais et des rivières, se
nourrit de vers de terre, d'araignées, de chenilles
et de petits limaçons. Son vol est puissant et soutenu. Les femelles pondent en avril, sur une motte de
terre, de quatre à six œufs d'un vert sombre tacheté
de noir. Les petits s'apprivoisent aisément et s'habituent à vivre en captivité; ils se reproduisent dans
nos divers jardins zoologiques. Sa chair est assez
estimée, surtout à l'automne; ses œufs sont très-
délicats.

L'*huîtrier vulgaire* ou huîtrier pie (*Hœmatopus
Ostralegus*), appelé encore pie marine, est un fort
bel oiseau propre au nord de l'Europe; il est très-
nombreux en Islande, en Danemark, en Hollande
et en Angleterre, plus rare en France. Il habite les
rivages, où il se nourrit d'huîtres et autres bivalves,
d'insectes et de larves aquatiques. Il a le dos, le
devant du cou, la gorge, les ailes et la queue noirs;
le bas du dos, le croupion, le dessous de l'œil, la
poitrine et le ventre blancs. Il vit en troupes qui se

séparent à l'époque des amours; la femelle niche
sur la grève nue, dans le creux d'un rocher ou dans
une touffe d'herbes; elle pond de deux à quatre œufs
olivâtres et tachetés de noir. Cet oiseau s'apprivoise
facilement quand il est jeune et se reproduit assez
bien en captivité, mais sa chair est mauvaise. C'est
un oiseau de volière.

Le *courlis vulgaire* (*Numenius Arcuatus*), de
l'Europe septentrionale, nous arrive en France en
avril, pour nous quitter en août; on le rencontre
principalement sur les bords de la Loire et de l'Al-
lier. Il porte un bec long, recourbé en haut; son
plumage est un mélange de brun, de roux, de noir,
de blanc et de gris; ses tarses sont d'un gris plombé.
Il vit par bandes, vole bien et court très-vite. La femelle pond dans un trou qu'elle creuse au milieu du
sable, quatre ou cinq œufs verdâtres, avec des taches
rondes et brunâtres vers le gros bout. Les courlis
s'apprivoisent aisément, s'accoutument au régime
granivore et se reproduisent en volière. Leur chair
est médiocre, mais leurs œufs sont très-délicats.

L'*ibis sacré* (*Ibis Religiosa*) est un oiseau migrateur qui habite la haute Nubie et l'Éthiopie, et
que l'on ne trouve plus qu'exceptionnellement en
Égypte, où il était autrefois fort commun. Il a la
grosseur d'une poule, le plumage blanc, avec du noir
sur le bout des ailes et du croupion, les pattes et le
bec de la même couleur; la tête et le cou nus et
noirs. L'*ibis rouge* ou *eudocime écarlate* (*Ibis Rubra* ou *Eudocimus Ruber*), répandu dans toutes
les contrées chaudes de l'Amérique méridionale, a

le plumage d'un beau rouge écarlate, avec du noir
sur les ailes. Ces deux oiseaux s'apprivoisent facilement et vivent bien en captivité ; leur chair est
mauvaise. Ce sont des oiseaux de volière ou de
parc. Il en est de même de la *spatule blanche*
(*Platalea Leucorodia*), oiseau du nord de l'Europe,
que l'on rencontre sur les côtes marécageuses de la
Hollande, de la Bretagne et de la Picardie, pendant
l'été ; qui est entièrement blanc, sauf une tache d'un
jaune pâle à la gorge et sur les lorums, et porte un
bec droit, plat, large et mou ; qui niche sur les arbres voisins du littoral, et pond deux ou trois œufs
blancs marqués de roux.

La *cigogne blanche* (*Ciconia Alba*) (fig. 84) vit l'hiver en Afrique et surtout en Égypte ; au printemps,
elle revient en Europe, et on la trouve communément
en Hollande, en Allemagne, en Pologne, en Russie
et en France (Alsace) ; elle est plus rare en Italie
et surtout en Angleterre. Elle a tout le plumage d'un
blanc sale, le bec et les pattes rouges ; se nourrit de
limaçons, de vers, de grenouilles et de reptiles ;
niche sur les lieux élevés ; pond deux à quatre œufs
d'un blanc jaunâtre, un peu moins gros mais plus
allongés que ceux de l'oie, qu'elle couve alternativement avec le mâle ; elle est facile à apprivoiser
surtout lorsqu'elle est jeune, mais se reproduit difficilement en captivité. La *cigogne noire* se trouve
surtout en Suisse, en Pologne, en Prusse et dans
d'autres parties de l'Allemagne, plus rarement en
Hollande et dans la Lorraine française ; elle fuit la
cigogne blanche et vit solitaire dans les marais écar-

tés et sur le bord des lacs. Elle s'apprivoise aisément aussi. On lui donne encore le nom de sphéno-rhynque d'Abdimi (*Sphenorynchus Abdimii*). La *Cigogne à tête noire (Ciconia Leucocephala)*, habitante du sud de l'Afrique, comme la précédente, a les mêmes mœurs. La *cigogne sellée (Mycteria Senegalensis)* ou jabiru du Sénégal, propre à l'Afrique, doit son nom à la cire qui entoure la base de son bec, vit de poissons, de reptiles et d'insectes, et a les mêmes mœurs que les précédentes. Le *marabout à sac (Ciconia crumenifera)*, également indigène d'Afrique, est remarquable par les plumes plus ou moins longues, soyeuses, à barbes fines et frisées et d'un blanc de neige, qu'il porte de chaque côté du croupion et qui sont très-recherchées pour la toilette des dames; il s'apprivoise très-vite, est très-vorace, et réussit bien dans les volières, bien qu'il ne s'y reproduise pas.

Le *héron commun* ou héron cendré, héron pêcheur (*Ardea Major, Ardea Cinerea*), est répandu dans presque toutes les parties du globe, mais surtout en Afrique et particulièrement en Égypte, en Perse, au Malabar, au Japon, au Chili, en Sibérie, et jusque dans les régions arctiques; en Europe, en Angleterre, en France, en Hollande, etc. Migrateur dans le nord, il est sédentaire ou tout au plus erratique dans les contrées méridionales. Son plumage est gris cendré avec une aigrette noire, des taches de même couleur au devant du cou et au bord de l'aile. Le *héron pourpré (Ardea Purpurea)*, du midi de l'Europe et de l'Asie, est remarquable par la huppe qu'il porte sur le derrière de la tête et qui est formée de plumes effilées à reflets verdâtres; dont deux atteignent jusqu'à 14 centimètres de longueur. Il est moins sociable que le précédent. Ce sont des oiseaux de parc plutôt que de volière, parce qu'ils vivent difficilement avec les autres oiseaux. Le *bihoreau d'Europe* ou pouacre (*Ardea Nictycorax* ou *Nictycorax Europæus*) se rencontre surtout sur les bords de la mer Caspienne, mais aussi en Asie et dans l'Amérique du Nord; on le trouve en hiver en Égypte, en été dans le midi de la France et jusqu'aux environs de Paris, où il niche parfois. Moitié plus petit que le héron cendré, il porte le même plumage, moins la tête, le dos et les épaules, qui sont noirs à reflets verts, l'aigrette blanche et l'œil pourpre. Le *bihoreau du Brésil* (*Ardea Gardeni* ou *Nictycorax Gardeni*), du Brésil et de la Guyane, n'en diffère que par les nuances de son plumage. Ces oiseaux s'apprivoisent facilement en liberté ou en volière, et s'y reproduisent souvent.

La *grue de Numidie*, anthropoïde demoiselle ou demoiselle de Numidie (*Grus Virgo* ou *Anthropoïdes Virgo*), a le plumage gris cendré, avec les joues, le devant du cou et le jabot noirs. Originaire du nord de l'Afrique, on la rencontre dans le sud de la Russie, dans le centre de l'Afrique et dans les Indes méridionales. Elle s'est reproduite en captivité à Versailles. La *grue couronnée*, grue-paon, grue des Baléares, Baléarique-pavonine (*Grus Pavonia* ou *Balearica Pavonina*), appelée aussi oiseau royal, porte un bouquet de plumes roides et en forme de soies, d'un jaune d'or, et terminées par un pinceau noir qu'elle peut étaler à volonté. Elle habite les contrées les plus chaudes de l'Afrique, est très-familière, et s'apprivoise facilement. En Angleterre et en France, elle forme l'ornement des grandes volières.

La *foulque ordinaire* ou foulque noire, morelle ou macroule (*Fulica Atra*) se trouve dans toute l'Europe, dans l'Asie centrale et l'intérieur de l'Afrique; en France, en Hollande et en Angleterre, surtout en Sardaigne. Elle a le plumage noir à reflets ardoisés et bleuâtres; les tarses cerclés de rouge sur cendré. Elle habite les marais, les bois et les étangs, et vit constamment sur l'eau. La femelle pond au moins de douze à dix-huit œufs piriformes, aussi gros que ceux de la poule, d'un blanc sale teinté de brun. C'est un précieux ornement pour une pièce d'eau, où il est facile de la retenir.

Fig. 85. Flamant rose.

CHAPITRE XVII.

DE QUELQUES PALMIPÈDES NOUVEAUX A ACCLIMATER ET DOMESTIQUER.

L'ordre des Palmipèdes nous fournira des conquêtes au moins aussi nombreuses, mais d'une utilité plus réelle, plus complète que celui des Échassiers. Mentionnons donc :

Le *phénicoptère rose* ou Flamant rose (*Phænicopterus Roseus*) (fig. 85), originaire des pays qui entourent la Méditerranée et la mer Noire, habitant de l'Afrique et du midi de l'Europe, du centre et du sud de l'Asie, est un oiseau voyageur au magnifique plumage blanc nuancé de rose, avec le dessus des ailes rouge carmin et les rémiges noires. Il s'apprivoise aisément et serait un précieux ornement pour nos pièces d'eau. Sa viande est mauvaise, mais il porte sous ses plumes un duvet qui ne le cède en rien à celui du cygne.

La *bernache à collier* ou cravant (*Anser Bernicla, Bernicla torquata*), qui a pour patrie l'extrême nord des deux continents, d'où, en octobre et novembre, elle se répand sur les rivages de la Baltique et de la mer du Nord, a le plumage gris foncé, avec le devant de la tête, le cou, les ailes et la queue noirs ; les flancs, le croupion et les couvertures supérieures de la queue blancs. Dans ses migrations comme dans sa patrie, la bernache ne quitte jamais les côtes ; aussi l'a-t-on nommée l'oie marine ; elle est d'un caractère très-timide et s'apprivoise avec une très-grande facilité ; dans nos basses-cours, elle a besoin d'être protégée contre les autres oiseaux et de recevoir la nourriture isolément. La femelle pond de six à neuf œufs, à coquille mince, ternes, d'un blanc verdâtre sale. Cet oiseau se nourrit d'herbes et de plantes aquatiques, d'insectes et de mollusques. Sa chair est huileuse et dure, mais son duvet assez fin est estimé. La *Bernache armée*, oie du Nil, oie d'Égypte ou chenalopex d'Égypte (*Bernicla Ægyptiaca, Chenalopex Ægyptiacus*), plus petite que notre oie domestique, porte un plumage agréablement varié de blanc, de noir, de gris, de jaune, de brun, de vert, avec une tache rouge et ronde sur la poitrine ; elle porte au pli de l'aile un éperon

22

assez développé. Elle habite toute l'Afrique, excepté
la côte occidentale, la Syrie et la Palestine, et fait
de fréquentes apparitions en Grèce, dans le midi de
l'Espagne et de l'Italie. Elle vit d'ordinaire sur l'eau
et perche sur les arbres. La femelle niche à terre et
pond de six à huit œufs verdâtres ; elle s'apprivoise
aisément, s'élève bien en domesticité et orne volontiers nos pièces d'eau. Sa chair est assez estimée. La
Bernache de Magellan (*Bernicla Magellanica*), remarquable par la belle couleur rouge pourpré de la
tête et du haut du cou, habite la Patagonie, l'île de
Chiloé et l'archipel de la Mère de Dieu. Sa chair est
bonne. La *Bernache des Sandwich* (*Bernicla Sand-
wicencis*), non moins belle de plumage, a moins
besoin d'eau et vit plus souvent à terre ; elle s'apprivoise bien et se reproduit régulièrement en volière.

Le *Céréopse cendré* ou de la Nouvelle-Hollande
(*Cereopsis Novæ Hollandiæ*) porte le plumage d'un
beau gris cendré, à reflets brunâtres, tacheté de
noir sur le dos, le bec noir et recouvert d'une cire
jaune verdâtre, les pattes noirâtres. Il vit exclusivement sur terre, s'apprivoise facilement et s'est reproduit à plusieurs reprises en Europe. Sa chair est
très-estimée.

Le *Tadorne* ou canard tadorne, ou tadorne vulgaire (*Anas* ou *Vulpanser Tadorna*), un peu plus
gros que le canard domestique et aussi plus haut sur
pattes, est originaire du nord de l'Europe, d'où il
émigre pour arriver sur nos côtes septentrionales au
commencement du printemps. Le tadorne préfère

l'eau salée à l'eau douce, se nourrit surtout de substances végétales, pousses tendres d'herbes aquatiques, graines de joncs, de graminées, de céréales,
d'insectes, de mollusques, et aussi de petits poissons. La femelle niche dans des cavités, le plus souvent dans des terriers de lapin abandonnés, de re-
nard ou de blaireau. La femelle pond de dix à
quinze œufs, plus ronds que ceux de la cane, d'un
blond pâle uniforme, qu'elle couve durant trente
jours avec l'aide du mâle. La chair du tadorne est
très-bonne ; il fournit un duvet très-fin, s'élève facilement en captivité, lorsqu'on fait couver ses œufs
par la cane domestique. Le *Dendrocygne veuf* ou
canard de Maragnon, habite l'Amérique méridionale, le sud et l'ouest de l'Afrique. Il porte un beau
plumage mélangé de blanc, de noir, de brun, de
rouge, de fauve à reflets olivâtres, avec le bec noir
et les pattes grises. Il fréquente surtout les rivages
sablonneux des rivières, marche facilement et vole
néanmoins assez bien. Il est depuis longtemps domestiqué par les Indiens ; il s'habitue difficilement à
notre climat, parce qu'il craint le froid de l'hiver.
Mais il peut devenir l'ornement de nos volières. La
Fuligule Milouin ou canard Morillon (*Aythya Fe-
rina, Anas fuligula*), plus petite que le canard domestique, dont elle diffère encore par son plumage
d'un beau noir luisant à reflets pourprés, et la large
huppe pendante qui orne sa tête, habite le nord de
l'Europe et de l'Asie, et émigre vers le sud à l'automne, passant par la France et l'Europe centrale
pour aller en Égypte. Elle fréquente les eaux douces

et salées, s'apprivoise aisément, et pourrait orner nos pièces d'eau ; elle se reproduit au jardin zoologique de Cologne. Le *Canard à bec rouge* (*Anas Autumnalis*), des prairies humides de la Guyane et du Brésil, est remarquable par son bec et ses pattes d'un beau rouge, et par les nuances douces de son plumage. Plus haut monté que nos canards ordinaires, il est beaucoup moins aquatique qu'eux. L'*Erismature leucocéphale* ou canard Pilet, faisan de mer, canard à longue queue, canard cuivré, canard faisan (*Erismatura Leucocephala, Anas Acuta*), du sud de l'Europe et de l'Asie et du nord-ouest de l'Afrique, est un magnifique oiseau à plumage brun noir, avec la tête blanche, le bec bleu et les pattes rouges ; il nage le corps profondément enfoncé dans l'eau, ne montrant que la tête, le cou et la queue. Il pond, en juillet, de six à neuf œufs, relativement très-gros, de couleur blanc sale, de forme elliptique, à coquille rugueuse. Ce serait un magnifique oiseau pour nos pièces d'eau. Il est considéré comme un excellent gibier. Le *Canard siffleur* (*Anas Penelope*), qui doit son nom à son cri strident comme le son du fifre, qui a les mêmes mœurs et qualités, pourrait recevoir la même destination et le même emploi. La *petite sarcelle* (*Anas Crecca*) est très-commune en France pendant l'hiver ; il en reste quelques paires durant toute l'année, et elles font leur ponte chez nous. Elle est finement rayée de noirâtre, avec la tête rousse et une bande verte à la suite de l'œil. On la trouve aussi dans l'Amérique du Nord, en Islande et jusqu'en Chine. Elle habite les étangs, les rivières

et les fontaines, se nourrit de cresson, de cerfeuil
sauvage, de graines de plantes aquatiques, d'insectes et de petits poissons ; elle vole bien, mais à courtes distances. La femelle pond en avril, dans un
nid disposé sur l'eau, mais retenu au rivage, de huit
à dix œufs d'un blanc sale semé de petites taches
rousses. La chair de cet oiseau est très-recherchée ;
il serait aisé de la domestiquer en faisant couver ses
œufs par des poules.

Le *Goëland marin* ou à manteau noir (*Larus
Marinus*), le plus grand du genre, est répandu dans
toutes les mers de l'Europe, de l'Afrique et de l'Amérique ; sur les côtes de l'Océan et de la Manche, il
est fort commun en hiver, beaucoup plus rare sur
celles de la Méditerranée. Il a la tête, le cou, la
gorge, les flancs et la queue d'un blanc pur, le dos
et les ailes noirs, avec la pointe des rémiges blanches; le bec et les pieds jaunes. Il vit en troupes
très-nombreuses, qui se tiennent tantôt à terre, tantôt à la mer ; son vol est puissant et très-soutenu ;
il nage et plonge facilement, et ne craint pas les plus
gros temps ; il se nourrit de poissons, de rats, d'oiseaux, de vers, d'insectes, de coquillages. Il fait son
nid sur les falaises du littoral, et pond deux ou trois
œufs du volume de ceux de la poule, à coquille gra
nuleuse, épaisse, d'un gris noirâtre tacheté de pourpre foncé, et qui sont assez bons à manger. Le *Goëland à manteau bleu* (*Larus Glaucus*), appelé encore
goëland bourgmestre, est plus petit que le précédent, avec le manteau d'un cendré bleuâtre plus
clair, et les rémiges entièrement blanches ou d'un

gris pâle passant au blanc. Il habite à peu près les mêmes régions que le goëland marin, et vit, comme lui, en bandes nombreuses. En France, on le trouve sur les côtes septentrionales de l'océan Atlantique pendant une partie de l'hiver, en particulier sur les falaises de la Picardie. Ce sont deux futures et précieuses acquisitions pour nos volières, ces oiseaux s'apprivoisant aisément, et s'habituant facilement au régime du pain et de temps en temps de viande cuite et hachée.

Le *Pélican blanc* (*Pelecanus Onocrotalus*), répandu dans toutes les contrées méridionales des deux continents, est très-commun en Afrique (Sénégal et Gambie), en Asie (Siam et Chine), et en Amérique (de la Louisiane au Canada). On le rencontre parfois, mais rarement, en Suisse, en Allemagne, en Angleterre et en France. Il porte le plumage blanc nuancé de rose tendre, avec les longues plumes occipitales et la région du jabot d'un jaune doré; l'œil rouge vif, entouré d'un cercle nu et de couleur jaune; le bec grisâtre, pointillé de rouge et de jaune; le pied couleur chair. Presque aussi gros que le cygne, il est remarquable par la poche membraneuse qu'il porte sous la mandibule inférieure de son immense bec, poche d'une contenance de quinze à vingt litres, et qui lui sert de sac aux provisions. Il s'apprivoise aisément, s'accoutume, en captivité, à vivre de viande cuite, de pain, d'un peu de poisson. Les Chinois le dressent à la pêche à leur profit, de même que le cormoran.

ERRATUM

Page :	au lieu de :	lisez :
26	Augusta	Atossa
62	et qu'ils pensent	et qui pensent
93	des doctrines	ces doctrines
124	que son propre bonheur	son propre bonheur
138	puisqu'il n'y a donc	puis donc qu'il n'y a
239	des institutions	les institutions
259	que n'osons	que nous n'osons
270	sa belle franchise	la belle franchise

TABLE DES MATIÈRES.

FIN DE LA TABLE.

www.ingramcontent.com/pod-product-compliance
Lightning Source LLC
Chambersburg PA
CBHW061007220326
41599CB00023B/3862